Materialien für den Sekundarbereich II

Biologie

Wolfgang Miram

Dieter Krumwiede

Informationsverarbeitung

Reizphysiologie · Sinnesphysiologie
Neurophysiologie · Kybernetik

Schroedel Schulbuchverlag

Materialien für den Sekundarbereich II

Biologie

Informationsverarbeitung
Reiz-, Sinnes-, Neurophysiologie · Kybernetik

Herausgegeben und bearbeitet von
Wolfgang Miram, Hamburg
Dr. Dieter Krumwiede, Hemmingen
unter Mitarbeit der Verlagsredaktion

Titelfoto: Auge von Drosophila mit Tastsinneshaaren. Sie sind neuronal verbunden, nehmen Luftwirbel wahr und dienen somit der Flugnavigation. Rasterelektronenmikroskopische Aufnahme, Foto: M. Kage, Schloß-Weißenstein

Zeichnungen: L. Lüddecke

CHLORFREI

Gedruckt auf Papier, das nicht mit Chlor gebleicht wurde. Bei der Produktion entstehen keine chlorkohlenwasserstoffhaltigen Abwässer.

ISBN 3-507-**10517**-9

Druck A$^{10\ 9\ 8\ 7}$ /Jahr 1996 95 94 93

Alle Drucke der Serie A sind im Unterricht parallel verwendbar. Die letzte Zahl bezeichnet das Jahr dieses Druckes.

Druck: Appl, Wemding

Inhaltsverzeichnis

Bildquellenverzeichnis

7.3.: Xeniel-Dia; 9.1.A.: Angermayer; 12.2.: Xeniel-Dia; 13.2.: PHOTO-CENTER; 24.2.A: Lieder; 26.1.: Conel, Postnatal development of human brain cerebral cortex, Bd. I, III, V, VI, Harvard University Press (1939–1959); 27.2.: von Kahle, W., Leonhardt, H., Platzer, W., Taschenatlas der Anatomie, Band 3: Nervensystem und Sinnesorgane, Thieme, Stuttgart (1984); 35.2.: Eccles, J. C., Das Gehirn des Menschen, Piper, München (1975); 36.1., 37.2.: Dr. J. E. Heuser, San Francisco; 41.3.: Steinbrecht, R. A., Seewiesen; 51.1.A.: Czihak, G., Langer, H., Ziegler, H., Biologie, Springer, Berlin, Heidelberg, New York (1976); 61.3.: Prof. Dr. R. E. Dickerson, Los Angeles; 73.3.: Kratz PHOTO-CENTER; 81.2.: Reinbacher; 86.1.: Lieder; 88.1., 88.3.: Reinbacher; 90.1.: Rogge; 91.1.: Siemens; 91.2. Spektrum der Wissenschaft, Heft 12, S. 50 (1978); 91.3.: Siemens; 94.2.: Hüsch; 103.1.: Miram; 108.1.: dpa, Frankfurt; 112.2.: Kalkstein, R., Hannover; 116.1.: AP, Frankfurt; 118.1.: dpa, Frankfurt; 118.3.: CAMERA-PRESS, London; 119.1.: SVEN SIMON, Essen; S. 121 Exk.: Eibl-Eibesfeldt, L., Grundriß der vergleichenden Verhaltensforschung, Piper, München (1972); 125.1.: Prof. Dr. H. Rahmann, Stuttgart; 132.5.: Klinger, Thomas und Lusznat, Hans Albrecht, München; 133.1., 133.3., 133.4.: König, O., Urmotiv Auge, Piper, München (1975).

1. Reiz und Reaktion

1.1. Reizbeantwortung bei Mimosen

Jeder hat schon einmal die Redensart gehört: „Er reagiert empfindlich wie eine Mimose.“ Es ist üblich, sich mit dieser manchmal unbedachten Bemerkung über Menschen zu äußern, die leicht reizbar sind und bei geringfügigen Anlässen sofort aufbrausen. Warum hat man gerade Mimosa pudica, die Sinnpflanze, zum Leitbild dieser Redewendung gemacht? Die Mimose ist eine der wenigen Pflanzen, die auf Erschütterung und Berührung sowie auf chemische Reize mit ungewöhnlich schnellen Bewegungen ihrer Blätter reagiert. Setzt man die im Blumentopf gehaltene Pflanze hart auf eine Unterlage auf, klappen zunächst die Blattstiele an ihren Ansatzstellen zur Sproßachse nach unten, fast gleichzeitig verringern sich die Winkel zwischen den Fiedern, und schließlich knicken auch die kleinen Fiederchen ein.

Ganz ähnlich verhalten sich Mimosen, wenn sie Berührungsreizen oder chemischen Reizen ausgesetzt werden. Zwickt man außen liegende Fiederchen mit einer Pinzette oder hält eine Flamme darunter, so klappen zunächst die unmittelbar benachbarten und dann die entfernteren Fiederchen meist in der Reihenfolge ihrer Anordnung zusammen. Dann setzt sich die Reaktion in einem anderen Fiederblatt von innen nach außen fort. Schließlich sinken auch die Fiedern und die ganzen Blätter schlaff herab. Die Reaktion verläuft unterschiedlich schnell. Sie hängt nicht nur von der Stärke des jeweiligen Reizes ab, sondern auch von der Temperatur und der Luftfeuchtigkeit, denen die Pflanze ausgesetzt ist. Bei Temperaturen unter 20 °C sind die Blattbewegungen verzögert, oder sie bleiben aus.

Sehr viel langsamer als die Blattbewegungen nach einem Reiz läuft der umgekehrte Vorgang ab, die Rückkehr der Pflanze in ihren Ausgangs- bzw. Ruhezustand. Dieses dauert meist länger als 30 Minuten.

A 7.1. Biologie der Mimose

Beschaffen Sie sich Informationen über den natürlichen Standort von Mimosen und über ihre Anzuchtbedingungen. Eine ausführliche Darstellung finden Sie in „Unterricht Biologie“, Heft 9, S. 35 (1977).

V 7.2. Reizversuche bei Mimosen

Materialien und Geräte: Eine bis mehrere 30 cm hohe Topfpflanzen von Mimosa pudica, Streichhölzer, Pinzette, kleine Pipette mit Gummihütchen, Stoppuhr, konzentrierte Schwefelsäure.

Durchführung: **a)** Führen Sie zunächst die im Text beschriebenen Versuche aus. Beschreiben Sie Ihre Beobachtungen und versuchen Sie, die ablaufenden Vorgänge mit einer Stoppuhr quantitativ zu erfassen. Berücksichtigen Sie dabei, daß die Pflanzen erst nach hinreichend langen Erholungspausen wieder voll reizbar sind. Prüfen Sie die Reaktion unterschiedlich alter Blätter.

b) Bringen Sie auf ein Fiederchen einen Tropfen konzentrierte Schwefelsäure und beobachten Sie.

7.3. Mimose. Ein Blatt ist nach einem Berührungsreiz herabgesunken.

V 8.1. Herstellen und Untersuchen eines Heuaufgusses

Materialien und Geräte: Gehäckseltes Stroh, Salatblätter, verfaulende Pflanzenreste, Tümpel- oder Regenwasser, Marmeladengläser, hohe Standzylinder, Mikroskop, Objektträger, Deckgläser, kleine Pipetten mit Gummihütchen.

Durchführung: Übergießen Sie das Pflanzenmaterial mit Tümpel- oder Regenwasser. Lassen Sie den Aufguß möglichst in Heizungsnähe und im Licht so lange stehen, bis sich auf der Flüssigkeitsoberfläche eine Kahmhaut gebildet hat. Diese besteht aus größeren Bakterienmassen und ist Nahrungsgrundlage für die meisten Wimpertierchen.
Pipettieren Sie von dem Oberflächenwasser etwas auf einen Objektträger und untersuchen Sie dieses nach Auflegen eines Deckglases mikroskopisch.

V 8.2. Anreichern von Pantoffeltierchen durch den Schwerkraftreiz

Materialien und Geräte: wie für V 8.1., zusätzlich ein 30 bis 50 cm langes und 2 cm weites, einseitig verschlossenes Glasrohr, Stativmaterial.

Durchführung: Gießen Sie Wasser eines Aufgusses in ein Glasrohr und spannen Sie dieses in ein erschütterungsfrei aufgestelltes Stativ senkrecht ein. Da sich Pantoffeltierchen entgegengesetzt zur Richtung der Schwerkraft bewegen, sind sie schon nach wenigen Stunden unmittelbar unter der Wasseroberfläche als weiße Wolken erkennbar.
Pipettieren Sie davon einen Tropfen auf einen Objektträger. Entnehmen Sie auch tiefer liegenden Bereichen Wasser. Mikroskopieren Sie alle Wasserproben und versuchen Sie quantitative Unterschiede zu bestimmen.

V 8.3. Reaktion von Pantoffeltierchen auf Berührung

Materialien und Geräte: wie für V 8.1., zusätzlich Quittenschleim bzw. 3%ige Gelatinelösung und feinzerfaserte Filtrierpapierschnitzel.

Durchführung: Setzen Sie dem mikroskopischen Präparat Quittenschleim oder Filtrierpapierschnitzel zu und untersuchen Sie es.
Wie reagieren Pantoffeltierchen, wenn sie auf ein Hindernis oder auf eine Luftblase treffen?

1.2. Reizbeantwortung bei Einzellern

In jauchehaltigen Dorfgräben oder Tümpeln tritt die grüngefärbte *Euglena viridis* oft massenhaft auf. An diesem Einzeller kann man schnelle Reaktionen auf Reize beobachten. Man stellt dazu ein Becherglas mit Wasser, das Euglenen enthält, auf die Fensterbank. Nach etwa 15 Minuten kann man an der intensiven Grünfärbung auf der lichtzugewandten Seite erkennen, daß sich die Einzeller hier ansammeln. Mikroskopische Beobachtungen machen deutlich, daß Euglena in der Regel auf die Lichtquelle zuschwimmt, sofern die Beleuchtungsstärke nicht zu hoch ist. Bei hohen Beleuchtungsstärken, z. B. bei direktem Sonnenlicht, kehrt sich ihre Reaktion um: Sie sucht die lichtabgewandte Seite auf.

Andere interessante Beobachtungsobjekte sind *Pantoffeltierchen.* Man kann sie leicht in Heuaufgüssen finden (siehe V 8.1.). Diese Einzeller bewegen sich mit Hilfe von Wimpern fort, die über die gesamte Zelloberfläche verteilt sind. Stoßen sie auf ein Hindernis, so verhalten sie kurz, ändern dann die Richtung des Wimpernschlags und schwimmen ein kurzes Stück zurück. Dadurch, daß sie seitlich leicht einschwenken und erneut vorwärts schwimmen, gelingt es ihnen, an dem Hindernis vorbeizukommen.

Überraschende Ergebnisse erhält man, wenn man Pantoffeltierchen durch elektrische Felder reizt. Befinden sie sich in schwach konzentrierter Salzlösung auf einem Objektträger mit Elektroden, so schwimmen sie nach Anlegen niedriger Gleichspannung zur negativ geladenen Elektrode, der Kathode. Nach Umpolung erfolgt Richtungsumkehr.

Es ist erstaunlich, daß eine einzelne Zelle so differenziert reagieren kann. Das ist natürlich nur möglich, wenn sie Strukturen besitzt, die zur Verarbeitung von Reizen imstande sind. Die Wimpern sind innerhalb der Zelle über ein erregungsleitendes Netz miteinander verbunden. Dadurch wird ihre Schlagfolge so abgestimmt, daß sie das Tier in der einmal eingeschlagenen Richtung weitersteuern.

Glockentierchen, die mit einem langen Stiel ihrer Unterlage aufsitzen, reagieren auf Berührungsreize anders als Pantoffeltierchen: Ihr Stiel schnurrt korkenzieherartig zusammen, die Zellmundöffnung schließt sich. Kurze Zeit später kehrt der Einzeller in den Ausgangszustand vor der Reizung zurück.

1.3. Reizbeantwortung bei Tieren

Ein von Aquarienliebhabern nicht gern gesehenes, für Reizversuche aber sehr beliebtes Tier ist der Süßwasserpolyp *Hydra* (siehe Abb. 9.1.). Bei ihm kann man gut Reaktionen auf Berührungs- und Futterreize sowie Abwehr- und Fangbewegungen beobachten (V 9.2.).

Auf Berührung und Erschütterung zieht sich das Tier zusammen. Papierschnitzel, die mit Fleischbrühe getränkt sind, veranlassen es dazu, seine Mundöffnung vorübergehend erheblich zu vergrößern. Besonders interessant ist die mikroskopische Beobachtung von Süßwasserpolypen, wenn man sie mit 2%iger Essigsäure reizt, so daß sie ihre **Nesselkapseln** abschießen. Diese dienen der Abwehr und dem Beutefang. Es handelt sich um hochdifferenzierte Gebilde, die in Nesselzellen eingebettet sind. Sie stehen unter Druck und explodieren bei Berührung durch ein vorbeischwimmendes Tier. Durch stilettartige Fortsätze wird die Haut der Beute durchschlagen. Aus Nesselfäden, die in die Wunde eindringen, ergießt sich ein Gift in die Beutetiere.

Andere, für Aquarienfische als Futter verwendete Tiere sind Wasserflöhe *(Daphnia)*. Man kann bei ihnen gut Reaktionen auf Lichtreize beobachten. Dabei ist die Art der Vorbehandlung bedeutsam: Nach mehrstündiger intensiver Belichtung und anschließender Teilschattierung des Gefäßes suchen die Tiere immer den Ort höherer Beleuchtungsstärke auf. Kehrt man die Behandlung um – zuerst Schattierung, dann stärkere Belichtung – verhalten sich auch die Wasserflöhe entsprechend: Sie bevorzugen den Bereich geringerer Beleuchtungsstärke. Offensichtlich können sie sich an die jeweils herrschende Helligkeit gewöhnen, sie adaptieren hell bzw. dunkel. Aus diesem Grund lassen sich Versuchsergebnisse auch nicht immer eindeutig vorhersagen. Je nach Adaptation meiden die Tiere einmal das Licht, oder sie schwimmen auf die Lichtquelle zu.

Ähnlich lichtempfindlich wie Wasserflöhe sind andere Kleinkrebse, die *Salinenkrebschen*. Ihre Eier gelangen als Fischfutter in den Handel. Sie lassen sich in Salzwasser leicht zum Schlüpfen bringen. Die Larven schwimmen in Rückenlage umher, da sie ihre Bauchseite dem Licht zuwenden. Läßt man das Licht nicht von oben, sondern von unten auf die Tiere einwirken, drehen sie sich um. Ihre Gleichgewichtslage wird also ausschließlich durch die Richtung des einfallenden Lichts gesteuert. Man nennt dieses Verhalten **Licht-Rücken-Reaktion.**

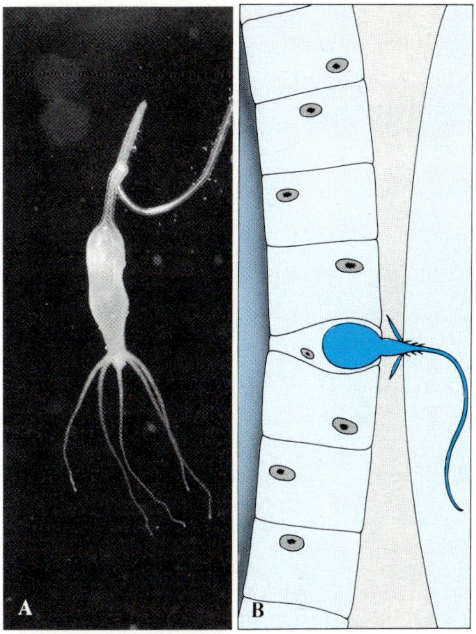

9.1. Süßwasserpolyp: A Gesamtansicht, **B** Nesselkapsel

V 9.2. Reizversuche mit dem Süßwasserpolypen Hydra

Materialien und Geräte: Hydra, Petrischalen, kleine Pipetten mit Gummihütchen, Glas- oder Holzstäbe (Streichhölzer), Hohlschliffobjektträger, Mikroskop, Stereolupe, verdünnte Fleischbrühe, 2%ige Essigsäure.

Beschaffung von Hydra: Untersuchen Sie Wasserpflanzen und die Wände eines Aquariums auf das Vorkommen von Hydra. Entfernen Sie die festsitzenden Tiere mit einer kleinen Saugpipette von ihrer Unterlage.

Durchführung: **a)** Reizen Sie die Tiere mit Glas- oder Holzstäbchen und beschreiben Sie die Reaktion.

b) Lassen Sie Süßwasserpolypen einige Tage lang hungern. Setzen Sie die Tiere anschließend in eine Petrischale mit verdünnter Fleischbrühe um. Beschreiben Sie, wie sich die Reaktion der Hydren verändert. Geben Sie eine Erklärung dafür.
Verändern Sie das Experiment, indem Sie zunächst nicht behandelte, dann mit Fleischbrühe getränkte Filtrierpapierschnitzel als „Futter" anbieten.
Protokollieren Sie die Reaktion der Tiere.

c) Übertragen Sie Hydra in einen Hohlschliffobjektträger mit 2%iger Essigsäure, beobachten Sie das Abschießen von Nesselkapseln und fertigen Sie Zeichnungen dazu an.

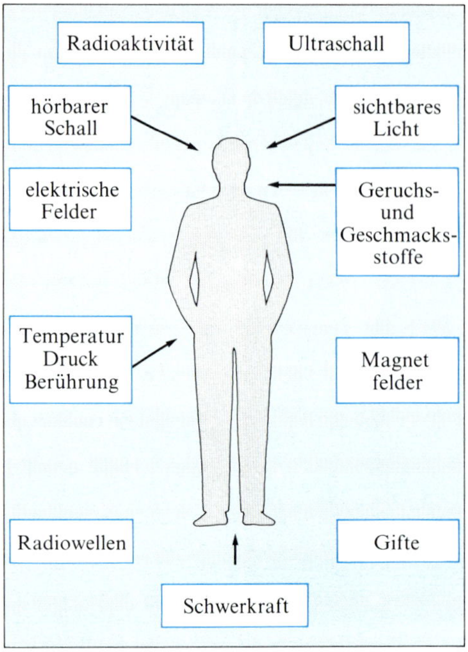

10.1. Der Mensch ist Umwelteinflüssen ausgesetzt, von denen einige als Reize wirksam sind.

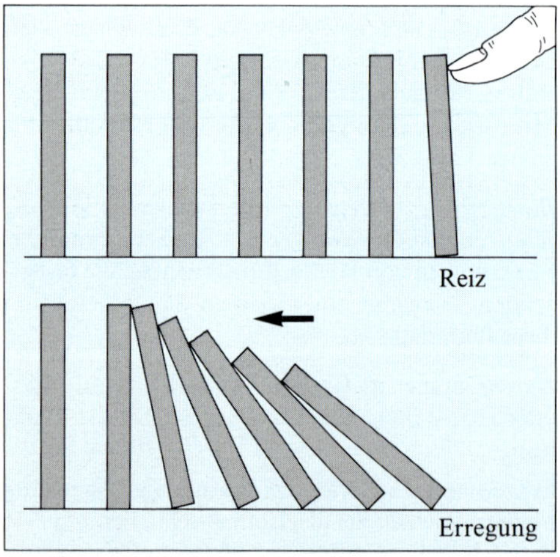

10.2. Modellversuch zur Erläuterung des Unterschieds von Reiz und Erregung

A 10.3. **Ionisierende Strahlen.** Ionisierende Strahlen gehören zu den Umwelteinflüssen, die der Mensch nicht wahrnimmt. Trotzdem sind sie für ihn biologisch bedeutsam.

a) Erklären Sie diese Bedeutung.

b) Wie kann man ionisierende Strahlung messen?

c) Warum hat der Mensch keine Rezeptoren für die ionisierende Strahlung?

1.4. Reiz und Erregung

Der Mensch nimmt den Geruch von Schwefelwasserstoff in einer Konzentration von wenigen Molekülen pro Milliliter Luft wahr. Jeder chemische Nachweis versagt bei dieser Verdünnung. Eine menschliche Sehzelle kann sogar schon durch ein einziges Lichtquant gereizt werden. Sammler von seltenen Faltern locken mit Hilfe eines Schmetterlingsweibchens männliche Artgenossen aus dem Umkreis von mehreren Kilometern an. Sie nutzen dabei die Tatsache aus, daß diese Tiere Sexuallockstoffe produzieren, die auf die Männchen über sehr große Entfernungen hinweg Reize ausüben. Die Reihe von Beispielen läßt sich beliebig fortsetzen, auch wenn man die Empfindlichkeit von Lebewesen im Hinblick auf andere Reizarten betrachtet, die in Abb. 10.1. aufgelistet sind.

Reiz und Erregung werden fälschlich oft gleichgesetzt, obwohl allein vom Energieumsatz her zwischen beiden erhebliche Unterschiede bestehen. Abb. 10.2. veranschaulicht das durch einen Modellversuch: Die zum Anstoßen des ersten Dominosteins aufgewandte Energie entspricht der Reizenergie, die beim Umfallen aller Dominosteine freigesetzte kinetische Energie entspricht der Erregungsenergie. Darüber hinaus gibt der Modellversuch Aufschluß über den Begriff der **Reizschwelle:** Ist die „Reizenergie" zu gering, um das erste Klötzchen aus der Gleichgewichtslage zu bringen, bleibt auch die „Erregung" aus. Überschreitet der Anstoß jedoch einen bestimmten Energiebetrag, die „Reizschwelle", so ist die Erregung weitgehend unabhängig von der eingesetzten „Reizenergie".

Auf das Geruchsvermögen des Menschen bezogen bedeutet dieses Modell u.a.: Bei der chemischen Reaktion von Schwefelwasserstoffmolekülen mit einer Sinneszelle ist der Energieumsatz minimal. Die Erregungsenergie läßt sich davon nicht bestreiten, sie kann nur durch Vorgänge in den erregungsleitenden Zellen selbst freigesetzt werden. Reize führen also Veränderungen des Energiestoffwechsels herbei, die man mit der Wirkung eines Verstärkers vergleichen kann.

Man kann den Begriff **Reiz** demnach folgendermaßen definieren: *Ein Reiz ist ein Umwelteinfluß, der geeignet ist, in spezialisierten Sinneszellen (Rezeptoren) Veränderungen des Energiehaushalts auszulösen.*

Weg der Erkenntnisgewinnung

„Wenn man Bienen auf einem blauen Blatt Papier mit Honig füttert, wird er da so gerne genommen wie aus Blütenkelchen. Sie tragen ihn in den Bienenstock, geben ihn dort wieder von sich, da sie ihn ja als Vorrat sammeln, und kehren nach wenigen Minuten wieder.
Sind die Bienen ein paar Mal hin und her geflogen, so entfernen wir das Honigpapier und legen neben den Futterplatz ein reines blaues Blatt ohne Honig und ein rotes Blatt. Die Bienen suchen das blaue Papier ab und kümmern sich nicht um das rote. Sie scheinen sich also gemerkt zu haben, daß es auf dem Blau Futter gab, und können offenbar Blau von Rot unterscheiden. Aber das beweist noch nichts für ein Farbensehen. Auch ein total farbenblindes Wesen könnte dazu fähig sein.
Das weiß man daher, daß es, freilich sehr selten, total farbenblinde Menschen gibt. Sie sehen eine farbige Landschaft etwa so, wie sie uns in einer farblosen Fotografie erscheint, alles Grau in Grau, nur in verschiedenen Abstufungen der Helligkeit. Jede Farbe hat für sie einen bestimmten Helligkeitswert. Rot erscheint ihnen z. B. sehr dunkel, Blau als ein ziemlich helles Grau. Das blaue und rote Blatt unseres Bienenversuches sind daher für einen total farbenblinden Menschen sehr deutlich unterscheidbar, obwohl ihm der Farbeindruck verschlossen ist.
Wir müssen den Versuch anders anstellen, um zu erfahren, ob die Bienen farbenblind sind, oder nicht.
Wir füttern wieder auf Blau; dann legen wir ihnen ein blaues Blatt inmitten von grauen Blättern vor, die in allen Helligkeitsabstufungen von Weiß bis zum tiefsten Schwarz führen. Unter diesen Umständen kann ein total farbenblindes Auge das Farbpapier nicht mit Sicherheit herausfinden. Denn es erscheint ihm ja als ein Grau von bestimmter Helligkeit, muß also einem der abgestuften Graupapiere zum Verwechseln gleichen. Die Bienen, die durch die vorhergegangene Fütterung auf Blau dressiert sind, fliegen aber auch jetzt zielsicher das farbige Feld an und beweisen uns dadurch ihren Farbsinn."

Aus KARL V. FRISCH: Du und das Leben, Verlag Ullstein GmbH, Berlin 1966, S. 111

Die Beschreibung, die KARL V. FRISCH über seine Experimente mit Bienen gibt, zeigt den Weg, den Forscher gehen, um ein Problem zu lösen. Aus der Beobachtung, daß Bienen farbige Blüten besuchen, ergibt sich die Frage, ob die Tiere tatsächlich Farben sehen können. Die **Arbeitshypothese,** die dem Experiment zugrunde liegt, unterstellt, daß sie es können. Das **Experiment** liefert eine erste Bestätigung der Hypothese. Weitergehende Überlegungen stellen das Ergebnis aber in Frage. Folglich muß das Experiment abgewandelt werden, um den Zweifel auszuräumen. Den Weg von der speziellen Beobachtung über die spezielle Untersuchung zur allgemeingültigen Aussage nennt man den **induktiven** Weg.
In den Anfängen der naturwissenschaftlichen Forschung war der induktive Weg des Erkenntnisgewinns die vorherrschende Methode. Heute geben oft schon vorhandene Erkenntnisse den Anstoß zu Untersuchungen. Die Forschungen in der Molekularbiologie gehen z. B. von der gesicherten Tatsache aus, daß DNA-Moleküle die Träger der Erbanlagen sind, und konstruieren auf dieser Basis die Experimente. Man geht dann vom Allgemeinen zur Untersuchung des Speziellen. Dieser Weg ist der **deduktive** Weg. In der modernen Forschung stehen induktive und deduktive Methoden in stetem Wechselspiel und ergänzen einander.

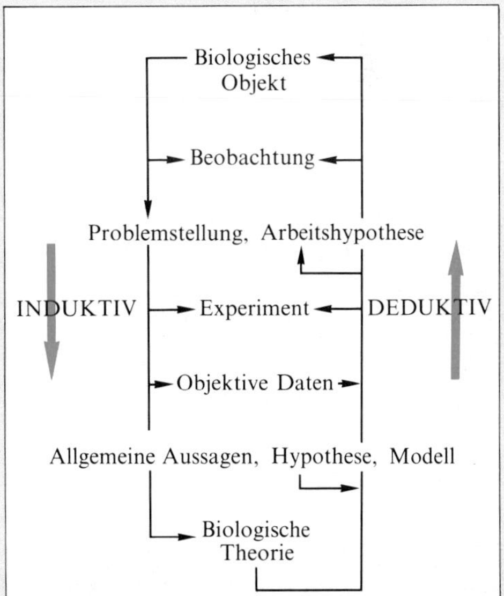

11.1 Stufen der biologischen Erkenntnisgewinnung

2. Reaktionen von Pflanzen auf Reize

V 12.1. Versuche zur BROWNschen Bewegung und zur Plasmaströmung

Materialien und Geräte: Wasserpestpflanzen, chinesische Tusche, Mikroskop, Schere, Objektträger und Deckgläser.

Beschaffungshinweis: Chinesische Tusche erhält man in Fachgeschäften für Bürobedarf.

Durchführung: **a)** Reiben Sie von dem angefeuchteten Tuscheblöckchen etwas Material mit der Fingerkuppe ab. Bringen Sie dieses zusammen mit einem Wassertropfen auf einen Objektträger. Bemessen Sie den Wassertropfen so, daß nach Aufbringen eines Deckglases kein Wasser übersteht. Beobachten Sie zunächst bei mittlerer und dann bei starker Vergrößerung (600fach). Die Betrachtung soll möglichst bei Tageslicht erfolgen, weil Mikroskopleuchten Strömungen verursachen.

b) Zupfen Sie von einer Wasserpestpflanze ein Blättchen ab und mikroskopieren Sie dieses ebenfalls bei den oben genannten Vergrößerungen. Setzen Sie die Pflanzen vor der Untersuchung hohen Beleuchtungsstärken aus.

c) Beschreiben Sie die bei beiden Objekten auftretenden Bewegungen, arbeiten Sie Unterschiede heraus und versuchen Sie, die ursächlichen Zusammenhänge aufzuklären.

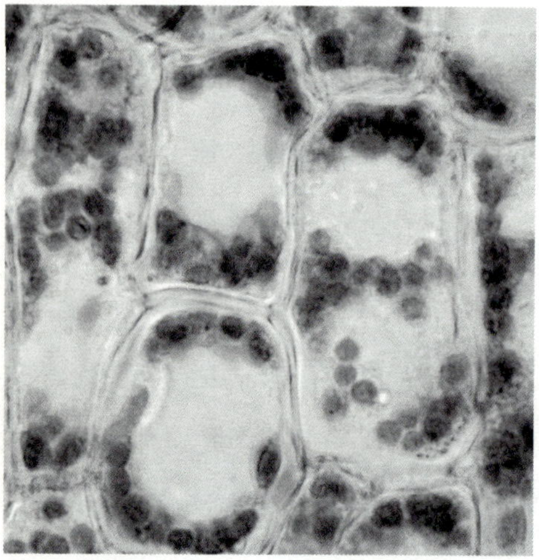

12.2. Plasmaströmung in Zellen von Wasserpest

2.1. Bewegungen bei Pflanzen

Bewegungsarten. Nach einem wesentlichen Unterscheidungsmerkmal von Pflanze und Tier befragt, wird mancher oberflächliche Beobachter antworten: Tiere können aktiv Bewegungen ausführen, Pflanzen nicht. Diese Aussage trifft schon für den Bereich der pflanzlichen Zellen nicht zu. Ein einfaches Beispiel verdeutlicht das: Pflanzen, deren Blätter bei starker Sonneneinstrahlung blaßgrün erscheinen, nehmen nach Aufziehen von Bewölkung ein frisches Aussehen an. Das ist keine optische Täuschung, sondern das Ergebnis von Chloroplastenverlagerungen infolge Beschattung.

Untersucht man Zellen der Wasserpest, stellt man eine **Plasmaströmung** fest, die die Chloroplasten bewegt (Abb. 12.2.). Helligkeits- und Temperaturunterschiede wirken offensichtlich als Reize. Sie regen den Stoffwechsel der Zelle an und vermögen die Plasmabewegung zu beschleunigen.

Ein sorgfältiger Beobachter wird das anfangs geäußerte Vorurteil über passives Verhalten von Pflanzen aber auch dann zurücknehmen müssen, wenn er sich nicht nur auf die Plasmabewegung beschränkt. Er wird feststellen, daß sich pflanzliche Einzeller und Geschlechtszellen von Moosen und Farnen selbständig fortbewegen können. Solche freien Ortsbewegungen heißen **Taxien** (Einzahl: Taxis). Er wird auf Blütenblattbewegungen stoßen, die als ungerichtete Bewegungen zu den **Nastien** (Einzahl: Nastie) zählen. Außerdem wird er erfahren, daß sehr viele Bewegungen einen Bezug zur Reizrichtung haben. Sie werden **Tropismen** genannt.

Taxien, Nastien und Tropismen lassen sich nach der wirksamen Reizart untergliedern: Eine Ortsbewegung, die durch Licht oder chemische Reize verursacht wird, bezeichnet man als *Phototaxis* bzw. *Chemotaxis.*

Eine Bewegung von Pflanzen auf Erschütterungs- oder Berührungsreize heißt *Seismonastie* bzw. *Thigmonastie.* Paradebeispiel dafür sind die Reaktionen von Mimosen.

Schließlich gibt es keine höhere Pflanze, die sich nicht an den Reizrichtungen von Schwerkraft und Licht orientiert. Sie antwortet darauf mit Reaktionen, die man *Geotropismus* bzw. *Phototropismus* nennt. Tropismen und Nastien können sowohl durch Wachstumsbewegungen als auch durch Veränderungen des Turgors (Zellinnendruck) pflanzlicher Gewebe zustandekommen.

Wirkungsmechanismen. Die Steuerung von **Wachstumsbewegungen** erfolgt durch pflanzliche Hormone (Phytohormone), z.B. Gibberelline, Auxine und Cytokinine. Man faßt sie unter dem Sammelbegriff **Wachstumsregulatoren** zusammen. Durch Versuche zum Phototropismus an Haferkeimlingen ist nachgewiesen, daß bei einseitiger Belichtung der Keimlingsspitze Auxin zur schattierten Seite strömt und sich dort anreichert. Die Folge ist verstärktes Wachstum auf der Schattenseite (siehe Abb. 13.1. und V 14.1.).

Turgorveränderungen sind osmotisch bedingt: Bei hohen Zellsaftkonzentrationen nehmen die Zellen durch ihre semipermeablen Plasmamembranen Wasser aus ihrer Umgebung auf und werden prall. Auch in anderen Zellen des Gewebes steigt so der Innendruck. Den dadurch entstehenden Spannungen weicht der Zellverband durch Bewegungen aus. Durch Reize kann die Semipermeabilität aber auch verändert werden. Es kann Zellsaft austreten, so daß die Gewebespannung schlagartig nachläßt. Daraus resultieren oft sehr schnelle Bewegungen. Beispiele dafür werden auf Seite 23 beschrieben.

Besonders auffällige, durch Turgor bedingte Reaktionen sind die Schleuderbewegungen des Springkrauts und der Spritzmechanismus der Spritzgurke. Berührt man die Früchte des Springkrauts nur leicht, so reißen sie an vorgebildeten Nahtstellen auf und schleudern ihre Samen oft mehrere Meter weit in die Umgebung (siehe Abb. 13.2.). Die Spritzgurke ist in ihrer Wirkung mit einer Flasche Sekt vergleichbar: Mit zunehmender Reife entwickelt sie einen hohen osmotischen Innendruck, der schließlich den Fruchtstiel wie einen Sektkorken absprengt. Durch die nun entstehende Öffnung wird der Inhalt der Gurke zusammen mit den Samen bis zu 12 m weit herausgespritzt. Die beschriebenen Vorgänge laufen in Bruchteilen von Sekunden ab. Sie werden dadurch ermöglicht, daß durch Turgor in einander benachbarten Geweben unterschiedliche mechanische Spannungen aufgebaut werden. Die biologische Bedeutung liegt in einer möglichst weiten Verbreitung der Samen.

BROWNsche Bewegung
Andere Ursachen als die aktive Plasmaströmung hat die passiv verlaufende BROWNsche Bewegung. Sie kommt durch die Wärmebewegung der nicht sichtbaren Wassermoleküle zustande. Diese stoßen gegen die mikroskopisch erkennbaren Tuscheteilchen und versetzen sie in ruckartige Bewegung. Mit steigender Temperatur nimmt sie an Heftigkeit zu. Die BROWNsche Bewegung ist die Grundlage der Diffusion. Diese vermag auf kurzen Entfernungen, z. B. zwischen benachbarten Zellen, einen raschen Stoffaustausch herbeizuführen.

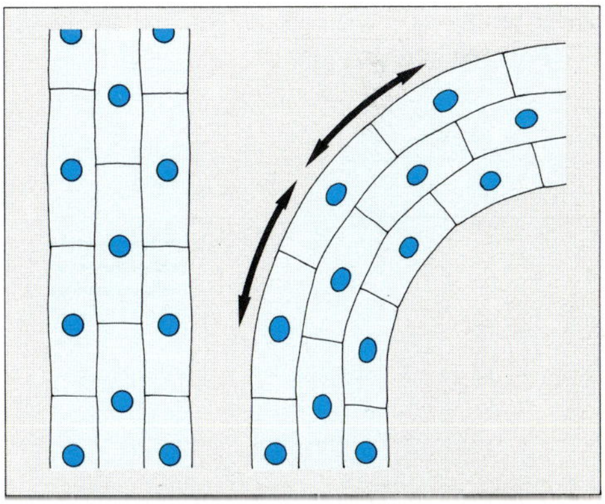

13.1. Mechanismus der Wachstumsbewegung

13.2. Schleuderbewegung der Springkrautfrucht

V 14.1. Phototropische Reaktion von Hafer-Koleoptilen

Vorbereitung: Füllen Sie einige *kleine runde Glasgefäße* (4 cm hoch, Durchmesser 2 cm) mit feuchtem, jedoch nicht nassem *Sägemehl*, und setzen Sie jeweils 3 *Haferkörner* ein. Stellen Sie die so vorbereiteten Gefäße in einen dunklen *Brutschrank* mit 25 °C Temperatur und hoher Luftfeuchte (offenes, *mit Wasser gefülltes Gefäß* einstellen). Wenn die Koleoptilen nach etwa 6 Tagen eine Länge von 2–3 cm erreicht haben, sind sie versuchsbereit.

Durchführung: Bringen Sie ein Versuchsgefäß mit Haferkeimlingen in einen würfelförmigen Blechkasten, dessen Deckel abnehmbar ist. Rohr und Blechkasten sind innen mit schwarzem, nicht glänzendem Papier ausgeschlagen. Stellen Sie vor der Öffnung eine Soffittenlampe oder eine Niedervoltleuchte auf. Beobachten Sie nach 4 Stunden die Krümmung der Koleoptilen und halten Sie das Ergebnis zeichnerisch fest.

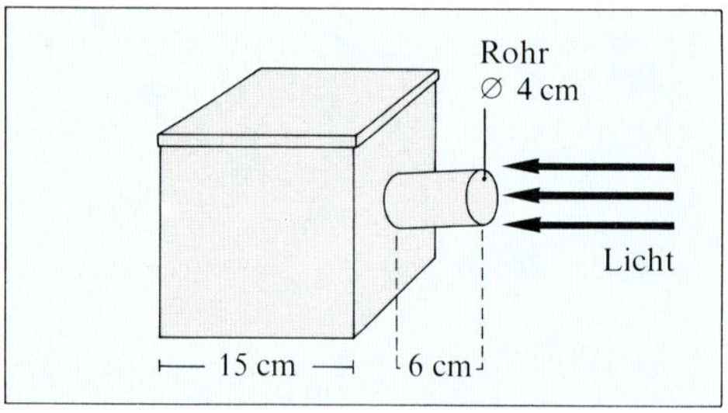

2.2. Reaktionen auf Lichtreize

2.2.1. Das Licht als Auslöser von Bewegungen

Viele Zimmerpflanzen wachsen bei einseitigem Lichteinfall in Richtung zum Fenster. Sie sind positiv phototropisch. Biologisch ist dieses Verhalten deswegen bedeutsam, weil die auf Photosynthese angewiesenen Pflanzen so besonders viel Licht erhalten und ihren Energiebedarf decken können. Das phototropische Verhalten der Pflanzen erscheint so verständlich.

Mit Hilfe von Glasprismen oder von optischen Gittern läßt sich das Licht in seine spektralen Anteile zerlegen. Man erhält eine Serie von farbigen Lichtern. Dieser Sachverhalt wirft folgende Probleme auf:

1. Sind alle spektralen Anteile des weißen Lichts gleich wirksam, oder rufen sie unterschiedliche phototropische Reaktionen bei Pflanzen hervor?
2. Lassen sich Vermutungen anstellen über die Natur der lichtabsorbierenden Wirkstoffe?

Am besten untersucht ist die phototropische Reaktion von **Hafer-Koleoptilen,** das sind die Keimscheiden junger Haferpflanzen (V 14.1.). Gleiche Beleuchtungsstärke vorausgesetzt, führt eine etwa

Natur des Lichts

Ein Regenbogen zeigt uns, daß sich weißes Licht in verschiedene **Spektralfarben** zerlegen läßt. Versuchsanordnungen, die im Labor zu dem gleichen Ergebnis führen, hat der Physiker Isaac NEWTON (1643–1727) zum ersten Male entworfen.
Aus eigener Erfahrung ist weiterhin jedem bekannt, daß alles Licht von weißen Stoffen reflektiert, von schwarzen dagegen absorbiert wird.
Die Mannigfaltigkeit der Farbeindrücke, die der Mensch wahrnimmt, kommt durch das Wechselspiel von **Lichtabsorption** und **-reflexion** zustande. So erscheint eine Blüte als rot, wenn sie von weißem Licht nur den Farbanteil „Rot“ reflektiert, alles andere aber absorbiert. Betrachtet man die gleiche Blüte bei gelbem Natriumdampflicht, ist es nicht möglich, ihre Farbe zu bestimmen. Wegen vollständiger Absorption des gelben Lichts nimmt sie schwarzes Aussehen an. Entsprechend erwecken sonst weiße Blüten bei Beleuchtung mit Natriumdampflicht den Eindruck einer Gelbfärbung, weil sie dieses vollständig reflektieren. Eine Reflexion spektralreinen Lichts, wie bei dem zuletzt genannten Beispiel, ist bei Lebewesen allerdings in der Regel nicht verwirklicht. Sie „erscheinen“ meist in einer Farbe, die sich aus einer Mischung verschiedener Spektralfarben zusammensetzt. Andererseits kann das absorbierte Licht mit dem reflektierten Anteil zu „weiß“ ergänzt werden. Solche sich zu weißem Licht ergänzende Farblichter nennt man **Komplementärfarben.** Durch Ausblenden einzelner Farben aus einem Spektrum und durch Mischung des Restlichts ist es gelungen, für die sogenannten Hauptfarben die zugehörigen Komplementärfarben zu bestimmen: Rot/Grün; Orange/Violett; Gelb/Blau.

vierstündige einseitige Belichtung mit Blaulicht zur stärksten Krümmung der Koleoptilen, Rotlicht hat keine Wirkung, Grünlicht führt zu einer schwachen Krümmungsreaktion. Da Blaulicht am wirksamsten ist, muß der absorbierende Farbstoff entsprechend der Komplementärfarbe gelb oder orange gefärbt sein. Farbstoffe mit diesen Eigenschaften sind *Flavoproteide* oder *Carotinoide*.

Aufnahmeort für den Lichtreiz und Reaktionsort sind bei Hafer-Koleoptilen verschieden. Nur die äußersten Spitzen der Koleoptilen sind lichtempfindlich, während das Krümmungswachstum selbst sehr viel tiefer erfolgt.

Phototropische Reaktionen müssen nicht immer positiv sein: Die Wurzeln von Senfkeimlingen wenden sich vom Licht ab, während sich ihre Sprosse zum Licht hin orientieren.

Es gibt sogar Pflanzen, die eine **Umstimmung** erfahren. Beispiel dafür ist das *Zimbelkraut* (Linaria cymbalaria), das oft in den Nischen alter Mauern wächst. Seine bläulichen Blüten wachsen dem Licht entgegen, solange keine Bestäubung stattgefunden hat. Nach der Bestäubung kommt es zu einem starken Wachstum der Blütenstiele und zu einer Krümmung in entgegengesetzter Richtung, so daß die Früchte ihre Samen zwangsläufig in einer Mauernische ausstreuen müssen.

Auch die Beleuchtungsstärke kann bei der Umstimmung von Bedeutung sein: So reagieren junge Pflanzen der Kapuzinerkresse bei hohen Beleuchtungsstärken negativ, bei schwachem Licht positiv phototropisch.

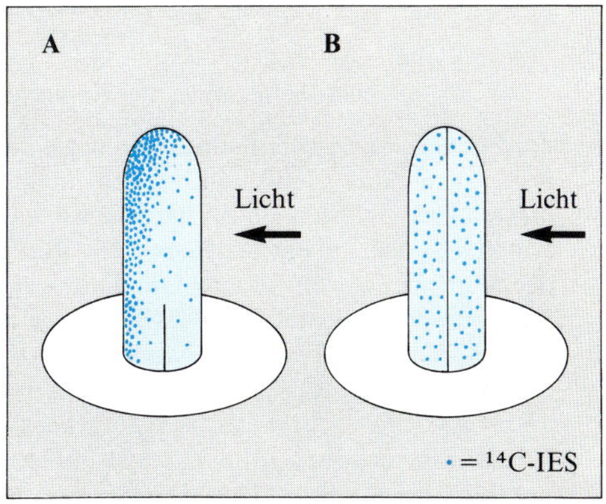

15.1. Phototropisches Wachstum von Koleoptilen als Folge von Wuchsstoffumlenkungen

Die Krümmung einer einseitig belichteten Koleoptile wird durch stärkeres Streckungswachstum der lichtabgewandten Seite verursacht. Hier läßt sich eine Anreicherung des Wuchsstoffs Indolylessigsäure (IES) beobachten, der in der Koleoptilenspitze ständig neu entsteht und von dort abwärts fließt. Für die Anreicherung des Wuchsstoffs auf einer Seite gibt es zwei Hypothesen:

1. IES wird an der lichtzugewandten Seite durch das Enzym IES-Oxydase zerstört.

2. Der IES-Strom wird zur lichtabgewandten Seite umgelenkt.

Abb. 15.1. veranschaulicht eine experimentelle Methode, mit deren Hilfe sich die letztgenannte Hypothese bestätigen läßt: Man bringt auf die Spitzen von zwei Maiskoleoptilen IES mit eingebauten Atomen des Kohlenstoffisotops ${}^{14}_{6}C$ auf. Eine Koleoptile wird vor Versuchsbeginn gespalten (B), die andere nicht (A). Wenige Stunden nach Belichtung läßt sich bei der intakten Koleoptile Radioaktivität fast ausschließlich auf der lichtabgewandten Seite nachweisen. Bei der gespaltenen Koleoptile dagegen ist die Radioaktivität gleichmäßig verteilt. Wegen der Gewebetrennung kann der Wuchsstoffstrom nicht mehr von der rechten Hälfte zur linken umgelenkt werden.

A 15.2. **Aufnahmeort des Lichtreizes.** Dem Text entnehmen Sie, daß die Spitzen der Koleoptilen den Lichtreiz aufnehmen. Überlegen Sie sich einen Versuch, mit dem Sie dieses an Hafer-Koleoptilen nachweisen können. Führen Sie den Versuch durch.

Blütenblattbewegungen

V 16.1. Blütenblattbewegungen bei Kalanchoe

Materialien und Geräte: Dunkelkammer, nicht zu weit aufgeblühte Topfpflanzen von *Kalanchoe bloßfeldiana,* in Blumengeschäften als „feuriges Kätchen“ oder „brennende Liebe“ erhältlich; feiner Kupferdraht von 0,1 mm Durchmesser (z. B. Spulendraht aus dem KOSMOS-Baukasten Elektrotechnik); Präpariernadel, kleine Flachzange, Millimeterpapier, Rasierklinge, Uhrglas, Gummi arabicum in Pulverform aus der Apotheke, kurzes Lineal, Taschenlampe, grünes Transparentpapier.

Herstellen von Zeigern zur Verlängerung der Blütenblätter: Da die Blütenblätter von Kalanchoe zu kurz sind, kann man ihre Bewegungen nicht unmittelbar messen. Befestigen Sie aus diesem Grunde auf zwei einander gegenüberliegenden Kronblattzipfeln je einen 30 mm langen Zeiger (siehe Abb. 16.2.A). Jeder Zeiger soll mit dem Blütenblatt einen Winkel von ca. 135° bilden.

Schneiden Sie zur Vorbereitung der Zeiger ca. 10 cm lange Kupferdrahtstücke ab und knoten Sie diese mit dem einen Ende um den dickeren Teil einer Präpariernadel. So entsteht eine Befestigungsöse, deren überstehendes kurzes Drahtende sich leicht mit einer Rasierklinge kappen läßt. Ziehen Sie die Öse des auf 30 mm Länge gekürzten Zeigers ab, fassen Sie sie mit einer kleinen Flachzange und biegen Sie das freie Ende bis zum Winkel von 135° um. Die Bestimmung des Winkels bereitet keine Schwierigkeiten, wenn Sie bei der Manipulation Millimeterpapier als Unterlage benutzen.

Durchführung: Rühren Sie in einem Uhrglas Gummi arabicum mit etwas Wasser zu einem Brei an. Nehmen Sie das freie Ende des Zeigers zwischen zwei Finger, tauchen Sie die Öse vorsichtig in das Gummi arabicum ein und setzen Sie sie mit einem leichten Tupfer auf der Kronblattspitze auf. Sollte der Zeiger umkippen, wiederholen Sie die Prozedur. Achten Sie darauf, daß sich der Draht dabei nicht verbiegt.

Geben Sie den Pflanzen mit den präparierten Blüten anschließend mehrere Tage lang abwechselnd 12 Stunden Licht und 12 Stunden Dunkelheit. Führen Sie den Versuch in einer Dunkelkammer durch. Dort können Sie Leuchtstoffröhren installieren, die Sie an eine Schaltuhr anschließen.

Messen Sie alle zwei Stunden die Öffnungsweite der Blüten, indem Sie mit einem Lineal die Entfernung zwischen den Zeigerspitzen bestimmen. Schließen sich die Blüten, dann überkreuzen sich die Zeiger. Versehen Sie diese Meßwerte mit negativem Vorzeichen. Lesen Sie im Dunkeln die Abstände zwischen den Zeigerspitzen mit Hilfe einer Taschenlampe ab, deren Licht durch grünes Transparentpapier abgeschwächt ist.
Die Abbildung 16.2.B zeigt den Verlauf der Blütenblattbewegungen.

A 16.3. Beschreiben Sie den Verlauf der in Abb. 16.2. dargestellten Blütenblattbewegungen. Gehen Sie dabei ausführlich auf die Zusammenhänge zwischen dem Licht/Dunkel-Wechsel und dem Rhythmus der Bewegungen ein.
Begründen Sie, warum es sich bei den beobachteten Blütenblattbewegungen um Photonastien handelt.
Erklären Sie, warum die Bewegung schon vor dem Beleuchtungswechsel um 10.00 bzw. 20.00 Uhr beginnt.

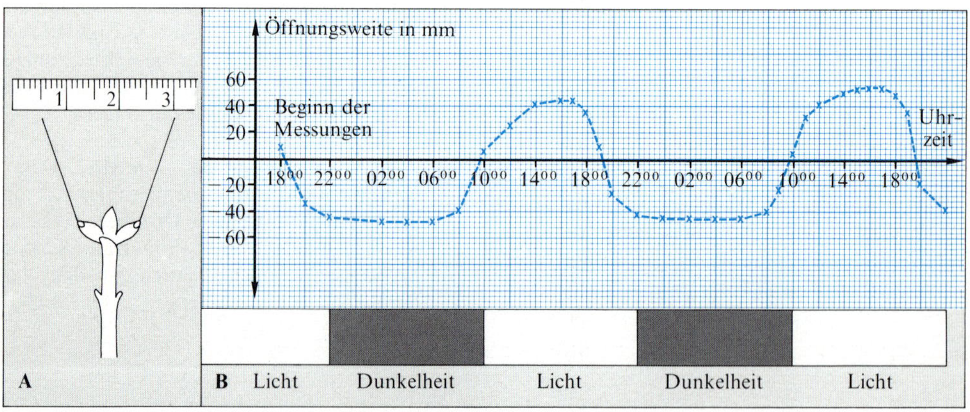

16.2. Ergebnis des Versuchs „Blütenblattbewegungen“

2.2.2. Der Einfluß des Lichts auf die Gestaltbildung

Phytochromsystem. Es gibt Pflanzensamen, die nur keimen, wenn sie dem Licht ausgesetzt werden. Zu solchen **Lichtkeimern** gehören auch die Samen des *Feurigen Kätchens* (Kalanchoe bloßfeldiana) und von *grünem Salat*. Bei letzterem läßt sich die Keimung schon durch eine einminütige Bestrahlung mit Weißlicht auslösen. Die Keimung unterbleibt aber, wenn man unmittelbar nach der ersten Lichtexposition dunkelrotes Licht einwirken läßt. Dieses Ergebnis ist jedoch korrigierbar: Bei erneutem Einfall von Weißlicht wird die Keimhemmung wieder aufgehoben. Man kann dieses Lichtwechselspiel mit dem gleichen Erfolg mehrfach wiederholen.

Bei grünem Salat und bei den meisten Pflanzen kann man ein blaues und ein blau-grünes Pigment isolieren, sogenannte **Phytochrome.** Entsprechend ihrer Fähigkeit, Licht der Wellenlängen 660 nm bzw. 730 nm zu absorbieren, erhielten sie die Bezeichnungen P 660 bzw. P 730. Durch die Bestrahlung mit Weißlicht, das ja auch einen **Hellrotanteil** enthält, wird P 660 in P 730 umgewandelt. P 730 ist die aktive Form des Pigments. Es löst die Keimung der Salatsamen aus. Durch **Dunkelrot** (730 nm) wird P 730 jedoch wieder in das inaktive P 660 umgewandelt. Die Keimung bleibt aus. Die dabei ablaufenden molekularen Prozesse sind bisher noch weitgehend ungeklärt. Man vermutet, daß Phytochrome die Genaktivität beeinflussen (siehe Abb. 17.2.).

Photomorphogenese. Licht greift in viele weitere Prozesse der Gestaltbildung bei Pflanzen ein: Im Hochgebirge fällt auf, daß die Pflanzen der Bergwiesen gedrungeneren Wuchs haben und mit kräftigeren Farben als im Tiefland blühen. Im dunklen Keller „auskeimende" *Kartoffeln* bilden dagegen lange, dünne, weiße Sprosse mit auffallend kleinen Blättern aus. Diese **Vergeilung** oder **Etiolement** genannte Erscheinung wird bei Spargelpflanzen absichtlich dadurch herbeigeführt, daß man sie in hoch aufgeschichteten Beeten heranzieht. – Besonders eindrucksvoll ist die unterschiedliche Differenzierung des Palisadengewebes von **Sonnen-** und **Schattenblättern** an ein und demselben Baum. Die Palisadenzellen sind in den Sonnenblättern groß und in mehreren Schichten angeordnet. In den Schattenblättern sind sie dagegen klein und nur in einer Zellschicht ausgebildet. Die Beeinflußbarkeit von Entwicklung und Differenzierung durch Licht heißt **Photomorphogenese.**

V 17.1. Licht- und Dunkelkeimer

Materialien und Geräte: Samen von Salat *(Lactuca sativa)*, Feurigem Kätchen *(Kalanchoe bloßfeldiana)* und Schwarzkümmel *(Nigella sativa)*; dunkler Brutschrank, Petrischalen, Rundfilter, Permanent-Filzstift zur Beschriftung, Stereolupe.

Durchführung: Legen Sie zur Vorbereitung des Keimbetts in 6 Petrischalen Rundfilter und befeuchten Sie diese mehrere Stunden vor Versuchsbeginn bis zur Sättigung mit Wasser. Säen Sie im verdunkelten Raum bei schwacher Dämmerbeleuchtung die Samen der einzelnen Objekte in je zwei Petrischalen aus und beschriften Sie diese.
Stellen Sie die eine Versuchsgruppe in einen dunklen Brutschrank, dessen Temperatur auf 25 °C geregelt ist. Die andere Versuchsgruppe verbleibt auf einer gut beleuchteten Fensterbank.
Lassen Sie den Versuch über 5 Tage laufen und überprüfen Sie mit einem Binokular täglich die Zahl der gekeimten Samen. Als gekeimt gilt ein Same, dessen Keimwurzel die Samenschale durchbrochen hat.

Aufgabe: Welche Pflanzen sind Dunkelkeimer, welche sind Lichtkeimer?
Beschreiben und erklären Sie das Versuchsergebnis.

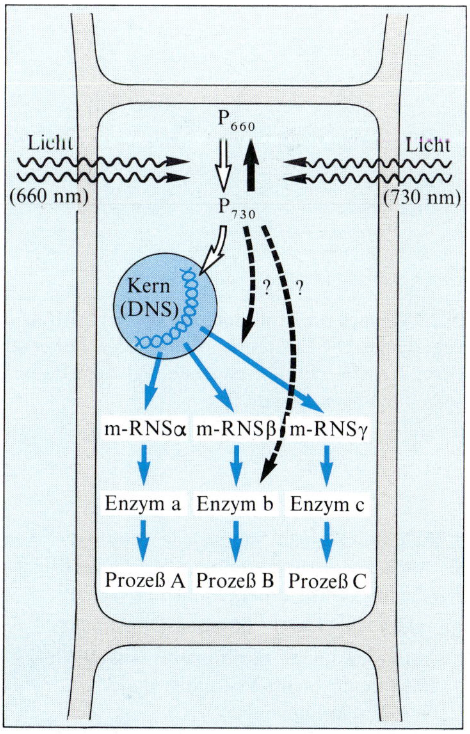

17.2. Hypothetisches Schema der Phytochromwirkung

V 18.1. Blühinduktion von Kalanchoe bloßfeldiana (Langzeitversuch)

Materialien und Geräte: 12 im Langtag aufgezogene, nicht blühende *Kalanchoe*pflanzen in Blumentöpfen, 4 lichtdichte Kartons (Höhe 60 cm, Breite 50 cm, Tiefe 30 cm), durch eine Schaltuhr steuerbare Zusatzbeleuchtung, Lupe.

Durchführung: Bilden Sie 4 Versuchsgruppen zu je 3 Pflanzen.
Belichten Sie während 6 Tagen die erste Gruppe pro Tag 8 Stunden, die zweite 10 Stunden, die dritte 12 Stunden und die vierte 13 Stunden. Verdunkeln Sie die Pflanzen unmittelbar nach der Lichtexposition durch Überstülpen eines Kartons über jede Versuchsgruppe.
Setzen Sie die Pflanzen nach Ablauf der Versuchswoche wieder Langtagbedingungen aus (mindestens 13 Stunden Licht).
Kontrollieren Sie nach 2 Wochen täglich mit einer Lupe, ob an den Pflanzenspitzen Blütenanlagen zu erkennen sind.
Zählen Sie zwei bis drei Monate nach Versuchsbeginn die inzwischen gebildeten Blüten aus. Machen Sie Aussagen über Blüherfolg und Lichtbehandlung.

Lichtbehandlung in Stunden	12	$12\frac{1}{4}$	$12\frac{1}{2}$	$12\frac{3}{4}$	13
Zahl der blühenden Pflanzen	9	9	9	8	4
Zahl d. nicht blühenden Pflanzen	0	0	0	1	5
mittlere Blütenzahl pro Pflanze	968	967	950	158	0,9

18.2. Versuch zur Ermittlung der oberen kritischen Tageslänge. Die Lichtbehandlung erfolgte über 60 Tage. Anschließend wurden die Pflanzen Langtagbedingungen ausgesetzt.

A 18.3. Beschreiben Sie, welche Blühreaktionen Sie von Kurztag- und Langtagpflanzen bei folgenden Licht-/Dunkelbehandlungen erwarten:

1. 7 Stunden Licht/17 Stunden Dunkelheit
2. 7 Stunden Licht/ 11 Stunden Dunkelheit/ 10 Minuten Licht/ 5 Stunden und 50 Minuten Dunkelheit
3. Dauerlicht
4. Dauerdunkel

Photoperiodismus. Mancher Blumenfreund ärgert sich darüber, daß viele Zimmerpflanzen gar nicht oder nur zu bestimmten Jahreszeiten blühen. So blüht *Kalanchoe bloßfeldiana* vorzugsweise in den Wintermonaten und im Frühjahr, nicht dagegen in den Sommermonaten, wenn die Tage lang sind. Man erkannte bald, daß die Blühreaktion von Kalanchoe von Tageslänge und Dauer der sich anschließenden Dunkelphase abhängt. Systematisch durchgeführte Versuchsserien ergaben: Blütenlose Pflanzen mit reichlich entwickeltem Laub blühen dann am stärksten, wenn sie täglich 8 bis 9 Stunden Licht und anschließend 15 bis 16 Stunden Dunkelheit erhalten. Sie blühen auch noch bei einer täglichen Belichtungszeit von 1 Sekunde, entwickeln aber bei täglich mehr als $12\frac{1}{2}$ Stunden Licht in der Regel keine Blüten (Tab. 18.2.). Es gibt also eine obere kritische Tageslänge, oberhalb derer eine Blühreaktion ausbleibt. Die Abhängigkeit der Blühreaktion vom Licht-Dunkel-Rhythmus nennt man **Photoperiodismus.**

Ähnlich wie Kalanchoe reagieren auch andere Pflanzen, die für eine Blühreaktion kurze Tage bzw. lange Dunkelperioden benötigen. Man nennt sie **Kurztagpflanzen.** Zu ihnen gehört u.a. die ernährungswirtschaftlich bedeutsame *Sojabohne.* In Unkenntnis der beschriebenen Zusammenhänge versuchte man während des Zweiten Weltkrieges, in Deutschland Sojabohnen anzubauen, um die Ernährung der Bevölkerung aufzubessern. Das Experiment mißlang, weil die Nächte in den mitteleuropäischen Breiten zu kurz sind, um eine Blühinduktion und damit Fruchtansatz zu erzielen. Daß für die Blühreaktion von Kurztagpflanzen die Dunkelphase entscheidend ist, macht die Wirkung von Zwischenbelichtungen deutlich. So bleiben die Pflanzen trotz Kurztagexposition blütenlos, wenn sie in der Mitte der Dunkelphase kurzfristig starkes Störlicht erhalten. Kurzfristige Dunkelexpositionen während der Lichtzeit sind dagegen wirkungslos.

Photoperiodische Reaktion und Blütenblattbewegungen von Kalanchoe sind Beispiele für **tagesperiodische, circadiane,** Abläufe. Sie sind äußeres Kennzeichen dafür, daß Lebenserscheinungen von einer „inneren Uhr" bzw. **endogenen Tagesrhythmik** gesteuert werden. Blütenblattbewegungen und Blühinduktion verlaufen bei Kalanchoe synchron, Zeitgeber ist das Licht. Daraus läßt sich schließen: Geöffnete Blüten sind für die **photophile Phase** charakteristisch, in der Licht die Blühreaktion begünstigt. Geschlossene Blüten kennzeichnen die **skotophile**

Phase, in der Licht den Blüherfolg mehr oder weniger aufhebt.
Der Lichtreiz wird von den Blättern aufgenommen. Auch hier lassen sich Hellroteffekte durch Belichtungen mit Dunkelrot aufheben. Das spricht eindeutig für eine Absorption des Lichts durch das Phytochromsystem. Aus Abb. 19.1. ist ersichtlich, daß der Dunkelrotanteil des Tageslichts morgens und abends besonders hoch ist. Diese Tatsache ist für photoperiodisch reagierende Pflanzen deswegen bedeutsam, weil sie mit Hilfe ihres Phytochromsystems so Informationen darüber erhalten, wann der Zeitgeber Licht an- und ausgeschaltet wird.

Während Kurztagpflanzen überwiegend in tropischen Gebieten beheimatet sind, wachsen in Mitteleuropa viele Pflanzen, die einem anderen Reaktionstyp angehören: *Getreidearten, Zuckerrüben, Spinat* und *Erbsen* sind z. B. Kulturpflanzen, die nur unter den Bedingungen eines langen Tages blühen. Sie benötigen täglich mindestens 11 bis 12 Stunden Licht, haben also eine festgelegte *untere kritische Tageslänge*. Nach oben hin ist die Lichtzeit nicht begrenzt. Man nennt sie **Langtagpflanzen.** Interessant ist die Tatsache, daß verschiedene Arten ein und derselben Gattung keineswegs gleich reagieren. So ist z. B. die Tabakpflanze *Nicotiana silvestris* eine Langtagpflanze, die Maryland Mammut-Variante von *Nicotiana tabacum* eine Kurztagpflanze.

Für die Bepflanzung öffentlicher Parkanlagen zu verschiedenen Jahreszeiten wird das photoperiodische Verhalten von Zierpflanzen bewußt oder unbewußt genutzt. Dabei fällt auf, daß die Gärtner sowohl im Sommer als auch im Winter eine Vorliebe für die sehr „blühwilligen" und schmucken *Gartenstiefmütterchen* haben. Da Stiefmütterchen unabhängig von Tageslänge und Dunkelperiode blühen, ist es nicht verwunderlich, daß sie so oft eingesetzt werden. Sie sind **tagneutrale Pflanzen.** Wie die *Sonnenblume* zählen zu diesem Reaktionstyp einige Kräuter wie *Gänseblümchen, Vogelmiere* und *Hirtentäschelkraut*. Eine Besonderheit sind die sogenannten **Lang-Kurztagpflanzen,** die nur dann blühen, wenn sie im Anschluß an eine Langtagexposition Kurztage erhalten haben. Zu ihnen gehört die Brutblattpflanze *Bryophyllum*.

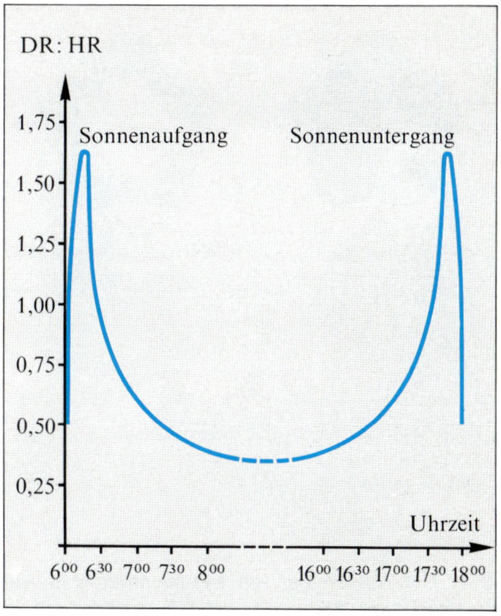

19.1. Verhältnis der Beleuchtungsstärken von Dunkelrot (DR, 730 nm) und Hellrot (HR, 660 nm) in Abhängigkeit von der Tageszeit.
Ein Quotient > 1 bedeutet, daß der Anteil des DR höher ist als der von HR.

Breitengrad	Tageslänge min.	Tageslänge max.	Tageslängenänderung (April und August)
60° N (Stockholm, Leningrad)	6 h	19 h	40 min/Woche
45° N (London 51°, New York 41°)	9 h	15,5 h	25 min/Woche
30° N (Delhi, Shanghai)	10 h	14 h	12 min/Woche
15° N (Manila, Dakar)	11 h	13 h	5 min/Woche

19.2. Abhängigkeit der Tageslänge vom Breitengrad

A 19.3. **a)** Suchen Sie die in Tab. 19.2 genannten Orte auf einem Globus oder einer Weltkarte auf und erarbeiten Sie gesetzmäßige Zusammenhänge zwischen Tageslänge und geographischer Breite.

b) Nennen Sie Gebiete, in denen vorübergehend Dauerdunkel bzw. Dauerlicht herrscht. In welchen Monaten ist das der Fall?

c) In welchen Orten der Tab. 19.2. kann Kalanchoe bloßfeldiana – günstige Temperaturen vorausgesetzt – optimal blühen?

d) Suchen Sie auf einer Atlas-Weltkarte die wichtigsten Anbaugebiete für Getreide auf. Was gilt bezüglich der Tageslängen in diesen Gebieten?

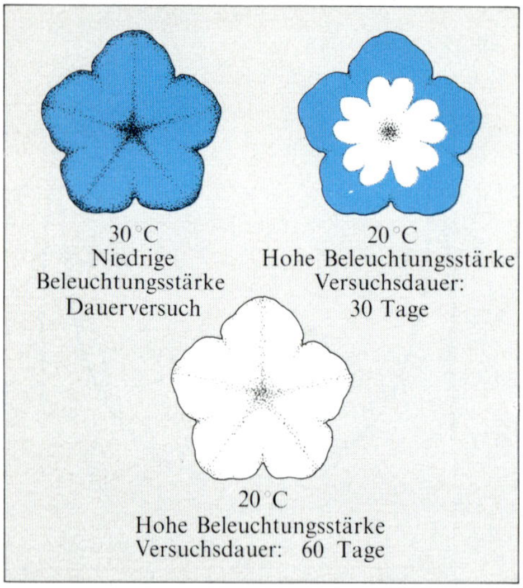

20.1. Die Ausfärbung von Petunienblüten in Abhängigkeit von Temperatur und Beleuchtung

20.2. Wilde Möhre: A nach 6wöchiger Kältebehandlung; **B** unbehandelte Pflanze

V 20.3. Versuch zur Thermonastie

Materialien und Geräte: Geschlossene Tulpenblüten, Bechergläser mit Wasser, Kühlschrank.

Durchführung: Stellen Sie Tulpen mit noch nicht geöffneten Blüten in zwei mit Wasser gefüllte Bechergläser. Setzen Sie das eine Glas in ein warmes Zimmer, das andere in den Kühlschrank. Tauschen Sie beide Gläser nach etwa einer Stunde aus.
Beschreiben Sie, welche Veränderungen an den Blüten vor sich gehen.

2.3. Reaktionen von Pflanzen auf andere Reize

2.3.1. Temperaturreize

Eine nicht nur Gärtnern bekannte Erscheinung ist die Tatsache, daß *chinesische Primeln (Primula sinensis)* je nach Anzuchttemperatur rot oder weiß blühen: unterhalb 30 °C rot, oberhalb 30 °C weiß. Möglicherweise wirkt sich hier eine Regulation der Genaktivität aus, die wie andere Stoffwechselvorgänge temperaturabhängig ist. Einzelheiten der biochemischen Abläufe, z. B. welche Enzyme entstehen, sind bisher noch nicht geklärt.
Ähnliche Einflüsse des äußeren Faktors Temperatur machen sich bei der Ausfärbung von Blüten einer *Petunienrasse* bemerkbar. Im Gegensatz zur chinesischen Primel ist hier allerdings die Kombination von Temperatur und Licht wirksam: So blühen die Pflanzen bei 20 °C, hoher Beleuchtungsstärke und langer Versuchsdauer weiß, bei kurzer Versuchsdauer mehr oder weniger violett. Bei 30 °C und niedriger Beleuchtungsstärke färben sich die Blüten vollständig violett.

Die Temperatur hat aber nicht nur modifizierende Wirkung, sondern auch eine Signalfunktion: Ähnlich wie Licht übt sie auf Pflanzen Reize aus. So benötigen die gequollenen Samen von *Wintergetreide* im Spätherbst bzw. Winter eine mehrwöchige Kälteperiode, damit die Pflanzen im nächsten Jahr rechtzeitig blühen und fruchten. Ähnliches gilt für sogenannte zweijährige Pflanzen wie *Fingerhut* und *Wilde Möhre*. Sie verbringen das Jahr nach der Samenkeimung in einem Rosettenstadium und bleiben blütenlos. Erst im nächsten Jahr wachsen die Sprosse in die Höhe und bilden Blüten. Die mehrwöchige Kälteperiode versetzt die Pflanzen in einen Zustand der Blühbereitschaft. Die Umstimmung zur Blühbereitschaft durch Kältereize erfolgt am Vegetationskegel und heißt *Vernalisation*.
Frühjahrsblüher wie *Schneeglöckchen, Krokus* und *Tulpe* (siehe V 20.3.) reagieren auf Temperaturreize relativ rasch. Sie sprechen auf Temperaturunterschiede von weniger als 1 °C an und öffnen bei zunehmender Temperatur ihre Blüten bzw. schließen sie bei Abkühlung. Diese Bewegungen heißen **Thermonastien** und kommen durch Wachstumsunterschiede zwischen Außen- und Innenseite der Blütenblätter zustande. Höhere Temperaturen bewirken verstärktes Wachstum der Blütenblattinnenseite.

2.3.2. Chemische Reize

Alle Pilze, auch der grüne Knollenblätterpilz, besitzen kein Chlorophyll. Sie können also keine Photosynthese betreiben und sind deshalb auf organisches Material angewiesen, um ihren Energiebedarf zu decken. Die „Fruchtkörper" vieler Pilze findet man auf vermodernden Baumstümpfen oder altersschwachen Stämmen. Voraussetzung dafür ist, daß die im Erdboden wachsenden, unauffälligen Pilzfäden vorher in das Holz eines Baumes eingedrungen sind. Dabei ist es erstaunlich, wie die an ganz bestimmte Baumarten angepaßten Pilze ihren spezifischen Wirt „finden", mit dem sie in wechselseitigem Parasitismus leben. Für das zielgerichtete Wachstum sind unter anderem Zucker- oder Eiweißverbindungen verantwortlich, die von den Baumwurzeln wegdiffundieren. Die Pilzfäden wachsen in Richtung zunehmender Konzentration. Die beschriebene Erscheinung nennt man **Chemotropismus.** Chemotropische Reaktionen sind in der Regel unterirdischen Pflanzenteilen vorbehalten. Eine Ausnahme ist der chlorophyllarme Teufelszwirn *(Cuscuta europaea)*, der z. B. auf Brennesseln und auf Nelkenwurz *(Geum urbanum)* schmarotzt. Cuscuta ist sozusagen die einzige Pflanze, die „riechen" kann: Sie reagiert nämlich auf flüchtige organische Substanzen, die ihr künftiger Wirt an die Luft abgibt. Diese Stoffe sind noch in Konzentrationen von 10^{-7} bis 10^{-8} g/cm^3 wirksam und lösen bei einem Cuscuta-Keimling zielstrebiges Wachstum aus. Trifft er auf die Wirtspflanze, umwindet er sie und treibt Senker in ihren Stengel hinein. Diese treten mit den Leitbündeln der Wirtspflanze in Kontakt und entnehmen ihnen Wasser und Nährstoffe. Der Parasit besitzt sogar ein „Wahlvermögen", das ihn von einer schon besiedelten Wirtspflanze zu einer „besseren" überwechseln läßt.

Chemonastien kommen bei einigen Pflanzen vor, die ihren Stickstoffbedarf durch den Fang von Insekten decken, so bei Sonnentau (Drosera): Die Blätter krümmen ihre Fangtentakel schon bei Reizung durch Wassertropfen, die nur Spuren von Phosphaten und Ammoniumsalzen enthalten. Wasser ohne solche Zusätze bleibt dagegen wirkungslos.
Die begeißelten männlichen Geschlechtszellen von Moosen und Farnen gelangen zu den weiblichen Geschlechtsorganen, den Archegonien, durch **Chemotaxis.** Sie orientieren sich dabei in Richtung zunehmender Äpfelsäurekonzentration. In einigen Fällen können noch Stoffmengen im Nanogrammbereich (10^{-9} g) wirksam sein.

V 21.1. Chemotropismus keimender Pollenkörner

Materialien und Geräte: Tulpenblüten (Narzissen- oder Kirschblüten) mit ausgereiften Staubblättern und Narben, Mikroskop, Hohlschliffobjektträger, Deckgläser, 5–10%ige Rohrzuckerlösung (evtl. niedrigere oder höhere Konzentrationen erforderlich).

Durchführung: Geben Sie etwas Rohrzuckerlösung in einen Hohlschliffobjektträger, stäuben Sie einige Pollenkörner darauf und legen Sie ein bis zwei Stücke frischen Narbengewebes dazu. Schließen Sie den Hohlschliffobjektträger blasenfrei mit einem Deckglas ab und beginnen Sie mit der mikroskopischen Untersuchung des Pollen/Narbenpräparats nach etwa 60 Minuten. Fertigen Sie ein Beobachtungsprotokoll an.

Anmerkung: Falls Hohlschliffobjektträger nicht zur Verfügung stehen, setzen Sie der Keimlösung etwas reine Gelatine zu. Damit wird das Austrocknen des Präparats verhindert. Der nicht mit einem Deckglas abgeschlossene Objektträger wird bis zur Untersuchung in einer feuchten Kammer verwahrt. Dafür geeignet ist eine mit feuchtem Filtrierpapier ausgelegte, verschlossene Petrischale.

A 21.2. Erläutern Sie anhand von Abb. 21.3. die Reaktion von Brunnenkresse in Gelatine auf verschiedenartige Salzlösungen, die sich in einer Vertiefung zwischen den Pflanzen befinden. Welche biologische Bedeutung hat das Verhalten der Pflanzen?

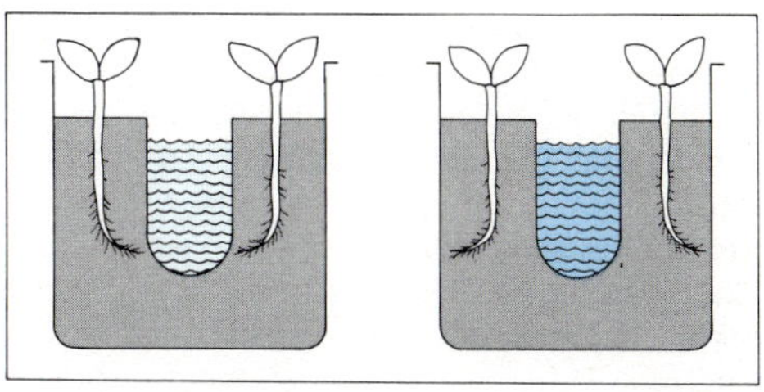

21.3. Chemotropische Reaktion von Brunnenkresse auf $(NH_4)_3PO_4$- (links) und NaCl-Lösung (rechts).

V 22.1. Reaktionen von Sproß und Wurzel auf Schwerkraftreize

Materialien und Geräte: Samen von Weißem Senf *(Sinapis alba)* oder Brunnenkresse *(Lepidium sativum)*, Glasplatten (20 × 20 cm), Filtrierpapier, feuchte Kammer, lichtdichter Karton.

Durchführung: Legen Sie angefeuchtetes Filtrierpapier auf eine Glasplatte, drücken Sie vorsichtig zwei bis drei Samen in das Papier und stellen Sie die Platte aufrecht in eine feuchte Kammer. Stülpen Sie den Karton darüber. Drehen Sie am nächsten Tag die in senkrechter Position verbleibende Glasplatte so, daß die inzwischen gekeimten Pflanzen horizontal ausgerichtet sind. Verdunkeln Sie wieder.
Beobachten Sie während der nächsten Tage, wie sich die Lage der Keimlinge verändert. Fertigen Sie dazu ein Protokoll und Zeichnungen an.

V 22.2. Versuch zum Nachweis von Statolithenstärke

Materialien und Geräte: Samen der Feuerbohne *(Phaseolus multiflorus)*, Blumentöpfe von 10 cm Durchmesser mit feuchtem Sand oder mit Gartenerde, Korkscheiben, Stecknadeln, Mikroskop, Objektträger, Deckgläser, Rasierklinge, Iodkaliumiodidlösung.

Durchführung: Quellen Sie einige Samen gut in Leitungswasser vor und stecken Sie jeweils eine Bohne, mit dem „Nabel“ nach unten, in einen Blumentopf. Sorgen Sie dafür, daß die Keimpflanzen ausreichend beleuchtet sind und nicht zu feucht gehalten werden (Schimmelbildung!).
Wenn die Pflanzen eine Höhe von 5 cm erreicht haben, schneiden Sie aus einem Keimstengel zwei etwa 1 cm lange Stücke heraus. Befestigen Sie die beiden Stengelstücke mit Stecknadeln auf Korkscheiben so, daß eins vertikal (A) und das andere horizontal aufliegt (B). Kennzeichnen Sie oben und unten und fertigen Sie nach etwa einer halben Stunde von A Längsschnitte und von B Querschnitte an. Färben Sie mit Iodkaliumiodidlösung und mikroskopieren Sie bei mittlerer und starker Vergrößerung (600fach). Zeichnen Sie von beiden Präparaten einige Zellen, die Stärkekörner enthalten.
Versuchen Sie einen Zusammenhang zwischen der Lage von Stärkekörnern und der Orientierung der Sprosse im Versuch herzustellen.

2.3.3. Reaktionen auf Schwerkraftreize

Nach einem Unwetter im Sommer „liegen“ oft große Teile eines Getreidefeldes. Sind die Pflanzen noch nicht ausgewachsen, richten sich ihre Halme innerhalb weniger Tage wieder auf. – An einem langsam abrutschenden Berghang wachsende Bäume lassen regelmäßig eine eigentümliche „Säbelform“ erkennen: Die Ansätze ihrer Stämme sind zur abfallenden Seite des Berges so gewölbt, daß die Bäume ihre vertikale Wuchsrichtung beibehalten. – Befestigt man einen Blumentopf mit ausgesäten Haferkörnern umgekehrt an einem Stativ und stellt die Versuchsanordnung in eine feuchte Kammer, wachsen die Wurzeln der keimenden Pflanzen aus der Erde heraus in die Luft und die Sprosse in die Gartenerde hinein (siehe auch V 22.1.).

Die aufgezählten Beispiele veranschaulichen, daß Pflanzen offensichtlich auf Schwerkraftreize reagieren. Diese Erscheinung heißt **Geotropismus.** Die Hauptachse eines Sprosses verhält sich negativ geotrop, da sie entgegengesetzt zur Schwerkraftrichtung wächst. Positiv geotrop reagieren dagegen die Hauptwurzeln, wie der Versuch mit den Haferkeimlingen zeigt.

Befestigt man Bohnenkeimlinge am Rande einer rasch rotierenden Korkscheibe, so wachsen ihre Wurzeln in Richtung der Kräfteresultierenden schräg nach außen und unten. Entsprechend orientieren sich ihre negativ geotropen Sprosse im selben Winkel nach innen und oben. Sorgt man durch Veränderung der Drehfrequenz dafür, daß die Beträge der Zentrifugalkraft und der Schwerkraft gleich sind, so ist der resultierende Winkel 45°.

Auch die Seitenwurzeln, Zweige und Blätter reagieren geotropisch, jedoch so, daß sie sich mehr oder weniger horizontal ausrichten. Einige Pflanzen, wie z. B. der Schlafmohn, erfahren im Verlauf ihrer Vegetationsperiode eine Umstimmung: die Blütenknospe ist positiv, die offene Blüte und Fruchtkapsel sind dagegen negativ geotrop.

Die Frage nach den Aufnahmeorten für Schwerkraftreize ist noch nicht endgültig geklärt. Von mehreren Hypothesen erscheint die sogenannte **Statolithenhypothese** am wahrscheinlichsten. Sie geht von der Beobachtung aus, daß sich je nach der Stellung einer Pflanze Stärkekörner in ihren Wurzel- bzw. Stengelzellen verlagern (V 22.2.). Dadurch entstehen an unterschiedlichen Orten innerhalb der Zellen Druckreize. Sie sollen für eine veränderte Wuchsrichtung der Pflanze verantwortlich sein.

2.3.4. Reaktionen auf Berührungsreize

Mimosen reagieren auf Berührungsreize mit ungewöhnlich schnellen Bewegungen. Wie ist das möglich? Ein erster Hinweis auf den Bewegungsmechanismus ergibt sich, wenn man mit einer Handlupe das verhältnismäßig große, hellgrüne Gelenkpolster am Grunde eines Blattstiels während des Abknikkens beobachtet. Sein unterer Teil färbt sich dunkelgrün. Mikroskopische Untersuchungen ermöglichen einen tieferen Einblick in die dort ablaufenden Vorgänge: Während der Reaktion tritt aus den Gelenkzellen eine Flüssigkeit in die Räume zwischen den Zellen. Sie wird vom Rindengewebe des Polsters ausgepreßt, weil die Grenzschichten des Plasmas ihre Semipermeabilität vorübergehend verlieren und deswegen für Zellsaft durchlässig werden (siehe Abb. 23.1.). Die Wirkung ist dann ähnlich wie bei einem undichten Luftballon: Die Gelenkpolster erschlaffen.

Noch schnellere Reaktionen auf Berührungsreize als bei der *Mimose* sind bei den Staubblättern von *Berberitze* und *Zimmerlinde* zu beobachten (V 23.3.). Besonders augenfällig und extrem schnell sind die Fangbewegungen der Venusfliegenfalle *(Dionaea)*. Sie laufen in wenigen Hundertstel Sekunden ab und werden durch die Berührung von Borsten auf den Blättern ausgelöst. Wie bei der Mimose spielen hier ebenfalls rasche Turgorveränderungen eine Rolle: Im unteren Bereich der Blattmittelrippe steigt der Zelldruck plötzlich an.

Außer den in diesem Abschnitt bisher beschriebenen rein nastischen Reaktionen gibt es vor allem bei Keimlingen und rankenden Pflanzen auch Tropismen als Antwort auf Berührungsreize. Ein Beispiel dafür ist die *Passionsblume,* von der die Maracuya-Früchte geerntet werden. Streicht man mit einem Hölzchen mehrere Male über Ober- oder Unterseite einer Ranke, so ist schon nach wenigen Minuten eine Krümmung zur gereizten Seite hin zu erkennen. Die Unterseite ist berührungsempfindlicher als die Oberseite. Die biologische Bedeutung der Reaktion liegt darin, daß sich die Pflanzen an Zweigen emporranken können, die sie einmal erfaßt haben. Dünne Stellen in der Zellwand der Rankenepidermis, die man als „Fühltüpfel" bezeichnet, sollen für die Aufnahme der Berührungsreize zuständig sein. Nicht jeder Kontakt mit den Ranken führt zu ihrer Einkrümmung: Ein harter Wasser- oder Quecksilberstrahl bleibt wirkungslos. Offensichtlich sind Flüssigkeiten nicht rauh genug, um Reaktionen hervorzurufen.

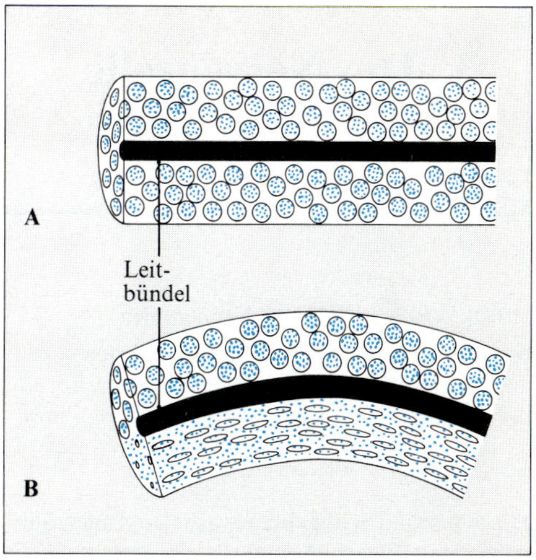

23.1. Schematische Darstellung der Turgorveränderungen im Blattpolster eines Mimosenblatts: **A** Vor der Reizung ist das Gewebe oberhalb und unterhalb des schwarz eingezeichneten Leitbündels turgeszent. **B** Nach der Reizung bricht der Turgor im Gewebe unterhalb des Leitbündels zusammen.

A 23.2. In jedem Schenkel eines mit Wasser gefüllten kleinen U-Rohrs befindet sich ein ungereizter Mimosenzweig. Zwei außen liegende Fiederchen des einen Zweiges werden angesengt, die Bewegungsreaktion tritt rasch ein. Einige Minuten später knicken auch die Blätter des anderen, ungereizten Zweiges ein.
Versuchen Sie, eine Erklärung für diese Reaktion zu geben.

V 23.3. **Beobachtungen an Staubblättern von Berberitze und Zimmerlinde (Sparmannia)**

Materialien und Geräte: Abgeschnittene Blüten einer Berberitze, Topfpflanzen der Zimmerlinde *(Sparmannia africana),* Pinzette, Präpariernadel, einige Mikro-Reagenzgläser, feuchte Kammer.

Durchführung: Stecken Sie eine abgeschnittene Berberitzenblüte mit dem Stiel in ein mit Wasser gefülltes Mikroreagenzglas und entfernen Sie vorsichtig die Blütenblätter. Stellen Sie die Röhrchen mit den präparierten Blüten in eine feuchte Kammer, bis sich die Staubblätter wieder in ihrer Ausgangsposition befinden. Reizen Sie nun mit einer Präpariernadel die Stiele einzelner Staubblätter an verschiedenen Stellen.
Protokollieren Sie Ihre Beobachtungen und erklären Sie die biologische Bedeutung der Staubblattreaktion.
Streichen Sie mit der Hand an den Staubblättern von Sparmannia entlang.
Welche Reaktion erfolgt?

3. Die Nervenzelle

V 24.1. Präparation von Nervenzellen

Materialien und Geräte: Frisches Rinderrückenmark vom Schlachthof, Methylenblau-Lösung (alkoholisch), Skalpell oder kleine Schere, Pinzette, Färbeküvetten oder Petri-Schalen, Objektträger, Deckgläser, Mikroskop.

Durchführung: Schneiden Sie aus der grauen Substanz des Rinderrückenmarks ein kleines Stück heraus (2–3 mm). Zerquetschen Sie das Gewebe zwischen zwei Objektträgern. Färben Sie das Präparat etwa 5 Minuten lang in der alkoholischen Methylenblau-Lösung (Färbeküvette oder Petri-Schale). Spülen Sie danach das Präparat sehr vorsichtig mit fließendem Wasser ab, so daß der überschüssige Farbstoff entfernt wird. Legen Sie das Deckglas auf und mikroskopieren Sie das Präparat. Fertigen Sie von dem mikroskopischen Bild eine Zeichnung an.
Sollten Sie keine Möglichkeit haben, die Präparation durchzuführen, benutzen Sie fertige Dauerpräparate des Rückenmarks oder der Großhirnrinde aus der Schulsammlung.

3.1. Bau der Nervenzelle

Alle Lebewesen reagieren auf Reize. Die Mimose bewegt ihre Blätter, wenn man sie berührt, die Sonnenblume stellt ihre Blüte senkrecht zum Lichteinfall, und selbst so kleine Lebewesen wie Bakterien kapseln sich als Dauerformen ein, wenn ungünstige Lebensverhältnisse herrschen. Die Reaktionen von Pflanzen, Pilzen und Bakterien laufen aber gewöhnlich so langsam ab, daß man zuweilen Menschen antrifft, die ihnen die Eigenschaft „Lebewesen" völlig absprechen. Als „Lebewesen" gelten bei vielen Menschen gemeinhin nur Tiere. Dieser Irrtum beruht darauf, daß wir hier Reaktionen antreffen, die in so kurzer Zeit ablaufen, daß sie deutlich zu bemerken sind. Die Reaktionen der Tiere ähneln den unseren und erscheinen uns daher vertraut.
Diese Fähigkeit zur schnellen Reaktion verdanken die Tiere einer Zellart, den **Nervenzellen.** Weder bei Pilzen noch bei Pflanzen ist diese Zellform entstanden. Sie ist typisch für das Tierreich.

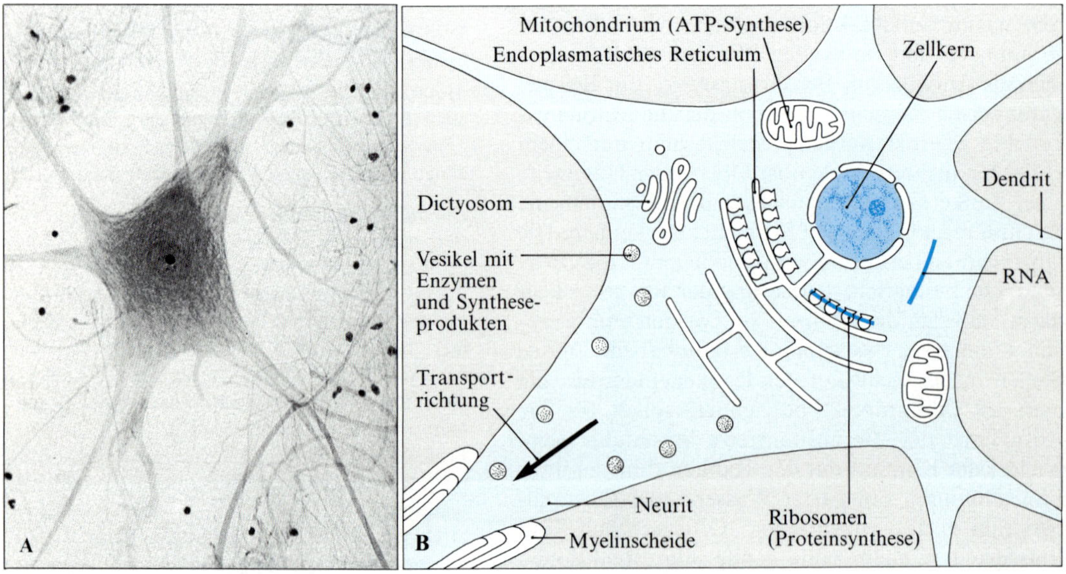

24.2. Feinbau der Nervenzelle: A Foto, **B** Schema

Nervenzellen nennt man auch **Neuronen.** Der eigentliche Zellkörper wird als *Soma* bezeichnet. Im lichtmikroskopischen Bild der Nervenzelle findet man neben Zellkern und Plasma auch körnchenartige Strukturen, die *Nisslschen Schollen.* Sie bestehen aus dicht mit Ribosomen besetzten Bereichen des *Endoplasmatischen Reticulums.* Außerdem sieht man im elektronenoptischen Bild auch große Mengen von *Mitochondrien.* Ribosomen und Mitochondrien in großer Zahl sind ein Zeichen für intensive chemische Aktivität. Man hat festgestellt, daß etwa 20% der Energie des Grundumsatzes des Menschen für die Arbeit des Nervensystems gebraucht werden.

Aus dem Nervenzellkörper entspringen nach allen Seiten zahlreiche kürzere Fortsätze, die **Dendriten,** und ein manchmal sehr langer, der **Neurit** (Axon oder Nervenfaser). Die Dendriten nehmen die Informationen, die von anderen Nervenzellen kommen, auf und leiten sie zum Soma, während der Neurit die Aufgabe der Informationsableitung hat. An seinem Ende kann er sich wiederum in viele Verästelungen aufspalten. Bei den höher entwickelten Tieren, z. B. den Wirbeltieren, ist der Neurit von einer Isolierschicht, der **Markscheide,** umgeben. Sie umhüllt den Neuriten allerdings nicht auf seiner ganzen Länge, sondern sie ist etwa in Millimeterabständen durch die **Ranvierschen Schnürringe** unterbrochen.

Für den Informationstransport durch den Körper werden mehrere Neuriten durch Bindegewebshüllen zusammengefaßt, unter Umständen können mehrere solcher Bündel ein dickes „Kabel" bilden. Auf diese Weise entstehen aus mehreren Nervenfasern die makroskopisch sichtbaren **Nerven.**

Zellkörper, Durchmesser	30 µm
Länge der Dendriten	200–300 µm
Länge der Neuriten	50 µm – ca. 1 m
Zahl der Neuronen im Großhirn	ca. 10^{10}
Zahl der Verbindungen zu anderen Nervenzellen je Neuron	10^3–10^4
Länge des Gesamtverbindungsnetzes im Körper	3-4×10^5 km

25.1. Zahlen zur menschlichen Nervenzelle

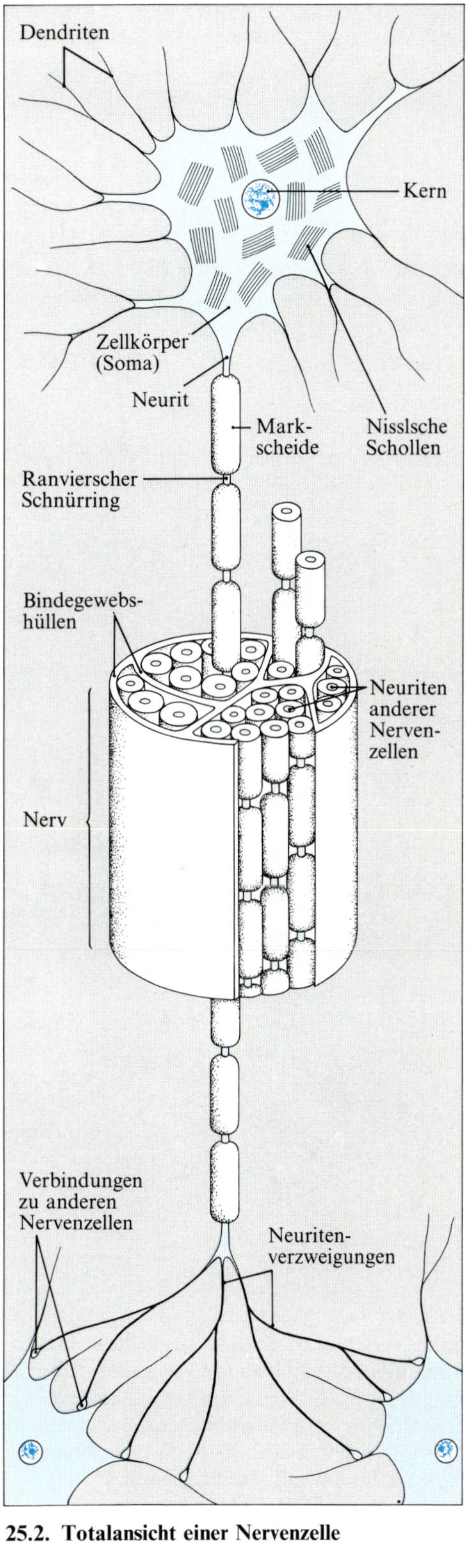

25.2. Totalansicht einer Nervenzelle

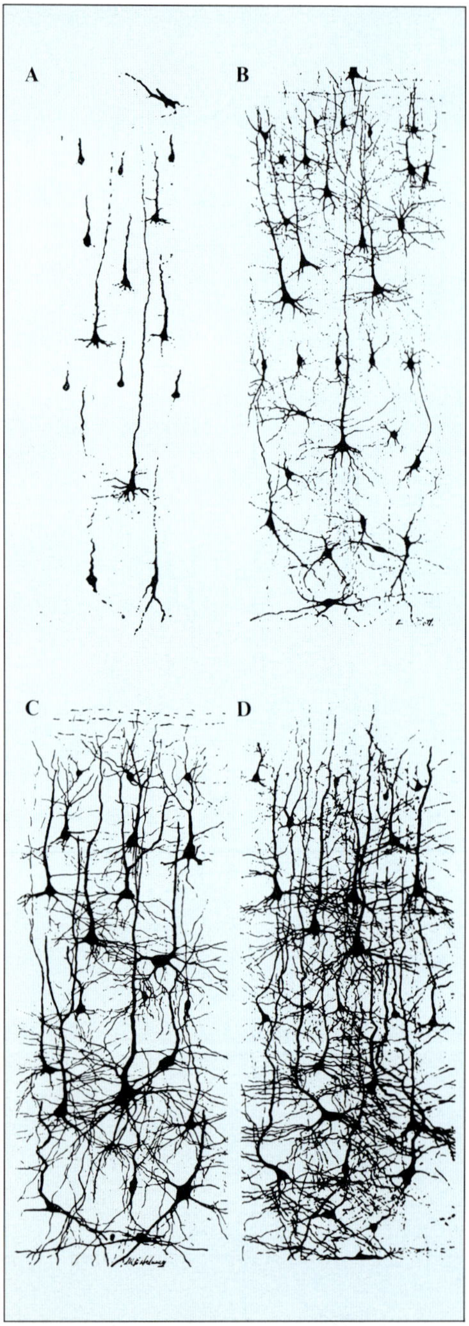

26.1. Verschiedene Stadien der menschlichen Gehirnreifung. Die Abbildungen zeigen dasselbe Gebiet der menschlichen Hirnrinde in vier Entwicklungsstadien, wobei die Nervenzellen mit ihren Fortsätzen durch eine Spezialfärbung besonders hervorgehoben sind. Die Stadien sind:
A Neugeborenes, **B** nach 3 Monaten, **C** nach 15 Monaten, **D** nach 2 Jahren.

3.2. Wachstum der Nervenzelle

Wenn bei einem erwachsenen Menschen durch einen Unglücksfall Teile des Gehirns zerstört werden, so treten manchmal schwere Störungen auf. Die Meldungen einzelner Sinnesorgane werden nicht mehr ausgewertet, oder bestimmte Muskelpartien können nicht mehr bewegt werden. Die Hoffnung auf eine Heilung dieser Störungen ist sehr gering. Das liegt daran, daß die Nervenzellen des Menschen ihre Teilungsfähigkeit schon sehr früh verlieren, d.h. noch während der Embryonalentwicklung. Etwa 20 Wochen nach der Zeugung sind alle Neuronen des menschlichen Großhirns entstanden, danach kommen keine weiteren mehr hinzu. Dann beginnt das starke Wachstum des Großhirns, das aber nur in einer Substanzzunahme, nicht in einer Vermehrung der Neuronenzahl besteht. Die Dendriten verzweigen sich, die Neuriten stellen Verbindungen zu anderen Neuronen her, und die Markscheiden entstehen.

Bildung der Markscheiden. Im Jugendstadium der Nervenzelle umgreift eine spezielle Zellform, die **Schwannsche Zelle,** den Neuriten, so daß auf einer Seite aus den zusammenstoßenden Zellmembranen eine Art Naht entsteht (siehe Abbildung 27.3.). Die Berührungsstelle dieser Naht bleibt fest an der Membran des Neuriten. Nun wächst die Schwannsche Zelle mehrere Male um den Neuriten herum, wobei sie ihn mit ihren Membranen regelrecht einwickelt. Das Plasma zwischen den Membranen wird dabei herausgequetscht und fließt in den Restkörper der Schwannschen Zelle. Zum Schluß bleibt eine Hülle aus Zellmembranen übrig, auf der außen der Rest der Schwannschen Zelle mit Zellkörper und Zellkern aufliegt. Zwischen den Schwannschen Zellen bleiben in Millimeterabständen Unterbrechungen. Das sind die **Ranvierschen Schnürringe.** – Aus den übereinandergelegten Membranen, die teilweise miteinander verschmelzen, entsteht die Isoliersubstanz, das **Myelin.** Dieser Prozeß heißt Myelinisierung. Zellmembranen bestehen aus regelmäßigen Lipiddoppelschichten und Proteinmolekülen. So wird verständlich, daß die Myelinsubstanz ein Gemisch von Lipiden und Eiweißen ist.
Der Prozeß der Myelinisierung läuft über das letzte Drittel der Embryonalperiode und die ersten zwei Lebensjahre. Da es sich um eine Substanzvermehrung handelt, die nur durch Stoffzufuhr von außen gewährleistet werden kann, spielt die Ernährung der

Mutter bzw. des Kindes für die Gehirnentwicklung eine entscheidende Rolle. Man hat den Einfluß der Ernährung auf die Gehirnentwicklung bei Ratten untersucht. Ein Vergleich von normal ernährten und unterernährten jungen Ratten zeigte, daß bei den unterernährten bis zu 40% weniger Verbindungen zwischen den Nervenzellen vorhanden waren.

Weil sich Nervenzellen nach Abschluß der Entwicklungs- und Differenzierungsvorgänge nicht mehr teilen können, sind Schädigungen des Gehirns nicht zu reparieren. Andere Hirnteile können allerdings manchmal die Aufgabe des verletzten Gebietes übernehmen. Die Aussichten dafür sind im Jugendalter am besten. Bessere Heilungschancen bestehen für Verletzungen der Nervenstränge im Körper. Nach einer Beschädigung ist der vom Zellkörper abgewandte Teil der verletzten Nervenfaser natürlich ohne Funktion. Es ist jedoch möglich, daß das verletzte Teilstück neu gebildet wird. Innerhalb des Neuriten findet ein stetiger Plasmastrom statt, der die Nervenenden mit Energie und Rohstoffen versorgt. Dieser Strom bildet die abgetrennten Neuritenteile neu. Der Nerv wächst sozusagen auf seiner eigenen Spur. Da diese Strömung allerdings nur eine Geschwindigkeit von wenigen Millimetern pro Tag hat, ist der Heilungsprozeß entsprechend langwierig. Er kann bis zu einem halben Jahr dauern.

Versorgung der Erdbevölkerung mit Eiweiß

In den Industrieländern beträgt die Versorgung der Bevölkerung mit Eiweiß mindestens 80 bis 100 Gramm pro Tag. In Entwicklungsländern werden nur maximal 60 Gramm pro Tag erreicht. (Stand 1980)

In den Jahren 1970 bis 1977 änderte sich die Nahrungsmittelproduktion pro Kopf der Bevölkerung folgendermaßen (1970 gleich 100): Entwicklungsländer: Kambodscha 57, Ghana 79, Mosambik 81, Äthiopien 84, Somalia 87, Angola 88, Nigeria 89, Bangladesch 90, Mali 90, Peru 90.

Industrieländer: Dänemark 102, BR Deutschland 104, Polen 104, Frankreich 106, Sowjetunion 111, Großbritannien 111, USA 114, Australien 121, DDR 127, Irland 128.

A 27.1. Werten Sie diese Daten aus. Stellen Sie einen Zusammenhang her zwischen den oben aufgeführten Zahlen und dem Inhalt dieses Kapitels.

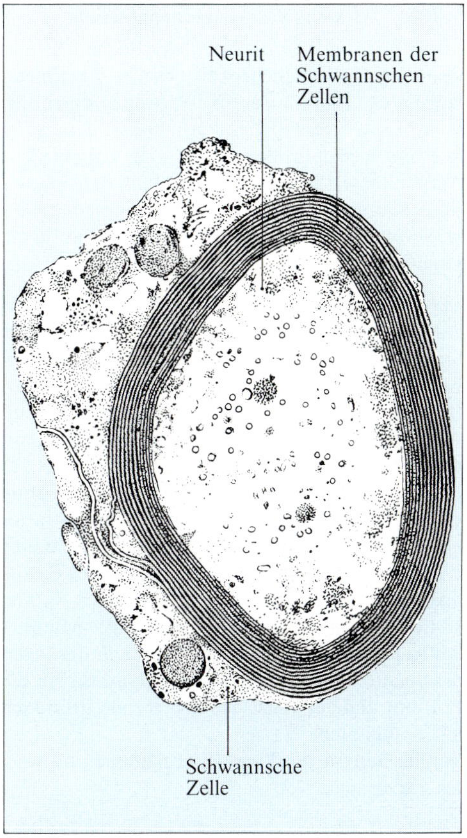

27.2. Elektronenmikroskopisches Bild der Myelinscheide

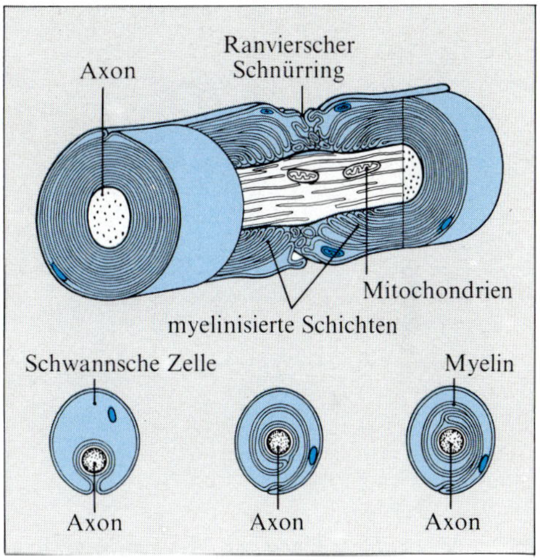

27.3. Bildung der Myelinscheide

V 28.1. Messung des Membranpotentials

Materialien und Geräte: Entweder Becherglas und Osmosegefäß (möglicherweise wenige Zentimeter langes, ca. 2 bis 3 Zentimeter weites Glasrohr) oder Osmometergefäß; 2 Platinelektroden; Salze mit verschieden großen Ionen (z. B. verschiedene Alkaliphosphate, verschiedene Alkalisalze organischer Säuren); Millivoltmeter; verdünnte Salzsäure; verschiedene kationenpermeable Membranen; Pipetten.

Durchführung: Stellen Sie die Platinelektroden am Vortag in verdünnte Salzsäure ein und reinigen Sie sie danach gründlich mit destilliertem Wasser. Bewahren Sie sie in destilliertem Wasser auf. Bauen Sie eine Versuchsanordnung entsprechend Abb. 28.2. auf. Füllen Sie alle Kammern mit destilliertem Wasser. Stellen Sie das Meßgerät auf Null ein. Stellen Sie Lösungen der zur Verfügung stehenden Salze in verschiedenen Konzentrationen her. Pipettieren Sie eine der Lösungen in eine Kammer der Versuchsapparatur ein. Lesen Sie die Spannung am Meßgerät ab und notieren Sie sie. Lassen Sie den Versuch über einige Minuten laufen und notieren Sie eventuelle Veränderungen der Spannung. Reinigen Sie die Apparatur für die Prüfung anderer Salze jeweils vorher gründlich mit destilliertem Wasser.
Vergleichen Sie die Versuchsergebnisse und werten Sie sie aus.

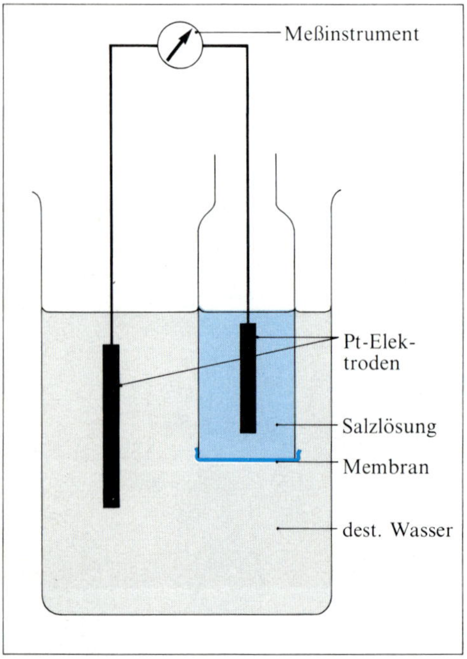

28.2. Versuchsanordnung zur Messung des Membranpotentials

3.3. Das Ruhepotential

Tintenfischneuriten können eine Dicke von bis zu 0,5 mm erreichen. Außerdem sind sie nicht von einer Markscheide eingehüllt. Wegen dieser Eigenschaften eignen sie sich hervorragend für wissenschaftliche Untersuchungen. An Tintenfischnerven wurden die grundlegenden Erkenntnisse über die elektrischen Vorgänge an Nervenzellen gewonnen.
Zur Untersuchung sticht man in den Neuriten eine feine Glaselektrode ein. Das ist ein Glasröhrchen von etwa 0,5 μm Durchmesser. Im Inneren des Röhrchens befindet sich Kaliumchloridlösung als Elektrolyt. Eine solche Glaselektrode wird **Mikroelektrode** genannt. Die dazugehörige zweite Elektrode wird als Metallplatte außerhalb des Neuriten mit dem umgebenden Medium in Berührung gebracht. Mißt man die Spannung zwischen den Elektroden mit einem empfindlichen Meßgerät, so stellt man eine Potentialdifferenz von ca. 60 bis 80 mV fest.
Eine Potentialdifferenz kann auch im Experiment gemessen werden, wenn man eine Salzlösung mit Ionen sehr unterschiedlicher Größe durch eine selektiv durchlässige Membran von destilliertem Wasser trennt. Auf der Seite, die das destillierte Wasser enthält, mißt man eine positive Ladung, in der Salzlösung eine negative.
Man kann diese Erscheinung mit den Mechanismen erklären, die wir von der *Osmose* an einer Zuckerlösung kennen. Bei der Osmose diffundieren die kleineren Teilchen, die Wassermoleküle, durch die Membran. Die großen Kohlenhydratmoleküle können die

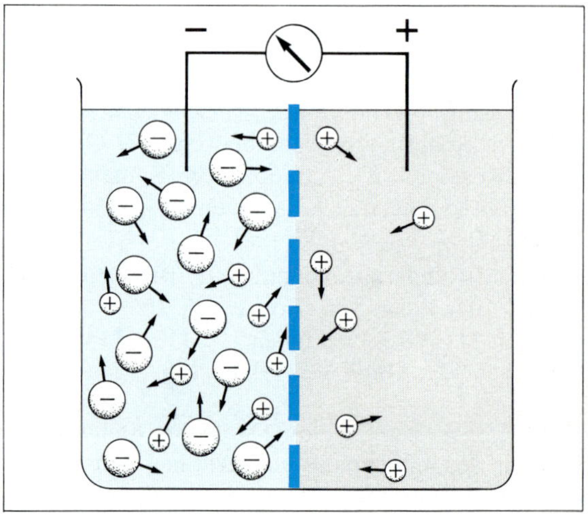

28.3. Entstehung eines Potentials mittels einer selektiv durchlässigen Membran.

Poren der Membran nicht passieren. Das gleiche Prinzip gilt auch für unterschiedlich große Ionen von Salzlösungen. Die meist kleineren Kationen diffundieren durch die kleinen Poren der semipermeablen (teildurchlässigen) Membran, ihre Gegenionen, die großvolumigen Anionen, müssen zurückbleiben. So entsteht direkt an der Membran eine Spannung, deren negativer Pol auf der Seite der Anionen liegt. Aufgrund der elektrostatischen Anziehung bleiben die kleinen Kationen in der Nähe der Membran. Man nennt eine Spannung, die auf diese Weise entsteht, ein **Membranpotential.**

An der Membran der Nervenzelle treffen wir eine spezifische Verteilung von Ionen an. Im Inneren der Zelle befinden sich Kaliumionen und organische Anionen in hoher Konzentration, Natrium- und Chloridionen in niedriger Konzentration. In der Gewebsflüssigkeit außerhalb der Zelle gibt es Natrium- und Chloridionen in hoher Konzentration, Kaliumionen sind nur in geringer Konzentration vorhanden. Die Membran der Zelle ist selektiv durchlässig, d. h. Kaliumionen können gut durch die Membran diffundieren, die organischen Anionen werden zurückgehalten. So entsteht an der Zellmembran eine Spannung zwischen der negativen Ladung der innen verbleibenden Anionen und der positiven Ladung der Kaliumionen.

Dieses Potential nennt man **Ruhepotential (RP),** da es an der ungereizten Nervenzelle zu messen ist. Das Ruhepotential der nicht erregten Nervenzelle beträgt ca. 60 bis 80 mV. Ähnliche Membranpotentiale trifft man übrigens bei fast allen lebenden Zellen an.

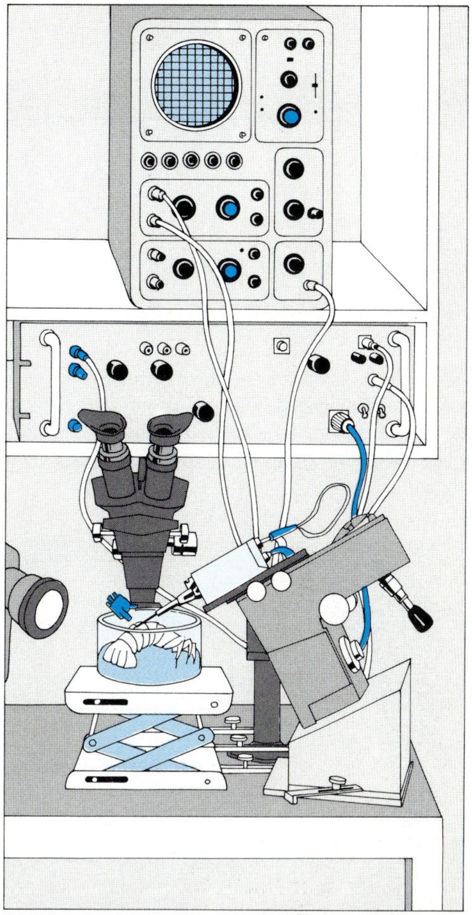

29.2. Apparativer Meßaufwand zur Ableitung von Potentialdifferenzen

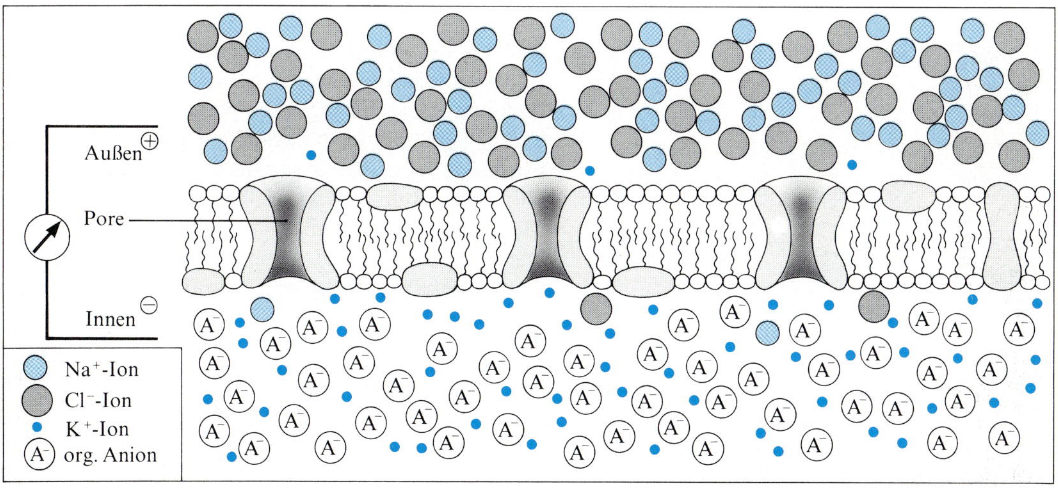

29.1. Ionenverteilung an der Nervenzellmembran und Entstehung des Ruhepotentials durch Diffusion von Kaliumionen. Man nimmt an, daß die Ionen durch Membranporen wandern, die von Proteinen gebildet werden.

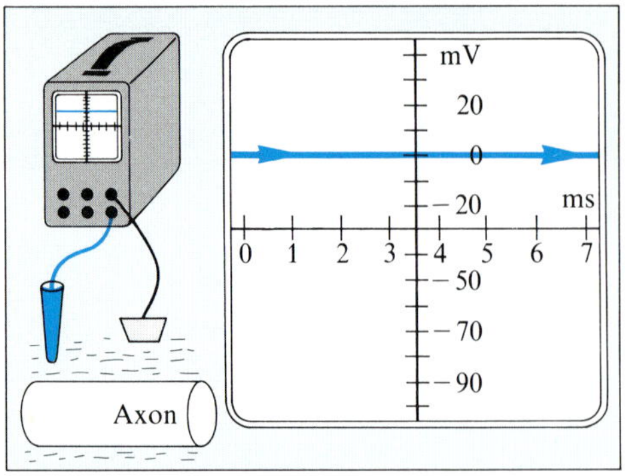

30.1. Versuchsanordnung zur Messung von Spannungen an Nervenzellen (schematisch). Der Schirm des Meßinstruments zeigt die Nullinie, da beide Elektroden noch in der Umgebungsflüssigkeit stehen.

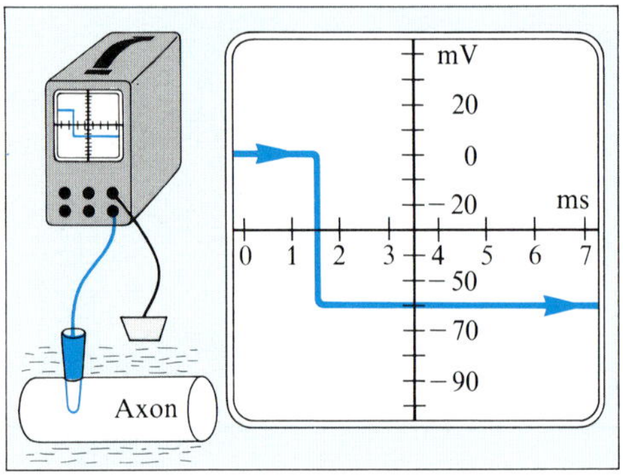

30.2. Beim Einstecken der Mikroelektrode in den Neuriten zeigt der Schirm des Meßinstruments das Ruhepotential an (innen negativ geladen)

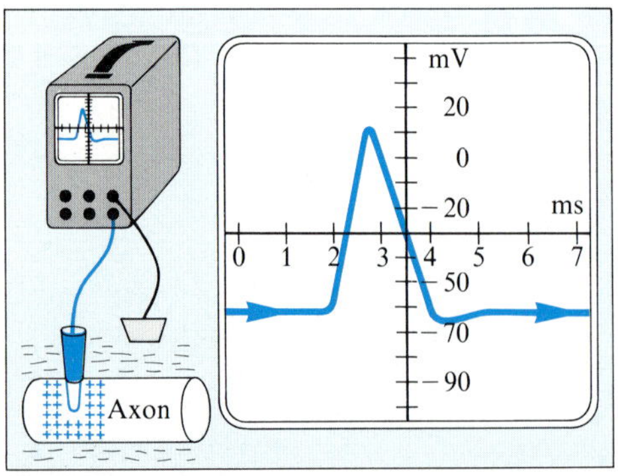

30.3. Zum Zeitpunkt 1 erreicht eine Erregung den Teil des Neuriten, in dem die Mikroelektrode steckt. Das Membranpotential steigt in kurzer Zeit in den positiven Bereich. Innerhalb einer Millisekunde kehrt die Spannung jedoch auf den Ausgangswert zurück.

3.4. Das Aktionspotential

Das bisher Gesagte schildert den Zustand der ruhenden, unerregten Nervenzelle. Wird die Nervenzelle erregt, so ändern sich die Eigenschaften der Membran grundlegend. Die Erregung kann ein chemischer oder elektrischer Vorgang sein. Über die Art der Erregung und über ihre Auslösung wird im nächsten Abschnitt berichtet. Entscheidend ist dabei, daß durch die Erregung die Raumstruktur von Eiweißmolekülen, die die **Membranporen** bilden, geändert wird. Dadurch nehmen die Poren eine andere Weite an. Eiweißmoleküle haben stark polar gebaute Bereiche. Deswegen nimmt man an, daß ihre Formveränderung durch den Einfluß chemischer Reaktionspartner oder durch Spannungsänderungen zustande kommt. Vermutlich enthält die Membran Poren verschiedener Art. Einige sind für Kaliumionen durchlässig, von diesen sind viele dauernd geöffnet, so daß das Ruhepotential entsteht. Andere sind für Natriumionen durchlässig. Diese sind im Ruhezustand geschlossen, so daß keine Natriumionen nach innen diffundieren können. Durch die Erregung werden nun die „Natriumporen" für kurze Zeit geöffnet. Natriumionen strömen ins Innere der Zelle und bauen ein für sie typisches Membranpotential auf. Es ist dem Kaliummembranpotential des Ruhepotentials entgegengesetzt und um ein geringes größer als dieses. Deshalb wird die Ladung des erregten Membranteils jetzt umgepolt: Die positive Ladung sitzt innen, die negative außen. Der Prozeß läuft in einer halben Millisekunde ab (s. Abb. 30.3.).
Kurz nach dem Öffnen der „Natriumporen" werden aber weitere „Kaliumporen" geöffnet, so daß vermehrt Kaliumionen nach außen strömen. Sie sind so zahlreich, daß der Einfluß der eingeströmten Natriumionen völlig ausgeglichen wird und das Ruhepotential (RP) wieder hergestellt wird. Die Zeit vom Beginn der Umpolung bis zur Wiederherstellung des RP heißt **Refraktärphase.** In dieser Zeit ist die Membran nicht erregbar.
Die Umpolung eines Membranbereichs wird **Aktionspotential (AP)** genannt. Der das AP auslösende Reiz muß einen bestimmten **Schwellenwert** überschreiten, damit das AP entsteht. Wird er überschritten, so bildet sich das AP sofort in voller Höhe aus. Es ist eine *Alles-oder-Nichts-Reaktion.*
Auch ohne das Auftreten von Aktionspotentialen diffundieren im Laufe der Zeit einige Na^+-Ionen nach innen. Dadurch und durch die Aktionspotentiale wird die ursprüngliche Ionenverteilung gestört.

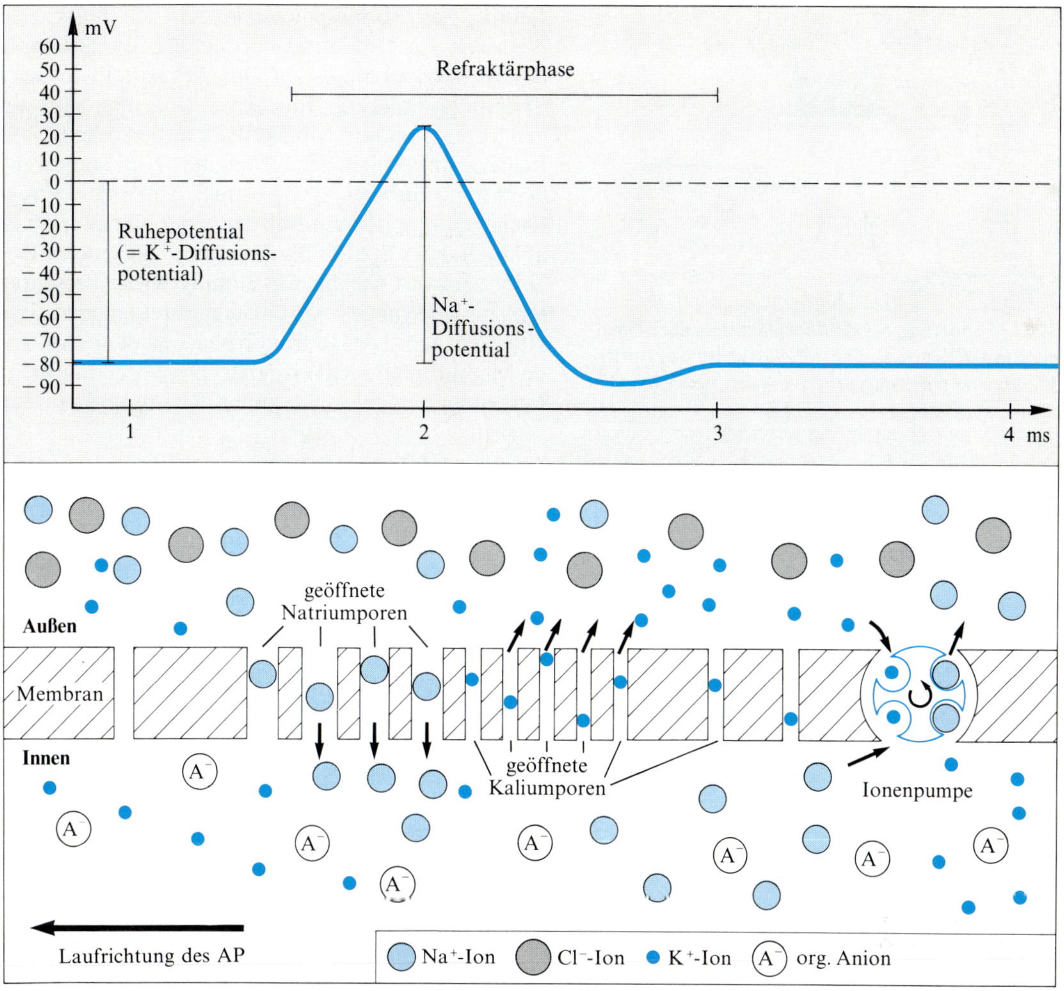

31.1. Entstehung des Aktionspotentials. Man nimmt an, daß zur Wiederherstellung der Ausgangsverhältnisse in der Membran ein Transportmechanismus existiert, die sogenannte **Ionenpumpe:** An der Innenseite der Membran befindet sich ein Trägermolekül – wir nennen es A – das sich mit Na^+ verbinden kann. Die Verbindung Na^+A diffundiert durch die Membran nach außen und zerfällt, worauf ein Enzym das Molekül A so verändert, daß es nun K^+-Ionen binden kann (A′). Die Verbindung K^+A' diffundiert nach innen und zerfällt hier. Darauf entsteht unter Energieverbrauch aus A′ wieder A, und der Prozeß kann von neuem beginnen. Der energieverbrauchende Vorgang ist also die Umbildung des Kaliumträgers A′ in den Natriumträger A, alle anderen Teilprozesse laufen spontan als Konzentrationsausgleichsvorgänge ab. Für jedes Natriumion, das nach außen transportiert wird, kommt ein Kaliumion nach innen. Deshalb heißt der Prozeß auch gekoppelte Natrium-Kalium-Pumpe. Mechanismen dieser Art kommen übrigens auch in anderen Organen, z. B. in der Niere, vor, da hier ebenfalls Stoffe gegen das Konzentrationsgefälle transportiert werden.

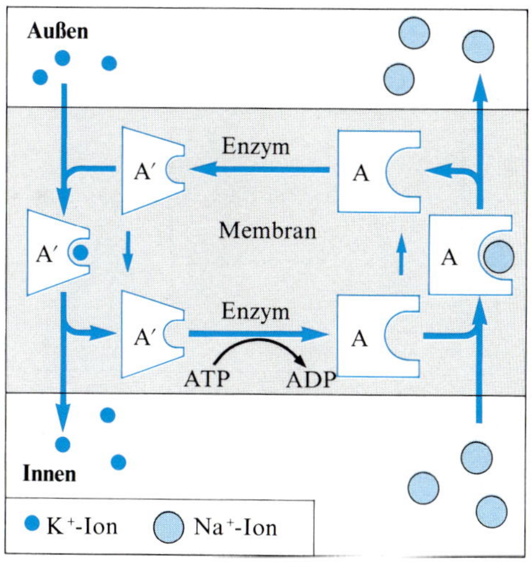

31.2. Mechanismus der Ionenpumpe

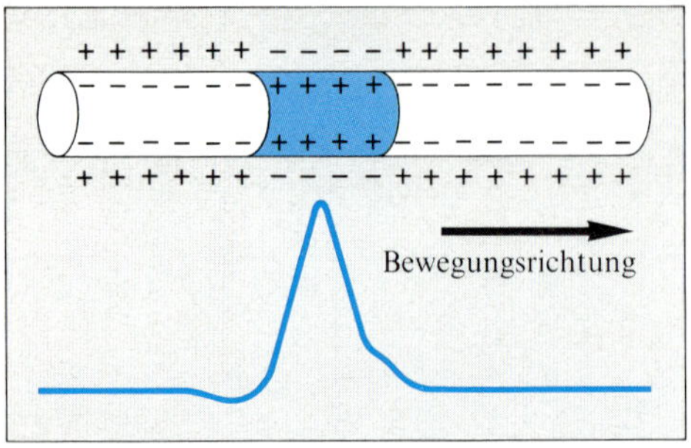

32.1. Wanderung des Aktionspotentials über einen marklosen Neuriten. Die AP-Kurve ist wegen der Wanderungsrichtung seitenverkehrt gezeichnet.

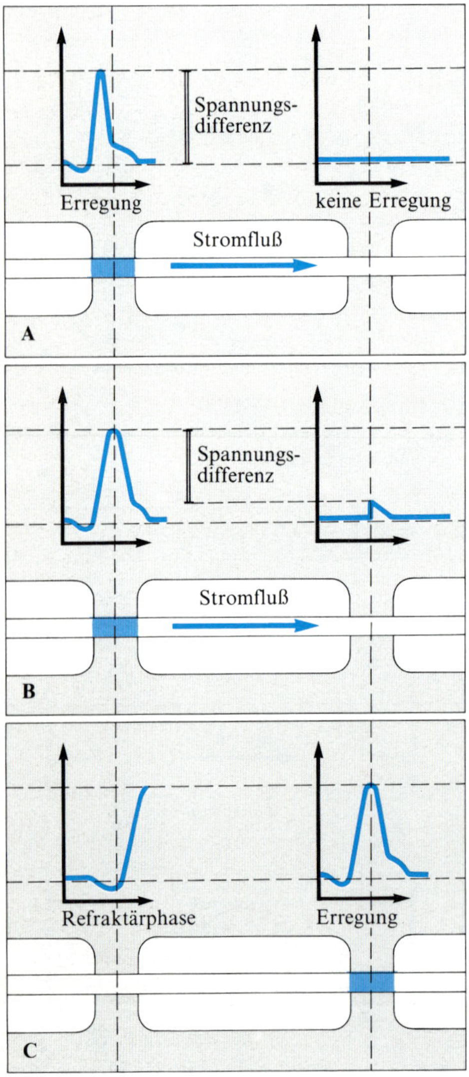

32.2. Saltatorische Erregungsleitung (Erklärung im Text)

Leitung des Aktionspotentials. An den marklosen Neuriten des Tintenfischs erfolgt die Weiterleitung des Aktionspotentials so: Das AP besteht in einer Spannungsänderung. Eiweißmoleküle aber sind wegen ihrer polaren Molekülteile gegen elektrische Felder empfindlich. So werden die „Natriumporen" des Membranbereichs, der direkt neben dem erregten liegt, unter dem Einfluß der in der Nachbarschaft ablaufenden Spannungsänderung geöffnet. Der Schwellenwert für die AP-Bildung wird überschritten, und ein neues AP entsteht direkt neben dem alten. Während der Refraktärphase ist der betreffende Membranteil nicht erregbar. Deswegen läuft eine Erregung immer nur in einer Richtung über den Neuriten.

An den markhaltigen Nervenfasern der Wirbeltiere entsteht das AP nur an den Ranvierschen Schnürringen; denn nur hier besteht ein Kontakt zwischen der Zellmembran und der umgebenden Gewebsflüssigkeit. In Abb. 32.2. ist der Bereich zweier Schnürringe dargestellt. In Teilbild A kommt ein AP am linken Schnürring an. Der rechte ist unerregt. Es besteht nun eine Potentialdifferenz zwischen linkem und rechtem Schnürring. Aufgrund dieser Potentialdifferenz fließt im Elektrolyten der Zellflüssigkeit ein Strom, infolgedessen die Spannung am rechten Schnürring leicht ansteigt (Teilbild B). Wenn dieser Spannungsanstieg den Schwellenwert überschreitet, bildet sich am rechten Schnürring ein volles Aktionspotential (Teilbild C), während am linken das Ruhepotential wieder hergestellt wird. Das AP „springt" also von Schnürring zu Schnürring, deshalb heißt dieser Vorgang **saltatorische Erregungsleitung** (saltare lat. springen).

Die biologische Bedeutung der saltatorischen Leitung liegt in der Energieersparnis, weil die „teure" Ionenpumpe nur noch an den Schnürringen arbeiten muß. Außerdem erhöht sich die Leitungsgeschwindigkeit beträchtlich: Marklose Fasern leiten etwa mit einer Geschwindigkeit von 0,2 bis 2 m/s, markhaltige bis zu 120 m/s.

Die Zellflüssigkeit hat allerdings einen relativ hohen elektrischen Widerstand, so daß die Spannung verhältnismäßig schnell abfällt. Es besteht also ein Selektionsdruck, der auf kleine Schnürringabstände hinwirkt. Andererseits wirkt der Energieverbrauch als Selektionsdruck in Richtung auf große Abstände. Aus der Wechselwirkung dieser beiden Faktoren entstand in der Evolution eine Entfernung von 1–5 mm zwischen den Schnürringen.

3.5. Das Nervensignal

Menschen, denen ein Arm oder ein Bein amputiert werden mußte, machen die unangenehme Erfahrung, daß in den nicht mehr vorhandenen Gliedmaßen bisweilen unerträgliche Schmerzen auftreten, die sogenannten *Phantomschmerzen*. Offensichtlich sind die Reste der Nervenverbindungen, die früher zu den amputierten Körperteilen führten, noch intakt. Wenn sie z. B. durch einen Wetterumschwung gereizt werden, senden sie Impulse an das Gehirn. Dieses wertet die Impulse so aus, als sei der abgenommene Körperteil noch vorhanden.

Aus dem Phänomen der Phantomschmerzen ergibt sich: Das Gehirn identifiziert die einkommenden Informationen nach der Leitung, die sie liefert und interpretiert sie entsprechend. Für die Sinnesorgane gilt das gleiche: Aktionspotentiale, die über den Sehnerv kommen, werden als „Gesehenes" gedeutet. Wird der Riechnerv aktiv, heißt dies, daß die Nase einen Reiz aufgenommen hat. Dies wird übrigens auch durch die sogenannten „Phantomgerüche" gestützt, die auftreten, wenn der Riechnerv nach einer Schädelverletzung spontan Aktionspotentiale sendet. Der erste Aspekt eines Reizes, d.h. seine Qualität, wird also auf eine zwar aufwendige, aber äußerst sichere Weise übermittelt: Jedes Sinnesorgan hat seine eigene Leitung zum Gehirn. Dieses Prinzip wird als **Kanalspezifität** bezeichnet. Wird ein Sinnesorgan unspezifisch gereizt, so wird der Eindruck gleichwohl so gedeutet, als sei das Sinnesorgan normal angesprochen worden. Ein Schlag auf das Auge ruft den Eindruck eines Lichtblitzes hervor, „man sieht Sterne", obgleich der Reiz ein Druckreiz ist. – Die Kanalspezifität gilt natürlich auch für die vom Gehirn ausgehenden Signale: Ein Befehl für einen bestimmten Muskel muß über die Leitung gesendet werden, die zu ihm hinführt.

Nachdem nun durch diese Mechanismen sichergestellt ist, daß die Information an die richtige Adresse gelangt, bleibt als Aufgabe des Einzelneurons nur noch die Übermittlung der Intensität, der Stärke des Signals. Das dafür zur Verfügung stehende Codesystem hat zwei Elemente, das AP und den Zwischenraum. Da das AP aufgrund des Alles-oder-Nichts-Prinzips aber eine unveränderliche Form und Größe hat, bleibt für die Verschlüsselung der Information nur die Länge des Zwischenraums, die ja in bestimmten Grenzen variiert werden kann. Das Codeprinzip heißt: Die Stärke des Signals ist der Länge der AP-Zwischenräume umgekehrt proportional. Das be-

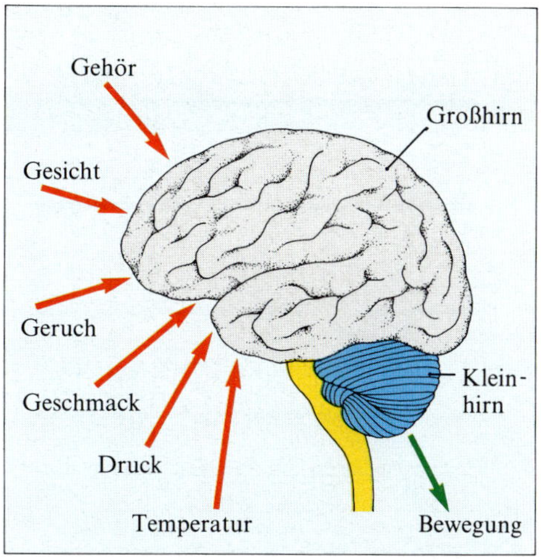

33.1. Input- und Output-Kanäle des Gehirns. Die Outputleitungen betreffen – soweit sie vom Zentralnervensystem kommen – ausschließlich Bewegungen.

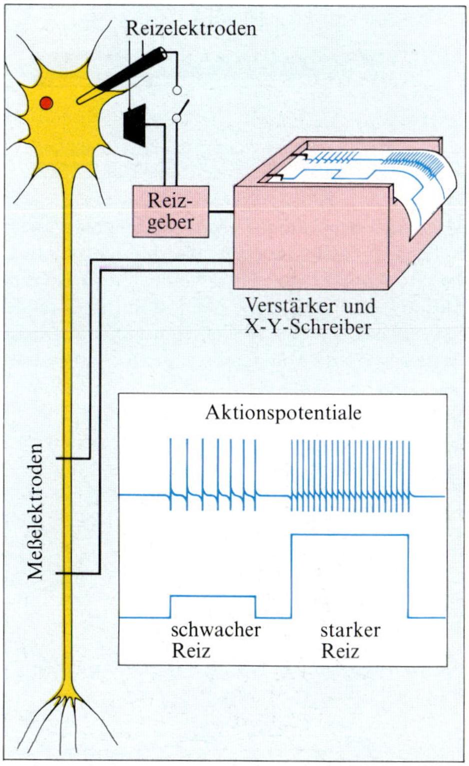

33.2. Versuchsanordnung zur Darstellung der frequenzmodulierten Erregungsweiterleitung. Die Nervenzelle wird durch eine Mikroelektrode elektrisch schwach oder stark gereizt. Vom Neuriten werden die Aktionspotentiale abgenommen und über das Meßinstrument sichtbar gemacht.

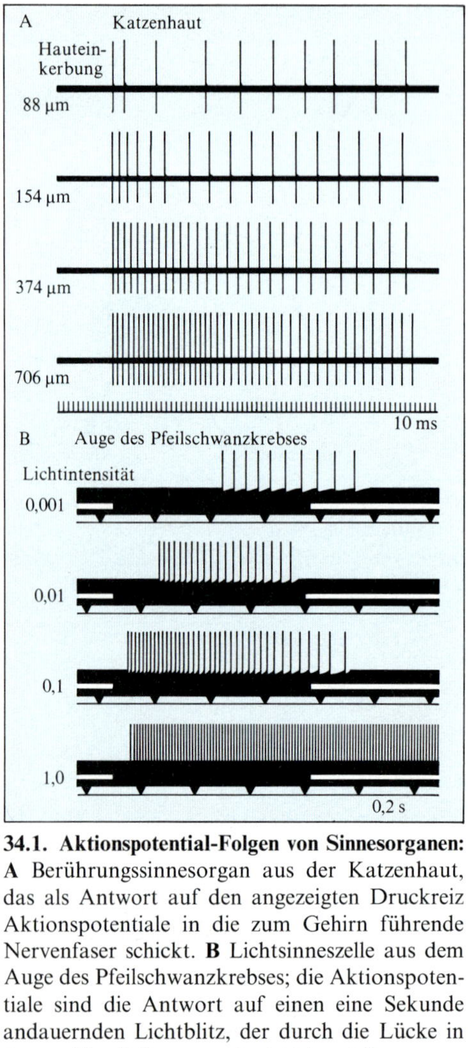

34.1. Aktionspotential-Folgen von Sinnesorganen: **A** Berührungssinnesorgan aus der Katzenhaut, das als Antwort auf den angezeigten Druckreiz Aktionspotentiale in die zum Gehirn führende Nervenfaser schickt. **B** Lichtsinneszelle aus dem Auge des Pfeilschwanzkrebses; die Aktionspotentiale sind die Antwort auf einen eine Sekunde andauernden Lichtblitz, der durch die Lücke in dem weißen Balken angedeutet ist und die angegebene Intensität besitzt.

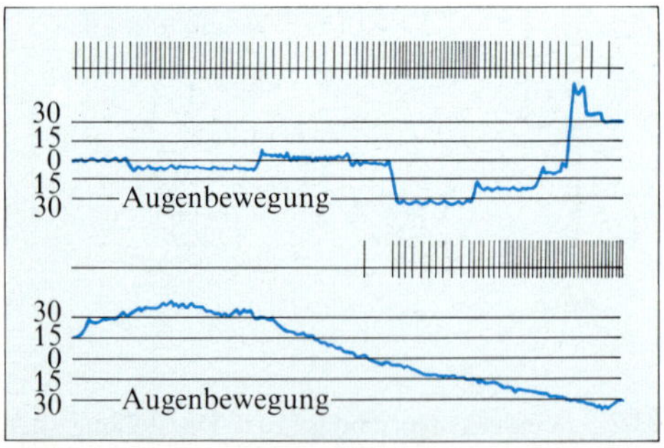

34.2. Aktionspotentiale aus einer Nervenzelle, die einen Augenbewegungsmuskel der Katze steuert. Die darunterliegenden durchgezogenen Kurven zeigen die gleichzeitigen Abweichungen der Blickrichtung nach oben oder unten in Winkelgraden.

deutet: Wird ein Signal gesendet, folgen viele Aktionspotentiale kurz aufeinander, und zwar um so kürzer, je stärker der einwirkende Reiz ist. Im Modell kann man sich das folgendermaßen vorstellen: Das Geräusch eines laufenden Motors enthält die Information über die Drehzahl des Motors: Bei niedriger Tourenzahl hört man die einzelnen Explosionen deutlich. Bei hoher Drehzahl folgen die Explosionen schnell aufeinander und verschmelzen zu einem Ton.

In der Technik wird dieses Prinzip als **Frequenzmodulation** bezeichnet und findet vor allem dort seine Anwendung, wo auf die Sicherheit der Informationsübermittlung großen Wert gelegt wird. Die Informationen des Fernsehbildes werden zum Beispiel frequenzmoduliert gesendet. Das gleiche gilt auch für den Nerven: Die Frequenzmodulation bietet Sicherheit gegen *Systemüberlastung und Informationsverfälschung*.

Da während der Refraktärphase kein neues AP aufgebaut werden kann, ist dadurch ein Minimalabstand zwischen den Impulsen gewährleistet, der nicht unterschritten wird. Die Reizintensität kann nicht in unbegrenzter Stärke übertragen werden. Das bietet Schutz für die Leitungsbahnen und das Gehirn.

Die Bedeutung der Frequenzmodulation für die Verhinderung von Informationsverfälschung liegt darin, daß die Nervenfaser ein relativ schlechter elektrischer Leiter ist. Leitungsgeschwindigkeit, Isolation und Widerstand sind um Zehnerpotenzen schlechter als die vergleichbarer metallischer Leiter. Wo in der Technik durch Widerstände oder Streuung Energieverluste auftreten, werden Verstärker eingebaut. Jeder Verstärkungsvorgang birgt aber die Gefahr von Fehlern in sich, wobei der Fehler am nächsten Verstärker mit vergrößert wird. Die Rolle der Verstärker übernehmen am Nerven die Ranvierschen Schnürringe. Wegen der schlechten elektrischen Leitfähigkeit der Neuriten kommen sie in großer Zahl vor. Zwischen Gehirn und Fingerspitze liegen ca. 600 bis 800 Schnürringe. Träte an einem Schnürring ein Fehler auf, so würde er an allen folgenden mit verstärkt, was katastrophale Folgen hätte. Das ist aber nicht der Fall, da es nicht auf die Größe des Aktionspotentials ankommt, sondern auf die Tatsache, ob es vorhanden ist oder nicht. Arbeitet ein Schnürring nicht einwandfrei – zum Beispiel durch Erzeugung eines zu großen AP – so gleicht der nächste den Fehler aus, denn er erzeugt auf alle Fälle ein exaktes Aktionspotential. Die Abstände zum vorangehenden und zum folgenden AP bleiben konstant und damit der Inhalt der Information.

3.6. Struktur der Synapse

Der Neurit einer Nervenzelle verzweigt sich am Ende in viele kleine Ästchen. Das Ende jedes Ästchens erweitert sich zu einem kugelförmigen Gebilde, dem **Synapsenendknöpfchen,** das sich an die Membran eines anderen Nervenzellkörpers oder Dendriten legt. Der Komplex aus Synapsenendknöpfchen und der darunterliegenden Membran heißt **Synapse.** Das Synapsenendknöpfchen ist von der Membran der Zelle, der es anliegt, durch den **synaptischen Spalt** getrennt. Der synaptische Spalt ist etwa 20 nm breit. Da die Größe der Synapsen unterhalb des Auflösungsvermögens der Lichtmikroskope liegt, konnte ihre Struktur erst nach der Entwicklung der Elektronenmikroskope aufgeklärt werden.

Wesentlich ist die Tatsache, daß die Synapse keinen Berührungspunkt zwischen den Nervenzellen darstellt, sondern nur einen Bereich extremer Annäherung. Dazwischen bleibt immer eine Lücke. Das bedeutet, daß Synapsenverbindungen zwischen Nervenzellen nicht unbedingt fest sind, sondern durchaus gelöst und neu geknüpft werden können.

Das Synapsenendknöpfchen enthält eine große Zahl von Mitochondrien und kugel- oder eiförmige Bläschen, die sogenannten **Vesikel.** Sie dienen der Speicherung von **Transmittersubstanzen,** die im Synapsenendknöpfchen synthetisiert werden. Transmittersubstanzen sind die Überträgerstoffe, die für den Transport der Information zur nächsten Nervenzelle sorgen. Im nächsten Abschnitt soll darüber gesprochen werden. Die Synthese der Transmitterstoffe ist ein energieaufwendiger Vorgang. Deshalb ist das verstärkte Auftreten von Mitochondrien im Synapsendenknöpfchen verständlich.

Schematische Zeichnungen von Nervenzellen, die sich um der Übersichtlichkeit willen auf das Wesentliche beschränken, erwecken oft falsche Vorstellungen über die Zahl der Synapsen, die am Soma und an den Dendriten der Nervenzelle liegen. Eine Nervenzelle kann 10^3 bis 10^4 Synapsen auf ihrer Oberfläche vereinigen. Wir müssen uns vorstellen, daß die Zellmembran wie ein Pelz dicht mit Synapsen besetzt ist. Vergegenwärtigt man sich, daß das Großhirn allein 10^{10} Neuronen enthält, so wird die Zahl der Synapsen mit 10^{13} bis 10^{14} unvorstellbar. Dem entspräche ein Computer mit 10 Billionen oder zehnmillionenmal einer Million Lötstellen zwischen den Schaltelementen.

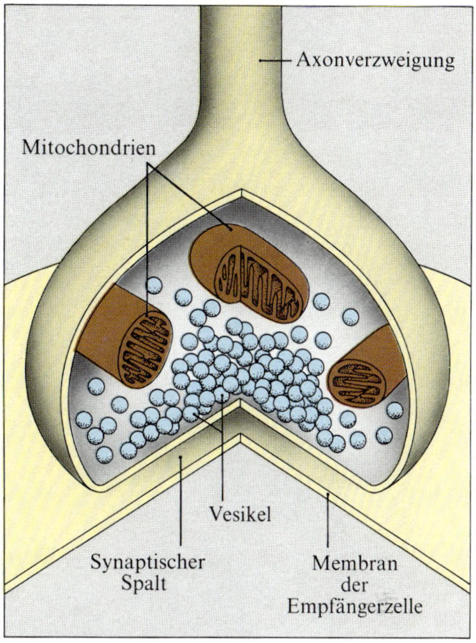

35.1. Synapsenendknöpfchen

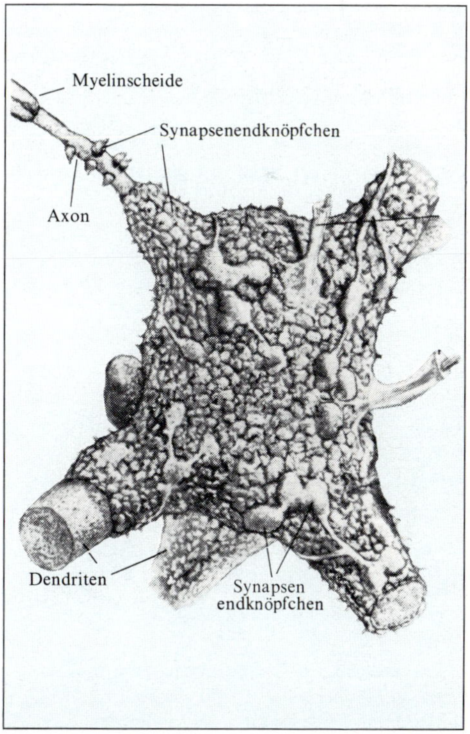

35.2. Rekonstruktion der Oberfläche eines Neurons nach elektronenmikroskopischen Serienaufnahmen. Die Synapsenendknöpfchen können unterschiedliche Größe haben.

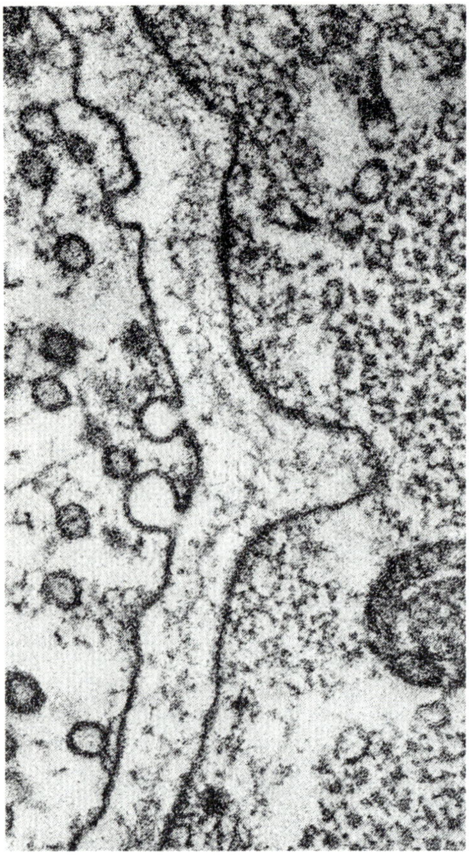

36.1. Synaptischer Spalt mit platzenden Vesikeln

3.7. Funktion der Synapse

Sind die Vesikel im Synapsenendknöpfchen mit Transmitterstoffen gefüllt, so legen sie sich an die dem synaptischen Spalt zugewandte Membran. Wenn nun ein Aktionspotential über den Neuriten an der Synapse ankommt, werden Poren in der Endknöpfchenmembran geöffnet, die Vesikel platzen und entlassen die Transmitterstoffe in den synaptischen Spalt. Die Moleküle diffundieren in Bruchteilen von Millisekunden durch den Spalt. Die Natriumporen in der Membran der Empfängerzelle sind wahrscheinlich durch Eiweißmoleküle verschlossen, die eine hochspezifische Struktur haben. Sie reagieren – ähnlich wie Enzyme – nur mit ganz bestimmten Substanzen, hier mit den Transmittermolekülen. Man nennt sie **Rezeptormoleküle.** Trifft nun ein Transmittermolekül an einem Rezeptormolekül ein, so reagiert es mit diesem, seine Form verändert sich, und die Natriumpore öffnet sich. Natriumionen können in die Empfängerzelle einströmen und ein neues Potential aufbauen. Danach werden die Transmittermoleküle sofort von Enzymen zerstört, so daß das Rezeptormolekül seine ursprüngliche Gestalt wieder annimmt. Die Spaltstücke wandern in das Synapsenendknöpfchen zurück und werden zur Herstellung neuer Transmittermoleküle verwendet. Der Transmittervorrat einer Synapse reicht für die Übertragung von etwa 2000 bis 5000 Impulsen.

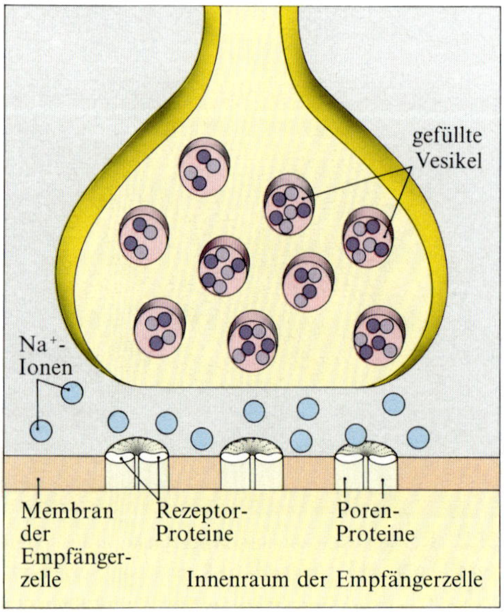

36.2. Synapse in Ruhe

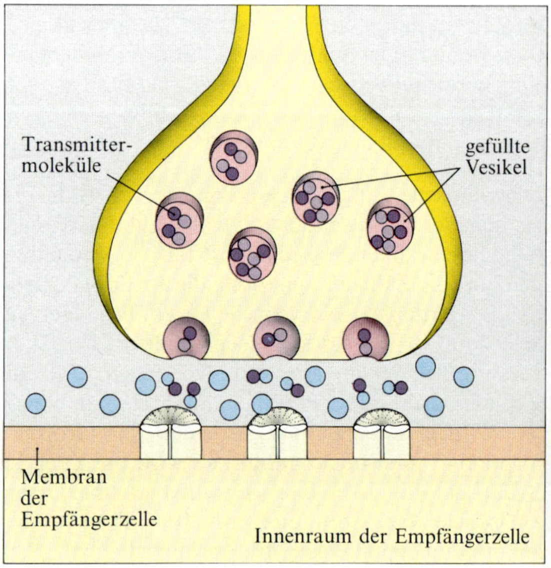

36.3. Freisetzung der Transmittermoleküle

Synapsen, die auf der Empfängerzelle ein neues Aktionspotential hervorrufen, nennt man **erregende Synapsen.** Daneben gibt es noch eine andere Art, die sogenannten **hemmenden Synapsen.** Sie produzieren Transmitter, die die Ionenkanäle der Chloridionen und der Kaliumionen öffnen. Durch die dadurch hervorgerufene Ionenwanderung wird das Ruhepotential vertieft, d.h., die innenliegende negative Ladung bzw. die positive Ladung außen werden größer. Die Folge ist, daß Aktionspotentiale von erregenden Synapsen, die zur gleichen Zeit auf einer Zelle eintreffen, durch die Wirkung der hemmenden Synapsen wieder gelöscht werden. Im folgenden Abschnitt soll dieser Effekt näher erläutert werden.

Da in einer Zelle gleichzeitig nur Transmitter einer bestimmten Struktur synthetisiert werden können, sind alle Synapsen, die von einer Nervenzelle ausgehen, entweder erregend oder hemmend. Man spricht deshalb nicht nur von erregenden oder hemmenden Synapsen, sondern nennt die Nervenzellen als Ganze erregende oder hemmende Neuronen.

Der zuerst und am besten untersuchte Transmitter ist das *Acetylcholin (ACh)*. Es wird von erregenden Neuronen produziert und wirkt im Vegetativen Nervensystem und bei der Übertragung von Nervenimpulsen auf Muskelzellen. Ein hemmender Transmitter ist die γ-*Aminobuttersäure (GABA)*, die besonders im schlafenden Gehirn nachgewiesen werden konnte.

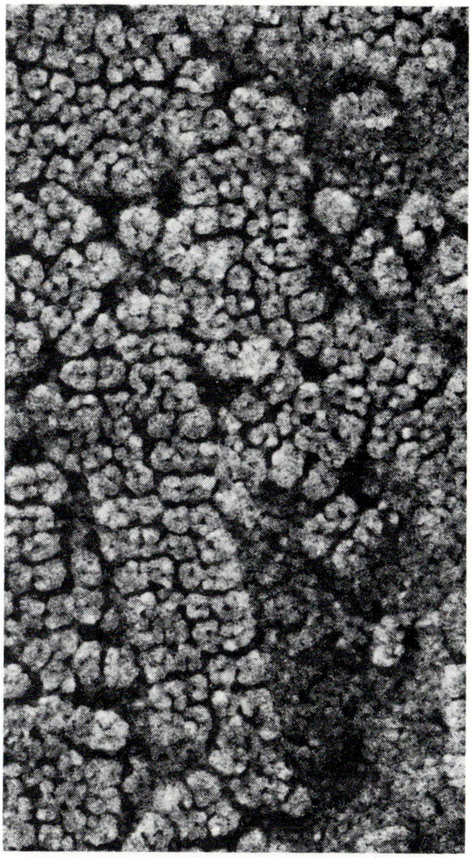

37.2. Von Proteinmolekülen umgebene Ionen-Kanäle

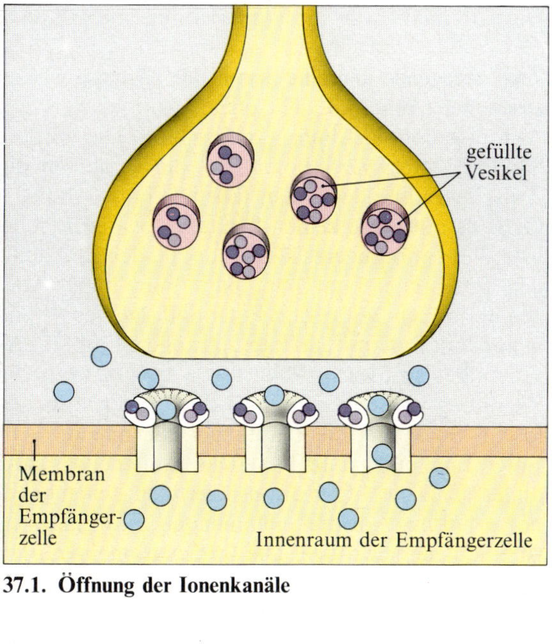

37.1. Öffnung der Ionenkanäle

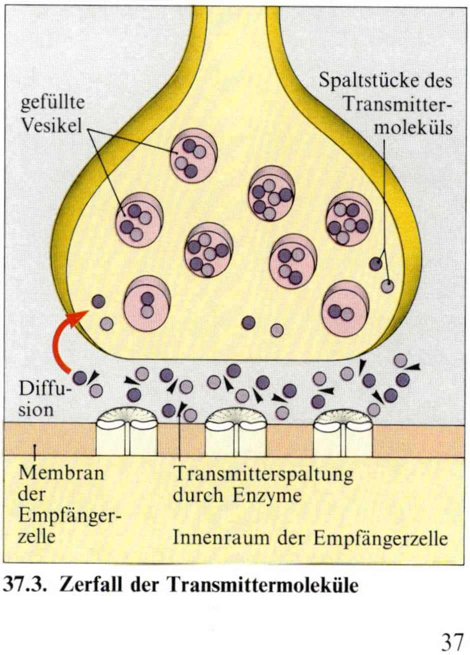

37.3. Zerfall der Transmittermoleküle

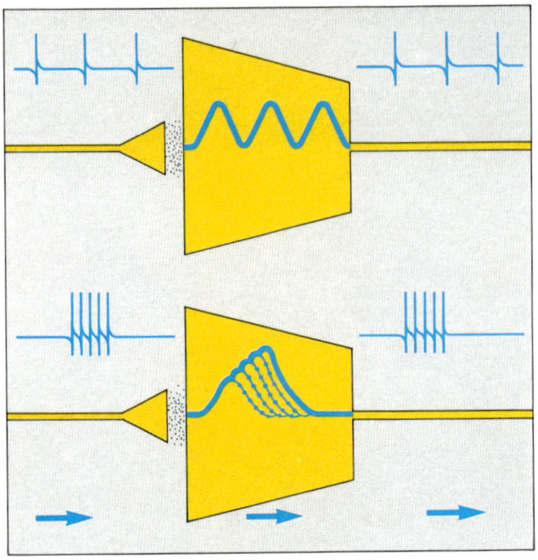

38.1. Weiterleitung von Aktionspotentialen

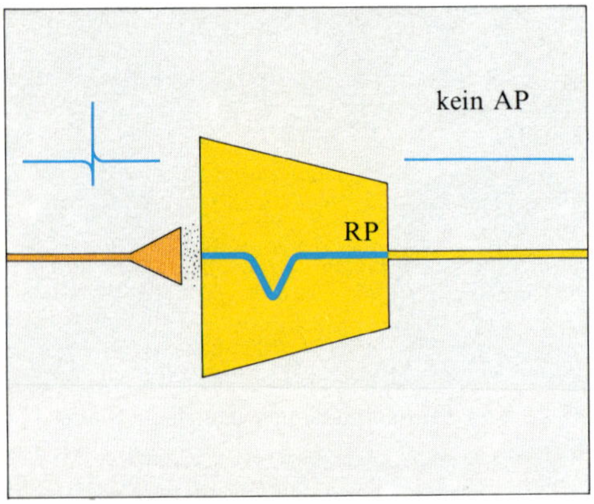

38.2. Wirkung einer hemmenden Synapse

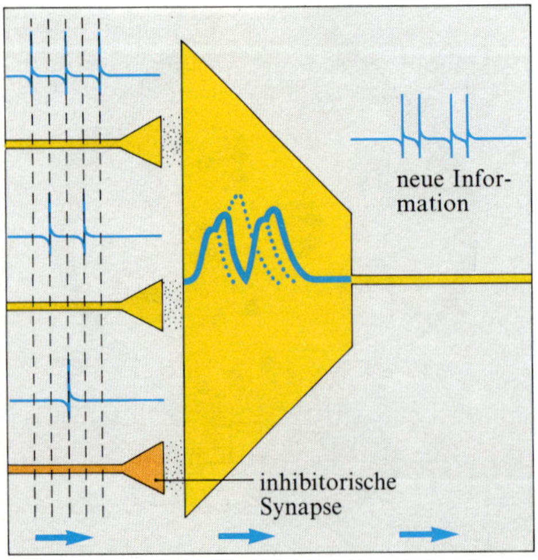

38.3. Zwei erregende und eine hemmende Synapse wirken zusammen

3.8. Informationsverarbeitung durch Nervenzellen

Das Nervensystem besteht aus Millionen von Nervenzellen. Im folgenden werden der Verständlichkeit wegen nur wenige Neuronen betrachtet. In Wirklichkeit aber münden auf einem Neuron Tausende von Synapsen.

Weiterleitung von Aktionspotentialen (Abb. 38.1.). Im oberen Bildabschnitt kommen von links wenige AP an der Synapse an. Jedes verursacht auf der Empfängerzelle ein neues Potential im gleichen Zeitabstand. Die Spannungsänderung auf dem Zellkörper verläuft allerdings langsamer als auf dem Neuriten. – Im unteren Bildabschnitt folgen viele AP schnell aufeinander. Da die Spannung auf dem Zellkörper der Empfängerzelle aber langsam abklingt, werden die einlaufenden AP addiert. Die Ansatzstelle des Neuriten der Empfängerzelle erzeugt nun Aktionspotentiale, die die Zelle über den Neuriten verlassen. Dabei ist die AP-Frequenz der Höhe der Soma-Spannung direkt proportional.

Wirkung einer hemmenden Synapse (Abb. 38.2.). Durch die Einwirkung des hemmenden Transmitterstoffes wird die Spannung auf der Membran der Empfängerzelle erniedrigt, da die Poren für das Einströmen von Anionen geöffnet werden. Die Ansatzstelle des Neuriten reagiert aber nur auf eine positive Zellspannung mit der Bildung neuer AP. Deshalb bleibt jetzt die Weiterleitung von AP aus.

Zwei erregende und eine hemmende Synapse wirken zusammen (Abb. 38.3.). Die obere Synapse liefert drei Aktionspotentiale: bum – bum – bum. Die mittlere Synapse liefert zwei Potentiale, die gerade in die Zwischenräume der ersten fallen: – bum – bum –. Gäbe es nur diese beiden Synapsen, wäre die Antwort der Empfängerzelle die Summe der einlaufenden Potentiale: bum bum bum bum bum. Aber genau in der Mitte der Potentialfolge feuert die hemmende Synapse ein Potential auf die Empfängerzelle: Das mittlere AP wird, da sich ja nun die Spannung auf der Empfängerzelle umkehrt, ausgelöscht. So sendet die Empfängerzelle nun die AP-Folge: bum bum – bum bum. Das ist aber etwas ganz anderes, als die informationsliefernden Zellen angeboten hatten: Aus drei einlaufenden Informationen ist eine neue geworden. Die Informationen wurden verarbeitet.

Oder-Schaltung als Modell für niedrigen Schwellenwert (Abb. 39.1.). Die Ansatzstelle des Neuriten der Empfängerzelle erzeugt die neuen Aktionspotentiale in Abhängigkeit von der Höhe des Potentials auf der Somamembran. Um ein neues AP hervorzurufen, muß die Somaspannung aber einen bestimmten Schwellenwert an der Neuritenansatzstelle überschreiten. Der Schwellenwert ist also die Mindestspannung, die überschritten werden muß, um ein neues Neuriten-AP hervorzurufen. – In unserem Beispiel soll dieser Schwellenwert niedrig liegen. Wenn nun zwei Synapsen gleichzeitig Aktionspotentiale liefern, überschreitet jedes für sich den Schwellenwert, und die Empfängerzelle sendet sie in unveränderter Weise weiter: wenn A oder B, dann C. In der Elektrotechnik wird diese Beziehung als Oder-Schaltung bezeichnet.

Und-Schaltung als Modell für hohen Schwellenwert (Abb. 39.2.). Die Empfängerzelle hat einen hohen Schwellenwert für die Bildung neuer Aktionspotentiale. Die Einwirkung einer Synapse allein reicht nicht aus, um ihn zu überschreiten. Erst wenn mehrere Synapsen gleichzeitig Impulse auf die Empfängerzelle schicken, wird der Schwellenwert überschritten, und neue AP werden gebildet: wenn A und B, dann C. Man nennt diese Schaltung in der Elektrotechnik Und-Schaltung.

Nein-Schaltung als Modell für die hemmende Synapse (Abb. 39.3.). Die hemmende Synapse löscht durch ihre Arbeit den Einfluß einer gleichzeitig arbeitenden erregenden Synapse aus: wenn A und B, dann nicht C. Auch Abb. 38.2. zeigt diese Wirkung.
Der Vergleich der Neuronenschaltungen mit elektrischen Schaltungen soll deutlich machen, daß durch diese Verknüpfungen Informationen miteinander kombiniert und ähnlich wie in einer elektronischen Rechenanlage nach einem vorgegebenen Programm verarbeitet werden können. In Nervensystemen besteht das Programm entweder in angeborenen, ererbten Nervenverbindungen oder in erlernten, neugeknüpften Beziehungen. Die für jede Zelle individuell typischen Schwellenwerte sowie die Verknüpfung von erregenden und hemmenden Neuronen sorgen für eine geregelte Verarbeitung der Informationen. Der Unterschied gegenüber elektronischen Rechenanlagen besteht in der unübersehbar großen Zahl der Schaltelemente (Neuronen und Synapsen). Deswegen ist ein Nervensystem wesentlich komplizierter und schwerer zu durchschauen als der im Vergleich dazu „einfache“ Computer.

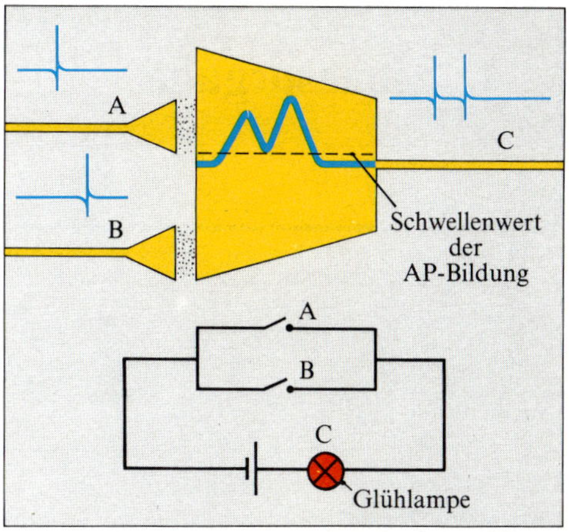

39.1. Oder-Schaltung als Modell für niedrigen Schwellenwert

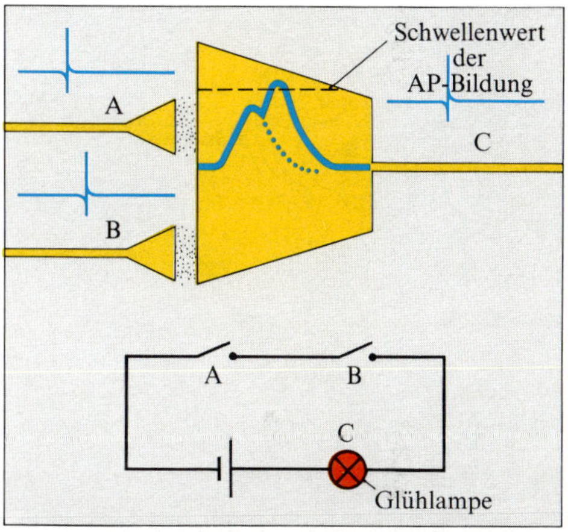

39.2. Und-Schaltung als Modell für hohen Schwellenwert

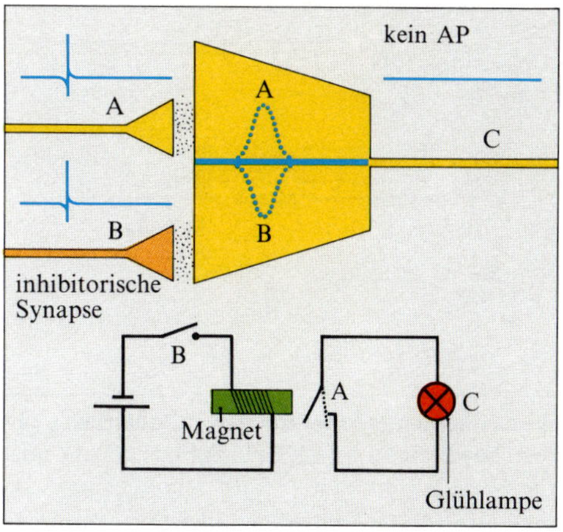

39.3. Nein-Schaltung als Modell für die hemmende Synapse

4. Sinnesorgane

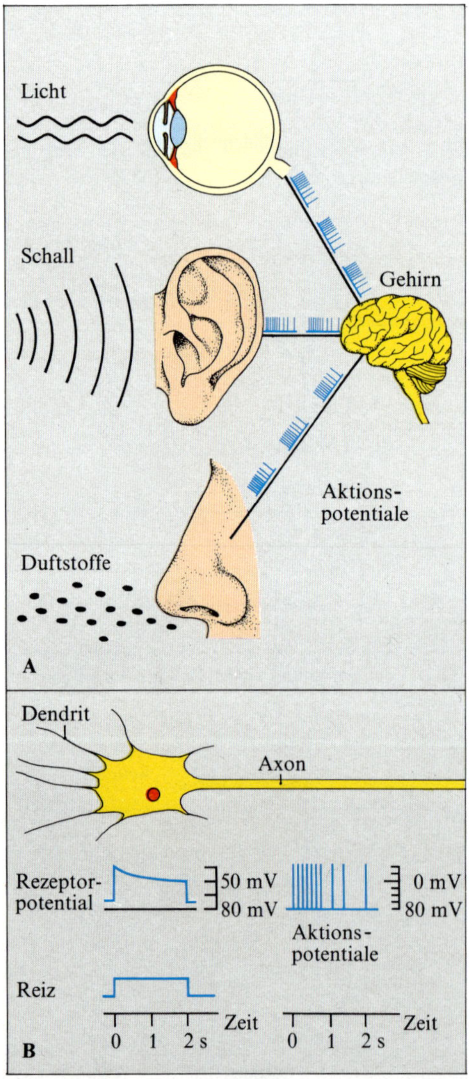

40.1. Sinnesorgane verarbeiten Informationen aus der Umwelt: A Sie setzen sie in Signale um, die über die Nervenfasern zum Gehirn weitergeleitet werden. **B** Rezeptorpotential einer Sinneszelle in ihrem reizaufnehmenden Bereich sowie Aktionspotentiale im Axonbereich.

Die Umwelt, die den Menschen und das Tier umgibt, enthält eine Menge verschiedenartiger Informationen. Sie lassen sich als physikalische oder chemische Vorgänge beschreiben, z. B. als die Ausbreitung von Licht- und Schallwellen, als die Wirkung von Druck oder als die Diffusion von Stoffen. Informationen physikalischer und chemischer Natur waren zweifellos auch schon vor der Existenz von Lebewesen vorhanden, sie konnten nur nicht verwertet werden, weil es für solche Signale noch keine Empfänger gab. Diese traten im Verlaufe der Evolution zunächst als im Wasser lebende Einzeller auf, die nur überleben konnten, wenn sie Informationen über chemische Umwelteinflüsse erhielten. Wie die heute lebenden Einzeller waren sie vermutlich am ganzen Zellkörper chemisch reizbar. Während der weiteren stammesgeschichtlichen Entwicklung sind bei einzelnen Einzellern und bei den meisten Vielzellern spezifische Antennen für verschiedene Umwelteinflüsse entstanden: Lichtsinnesorganellen bei beweglichen Einzellern (Abb. 46.1.) und **Sinnesorgane** bei Vielzellern (Abb. 40.1.). Diese enthalten eine geringere oder größere Anzahl von **Sinneszellen** und meist auch charakteristische Strukturen und Hilfsorgane. Die Sinneszellen reagieren auf ganz spezifische bzw. **adäquate Reize,** wie z. B. auf Licht oder auf Schall. Seit einigen Jahren ist es gelungen, die Reaktion einzelner Sinneszellen auf adäquate Reize unmittelbar nachzuweisen. Dazu sticht man in ihren Zellkörper bzw. in ihr Axon Mikroelektroden ein. Reizt man nun die Sinneszelle, so antwortet sie mit zwei Arten von Potentialen (vgl. Abb. 40.1.):

1. Vom Zellkörper läßt sich ein sogenanntes **Rezeptorpotential** ableiten. Dieses ist der Reizstärke proportional und fällt bei konstantem Reiz von einem Anfangswert mehr oder weniger schnell ab.

2. Vom Axon der Sinneszelle werden dagegen Aktionspotentiale abgeleitet. Ihre Frequenz ist der Höhe des Generatorpotentials proportional. Das Auftreten von Aktionspotentialen am Axon läßt darauf schließen, daß Sinneszellen abgewandelte Nervenzellen sind.

4.1. Chemische Sinnesorgane

4.1.1. Der Geruchssinn

Bei Fischen beschreibt KARL V. FRISCH folgende Beobachtung: Nahe dem Ufer eines Alpensees schwimmt ein größerer Schwarm junger *Elritzen*. Eine ausgewachsene Elritze schwimmt hindurch und ergreift eines der Jungtiere. Fast gleichzeitig reagiert sie mit Schreck und ergreift die Flucht.

Später durchgeführte Untersuchungen ergaben, daß Elritzen in ihrer Haut einen Stoff produzieren, der bei Verletzungen frei wird und Artgenossen zur Fluchtreaktion veranlaßt. Die Wirkung der in das Wasser abgegebenen Substanz ist so intensiv, daß die Tiere den Ort des Geschehens tagelang meiden. Der Schreckstoff wird über den **Geruchssinn** wahrgenommen. Er ist ein chemischer Fernsinn, der hier ganz eindeutig im Dienst der Arterhaltung steht.

Die **Riechleistungen** vieler Tiere sind erstaunlich: So können *Hunde* selbst dann noch die Fährte eines Menschen verfolgen, wenn er dicke Gummistiefel trägt. Der Hund orientiert sich dabei am Geruch der Buttersäure, die mit Spuren von Schweiß durch die Stiefel nach außen dringt. Für den *Wolf* als Vorfahren aller Hunde bedeuten Fährten mit Buttersäuregeruch Aussicht auf Beute.

Die Wahrnehmung des Geruchs setzt die Entwicklung großer reizaufnehmender Oberflächen voraus. Dieses Problem wurde im Verlauf der Evolution auf unterschiedliche Weise gelöst: Bei den Wirbeltieren fand während der Entwicklung der Nase eine mehr oder weniger starke Auffächerung der Riechfläche statt (Abb. 41.2.).
Bei den Insekten entstanden Geruchsorgane an verschiedenen Stellen, vor allem im Bereich der vielfältig verzweigten Fühler (Abb. 41.3.). Der für den Geruchsreiz notwendige Luftstrom kommt bei den Säugetieren dadurch zustande, daß die Nase an das Atmungssystem angeschlossen ist. Die Insekten können einen entsprechenden Luftstrom durch Fühlerbewegungen erzeugen.

Unter den Wirbeltieren nehmen die Fische bezüglich ihres Geruchssinns eine gewisse Sonderstellung ein: Ihre Nasenöffnungen sind in der Regel nicht mit der Mundhöhle verbunden, sondern bilden Gruben an der Oberfläche der Haut.

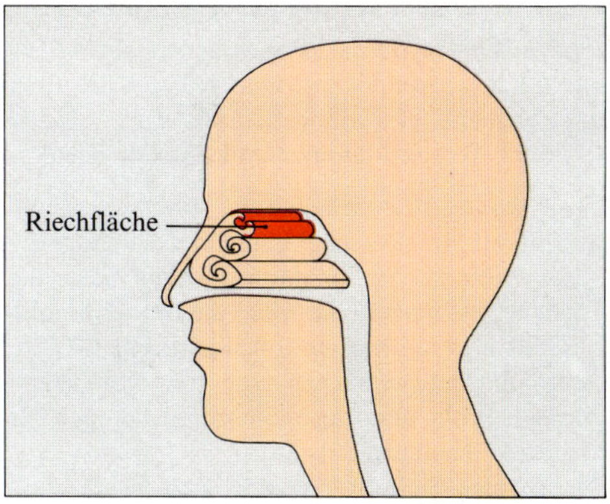

41.1. Lage der Riechfläche in der Nase des Menschen

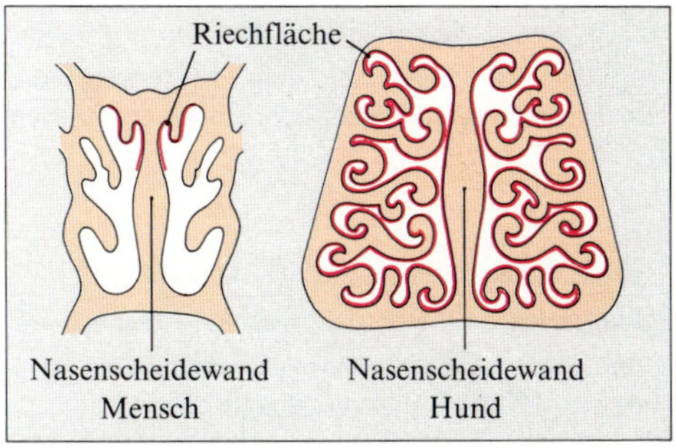

41.2. Geruchsorgane von unterschiedlicher Empfindlichkeit. Querschnitte durch die Nasenhöhlen von Mensch und Hund lassen die sehr viel stärkere Auffächerung der Riechfläche beim Tier erkennen.

41.3. Antennenstamm des Seidenspinners mit Ästen und Riechhaaren

V 42.1. Versuche zum menschlichen Geruchssinn

Materialien und Geräte: Frisch hergestelltes Mus von Bananen, Äpfeln, Karotten, rohen Kartoffeln und Zwiebeln, 5 Plastikbecher oder Teller, 5 kleine Löffel, Wäscheklammer und dunkler Schal.

Durchführung: Verschließen Sie einer Versuchsperson mit der Wäscheklammer vorsichtig die Nase, verbinden Sie ihr dann mit dem Schal die Augen. Überzeugen Sie sich davon, daß man durch den Schal nicht mehr hindurchsehen kann. Geben Sie der Versuchsperson nun von jedem Mus eine Probe und fragen Sie jedes Mal nach der Art des Nahrungsmittels.
Wiederholen Sie den Versuch nach Beseitigung der Wäscheklammer.
Fassen Sie das Ergebnis Ihrer Beobachtungen zusammen und geben Sie eine Erklärung dafür.

Hinweis: Das Mus sollte von jeweils gleicher breiartiger Beschaffenheit sein. Man kann die Versuchsperson zwischen den einzelnen Proben den Mund mit Wasser ausspülen lassen.

A 42.2. Beobachtungen zum Geruchssinn

Erklären Sie die folgenden Beobachtungen:

1. um einen Geruch genau zu bestimmen, zieht man mit der Nase mehrfach Luft ein.

2. bei einer Erkältung kann man Gerüche nicht wahrnehmen.

3. Personen, die sich längere Zeit in einem schlecht gelüfteten Raum aufhalten, nehmen die „verbrauchte Luft“ nicht mehr wahr.

Der Geruchssinn des Menschen ist sehr viel schlechter entwickelt als der des Hundes. Trotzdem ist es einzelnen Menschen möglich, bis zu 30000 verschiedene Gerüche wahrzunehmen. Den verschieden stark entwickelten Geruchssinn bei Säugetieren erklärt man einmal damit, daß die Riechflächen in ihren Nasen unterschiedlich groß sind. Sie beträgt beim Menschen etwa $10\ cm^2$, beim Schäferhund $150\ cm^2$. Außerdem sind die Unterschiede in der Anzahl der Riechzellen beträchtlich. Während der Mensch davon nur 5 Millionen hat, besitzt der Schäferhund 220 Millionen Riechzellen. Seine **Riechschwelle** liegt bei 10^4 Molekülen Buttersäure pro Milliliter. Da ein Milliliter eines Gases bei Normalbedingungen ca. $3 \cdot 10^{19}$ Moleküle enthält, ist es wahrscheinlich, daß bei ihm einzelne Riechzellen durch einzelne Moleküle angeregt werden. Beim Menschen ist die Riechschwelle mit $2{,}4 \cdot 10^9$ Molekülen unvergleichlich höher.

Wenig ist bisher über den **Wirkungsmechanismus** des Geruchssinns bekannt. Sicher reagiert bei vielen Tieren die einzelne Sinneszelle schon nach dem Treffer durch ein einziges Duftstoffmolekül mit der Bildung von Aktionspotentialen. Außerdem ist es wahrscheinlich, daß jeder Rezeptor auf verschiedene Duftstoffe anspricht, so daß sich die „Duftspektren“ überschneiden. Diese Tatsache erklärt, daß jedem Duftstoff ein über alle Riechzellen verteiltes, typisches Erregungsmuster entspricht. Bislang nicht geklärt ist, wie die Riechzellen eine Substanz erkennen.

Bedeutung des Geruchssinns

Futtersuche. Manche Insekten, z. B. Mücken und Stechfliegen, orten ihre „Blutspender“ über Geruchsstoffe, die sich im Blut oder im Schweiß befinden. Bodenwürmer und Engerlinge nehmen den Geruch von CO_2 wahr und gelangen so zu den Wurzeln ihrer Wirtspflanzen. Hundeartige orientieren sich bei der Futtersuche an Duftspuren von Buttersäure.

Soziales Verhalten. Duftstoffe, die als Kommunikationsmittel wirken, gibt es bei vielen staatenbildenden Insekten. Man nennt sie **Pheromone.** So unterdrückt ein von der Bienenkönigin abgegebener Stoff die Ausbildung entwicklungsfähiger Eizellen bei den Arbeiterinnen. Ameisen und Wespen geben in gefährlichen Situationen Alarmstoffe ab, die Artgenossen in Angriffsstimmung versetzen.

Sexualverhalten. Der bekannteste Sexuallockstoff bei Insekten ist das Bombykol, auf dessen Spur die Seidenspinnermännchen zum mehrere Kilometer entfernten Weibchen finden. Aus den Duftdrüsen von 500000 Seidenspinnern wurden 12 mg des Reinstoffs gewonnen.

Brutpflege. Buntbarsch-Weibchen werden von Wasser angelockt, in dem frisch geschlüpfte Buntbarschjungfische schwimmen.

Orientierung. Aale und Lachse finden ihre Laichplätze, indem sie sich an der Duftspur ihrer Heimatgewässer orientieren. Ihre Geruchsempfindlichkeit ist unvorstellbar: Würde man einen Fingerhut voll Rosenöl mit der 58fachen Wassermenge des Bodensees verdünnen, so könnten Aale das mit dem Duftstoff versetzte Wasser noch von reinem Wasser unterscheiden.

4.1.2. Der Geschmackssinn

Ein geeignetes Objekt für die Beobachtung des *Geschmackssinns* ist die *Stubenfliege*. Befestigt man mit Hilfe von Klebewachs vorübergehend einen Strohhalm auf dem Rücken eines Tieres und spannt den Halm in ein Stativ ein, so lassen sich folgende Versuche durchführen: 1. Die Fliege erhält zunächst ein trockenes Rundfilter, das sie sofort mit den Füßen festhält. Der Saugrüssel wird in der Regel nicht ausgestreckt. 2. Das trockene Rundfilter wird gegen ein feuchtes ausgetauscht. Die Fliege nimmt mit dem Rüssel Flüssigkeit auf, bis ihr Durst gelöscht ist. Man erkennt dieses daran, daß sie den Rüssel einzieht. 3. Dem feuchten Filtrierpapier wird mittels einer Saugpipette einmal Zuckerlösung, ein anderes Mal Chininlösung zugesetzt. Aus der Zuckerlösung nimmt die Fliege Flüssigkeit mit dem Rüssel auf, aus der Chininlösung nicht. –
Die Beobachtungsergebnisse zeigen, daß sich die Geschmackssinnesorgane bei der Stubenfliege an den Füßen befinden. Mit ihrer Hilfe kann sie Nahrungsstoffe auf ihre Eignung hin überprüfen: Sie verschmäht das bittere Chinin und saugt Zuckerlösung auf.

Im Gegensatz zum Geruchssinn handelt es sich beim Geschmack um einen **chemischen Nahsinn.** Wie durch die oben geschilderten Experimente nachgewiesen, dient er in erster Linie der Nahrungskontrolle. Voraussetzung dafür ist, daß die Geschmacksstoffe in gelöster Form vorliegen. Wie der Mensch aus eigener Erfahrung weiß, gibt es im Vergleich zu der Vielzahl der Duftreize nur wenige **Geschmacksqualitäten:** *süß, sauer, bitter* und *salzig*. Er nimmt sie mit Hilfe der Geschmacksfelder auf seiner Zunge wahr (vgl. V 44.1.). In das Epithel von **Zungenpapillen** sind Geschmacksknospen eingesenkt (Abb. 43.2.), die teils aus Sinneszellen, teils aus Stütz- und Ersatzzellen bestehen. Die Reizschwelle liegt etwa 20000mal höher als beim Geruchssinn. Die scheinbare Vielfalt der Geschmacksempfindungen kommt dadurch zustande, daß sich wegen der Verbindung zwischen Mund- und Nasenhöhle Geruchsempfindungen mit Geschmacksempfindungen überlagern. Das ist möglich, weil die beim Kauen freigesetzten Stoffe in die Gasphase übergehen und Reize auf die Riechschleimhaut ausüben.

Unter dem Aspekt der Evolution ist bemerkenswert, welche Assoziationen der Mensch – und wahrscheinlich auch das Tier – mit den einzelnen Geschmacksqualitäten verbindet. Besondere Bedeutung hat die

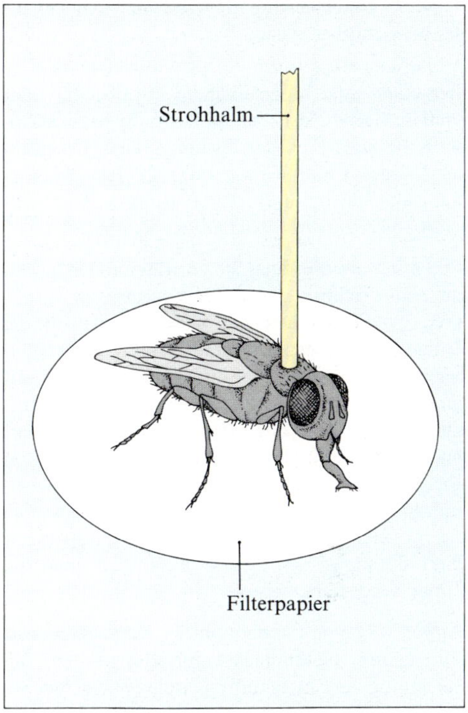

43.1. Versuchsanordnung zur Prüfung des Geschmackssinns der Stubenfliege

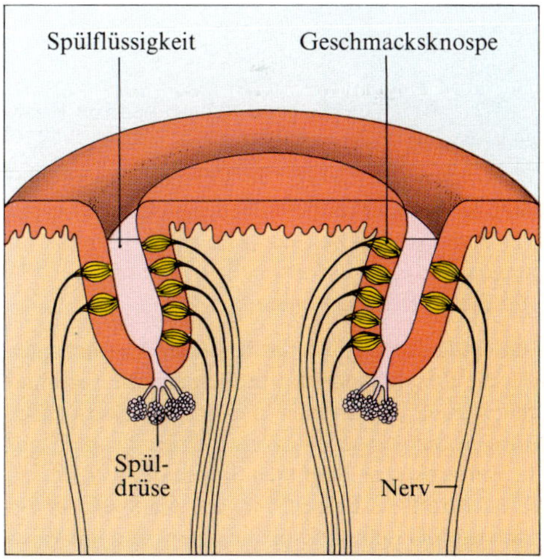

43.2. Schnitt durch eine umwallte Geschmackspapille

A 43.3. Zur Unterscheidung von Geruchs- und Geschmackssinn bei Fischen

Überlegen Sie sich einen Dressurversuch, durch den sich nachweisen läßt, daß Fische Geruch und Geschmack voneinander unterscheiden können. Führen Sie den Versuch unter Aufsicht durch.

V 44.1. Untersuchung der Geschmacksfelder bei der menschlichen Zunge

Materialien und Geräte: Pro Versuchsperson je vier Glas- oder Holzstäbchen; Pappbecher oder saubere Bechergläser mit 20%iger Rohrzuckerlösung, 10%iger Kochsalzlösung, 5%iger Essigsäure, 1%iger Chininlösung oder 2%iger Magnesiumsulfatlösung und mit Leitungswasser; Filtrierpapier zum Abtrocknen der Zunge.

Durchführung: Fertigen Sie vor Beginn der Versuche eine Zeichnung vom Zungenumriß an.
Trocknen Sie vor der ersten Geschmacksprobe die Zunge mit Filtrierpapier und tragen Sie Tropfen der genannten Lösungen auf Zungenspitze, Zungenränder, Zungenmitte und Zungenwurzel auf. Führen Sie die Probe zunächst vollständig mit Zuckerlösung durch, ehe Sie zu Kochsalzlösung übergehen. Beachten Sie im übrigen die oben angegebene Reihenfolge der Lösungen. Lassen Sie die Versuchsperson jedesmal nach Aufbringen eines Tropfens den Mund ausspülen und die Zunge wieder abtrocknen.

Aufgabe: Tragen Sie die von der Versuchsperson mitgeteilten Geschmacksempfindungen in die Zeichnung des Zungenumrisses ein. Versuchen Sie die Geschmacksfelder gegeneinander abzugrenzen.

V 44.2. Reizschwelle beim Schmecken von Rohrzuckerlösung

Materialien und Geräte: Je Versuchsperson fünf Pappbecher oder saubere Bechergläser, Filtrierpapier zum Abtrocknen der Zunge; Rohrzuckerlösungen der Konzentrationen 0,5%, 1,0%, 1,5% und 2,0%, Leitungswasser.

Durchführung: Prüfen Sie bei einer Versuchsperson die Geschmacksempfindung für die verschiedenen Konzentrationen der Rohrzuckerlösung. Bringen Sie von jeder Lösung einen Tropfen auf die Zungenspitze. Beginnen Sie mit der niedrigsten Konzentration. Lassen Sie die Versuchsperson nach jeder Geschmacksprobe den Mund mit Wasser ausspülen, trocknen Sie vor jedem Einzeltest die Zunge mit Filtrierpapier ab.
Führen Sie die Geschmacksprüfung bei Personen verschiedenen Alters durch.

Aufgabe: Stellen Sie fest, bei welcher Konzentration die Geschmacksempfindung „süß“ erstmals wahrgenommen wird.
Gibt es alters- und geschlechtsspezifische Unterschiede?

Empfindung *süß* erlangt, sie gilt als angenehm. Süß schmecken alle Monosaccharide und die meisten Disaccharide, Nahrungsmittel also, die als Energielieferanten für Tiere unverzichtbar sind. Außer von technischen Kunstprodukten, wie Bleiacetat („Bleizucker“) und Chloroform, droht hier auch keine Gefahr für das Leben von Mensch und Tier. So liegt folgender Schluß nahe: Alle Tiere, die aufgrund von Mutationen die Fähigkeit erlangten, Nahrungsstoffe als süß zu empfinden, erhielten einen Selektionsvorteil. Weil sie sich gezielt energiereiche Nahrung verschaffen konnten, hatten sie bessere Überlebenschancen als andere Tiere, die zu dieser Geschmacksleistung nicht imstande waren.

Eine andere biologische Bedeutung haben die Geschmacksqualitäten *sauer* und *bitter*. Sie warnen das Individuum vor ungenießbaren oder gefährlichen Stoffen. Die Empfindung sauer entsteht bei pH-Werten unter 7 und wird durch Hydroniumionen von Säuren hervorgerufen, die in unreifen oder vergorenen Früchten enthalten sind. Bitter schmekken viele Aminosäuren, die bei der Zersetzung von Eiweißen entstehen: So haben z. B. nicht mehr ganz frische Krabben einen leicht bitteren Geschmack und sollten deshalb nicht verzehrt werden. Weidetiere meiden giftige Pflanzen, z. B. Wildlupinen, die wegen ihres Alkaloidgehaltes bitter schmecken.

Die Empfindung *salzig,* die z. B. durch Kochsalz, Kaliumchlorid und Ammoniumchlorid hervorgerufen wird, kann angenehm oder unangenehm sein. Das hängt sowohl von der Art der Zusammensetzung als auch von der Konzentration der jeweiligen Stoffe ab. Vielleicht spielt dabei auch die physiologische Stimmung des Organismus eine Rolle, da vielen dieser Stoffe wichtige Aufgaben im Körperhaushalt zufallen, z. B. bei der Aufrechterhaltung des osmotischen Drucks und bei elektrischen Vorgängen an Zellmembranen.

Wegen der Widersprüchlichkeit der Geschmacksempfindungen gibt es bisher noch keine klare Theorie über den **Wirkungsmechanismus.** Eine Zuordnung von Molekülstruktur und Geschmacksempfindung ist nicht eindeutig möglich: So schmecken z. B. einige Alkalibromide in schwacher Konzentration süß, in hoher salzig. – Eine spezielle Fähigkeit besitzen Mäuse: Sie können sogar Isotope unterscheiden. Sie lehnen Deuteriumoxid, D_2O, gegenüber normalem Wasser ab. Man vermutet, daß für diese Erscheinung die Andersartigkeit der Wasserstoffbrückenbindung beim D_2O verantwortlich ist.

4.1.3. Chemische Innenreize

Um eine geistige oder sportliche Höchstleistung zu erbringen, muß man sich in einer guten Tagesform befinden. Viele Menschen greifen angesichts der zu erwartenden Anstrengungen zu einem bewährten Hausmittel, nämlich Traubenzucker. Um festzustellen, ob man dadurch tatsächlich die Leistungsfähigkeit steigern kann, wurden systematische Untersuchungen an Sportlern durchgeführt: Sie erhielten die Aufgabe, am Fahrradergometer so lange eine Dauerleistung von 180 Watt zu erbringen, bis sich deutliche Ermüdungserscheinungen bemerkbar machten. Durch Trinken einer Lösung, die 200 g Traubenzucker enthielt, ließ sich die Müdigkeit beseitigen, und die Sportler konnten das Training fortsetzen. Messungen ergaben, daß die Athleten in dem Maße ermüdeten, wie ihre Blutzuckerwerte abfielen. Die zu beobachtende Erschöpfung kommt dadurch zustande, daß das Gehirn unzureichend mit Glucose versorgt wird und deswegen seinen Energiebedarf nicht mehr bestreiten kann. Informationen über niedrige Blutzuckerwerte erhält der Organismus aber nur dann, wenn es geeignete **Chemorezeptoren** gibt. Die Suche nach diesen auf **Innenreize** reagierende Sinneszellen wird dadurch erschwert, daß sie nicht wie andere Rezeptoren an spezifischen Strukturen und Hilfsorganen zu erkennen sind. Trotzdem gibt es experimentelle Hinweise dafür, daß durch Änderungen der Glucosekonzentration Rezeptoren in Zwischenhirn, Leber, Magen und Dünndarm gereizt werden. Sie scheinen auch für andere Empfindungen, wie **Hunger,** mitverantwortlich zu sein. Offensichtlich sind sie u.a. Bestandteil eines Regelkreises, über den die kurzfristige Nahrungsaufnahme gesteuert wird.

Andere Chemorezeptoren spielen im Fettstoffwechsel eine Rolle. Sie werden durch Zwischenprodukte des Fettstoffwechsels gereizt, die beim Auf- bzw. Abbau von Depotfett anfallen, und sind bei der Langzeitregulierung der Nahrungsaufnahme von Bedeutung. Bei verringerten Fettreserven wecken auch diese Rezeptoren Hungerempfindungen.
Ein weiteres „allgemeines Gefühl“ ist **Durst.** Er entsteht schon nach geringfügigen Wasserverlusten und macht sich beim Menschen bereits bemerkbar, wenn dieser nur 0,5% seines Körpergewichts an Flüssigkeit verliert. Die Veränderungen des osmotischen Wertes in den Zellen sind zwar gering, sie werden aber von sogenannten **Osmorezeptoren** im Zwischenhirn und in der Umgebung des Hypothalamus rasch registriert.

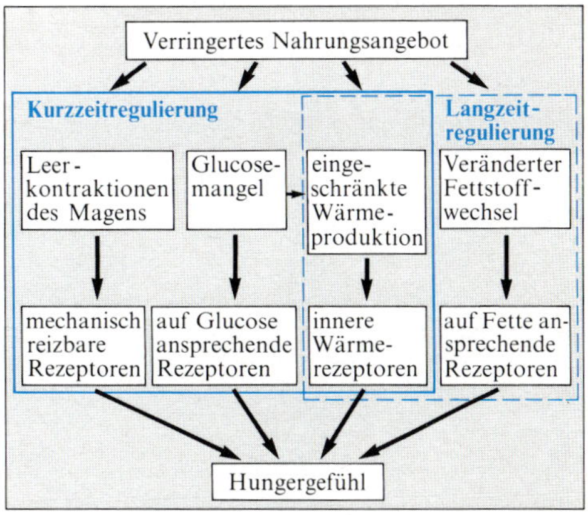

45.1. Blockschema zum Entstehen des Hungergefühls

A 45.2. Beschreiben Sie die in Abb. 45.1. dargestellten Zusammenhänge, erläutern Sie die Unterschiede zwischen Kurz- und Langzeitregulierung der Nahrungsaufnahme.

Regulation der Atmung über Chemorezeptoren

Beim Menschen erfolgt die Regulation der Atmung zu einem Teil über den pH-Wert sowie den Sauerstoff- und Kohlenstoffdioxidgehalt des Blutes. Informationen über die jeweils gemessenen Werte gelangen von Chemorezeptoren zum Atemzentrum. Es befindet sich im verlängerten Rückenmark und besteht aus einer Ansammlung von Nervenzellen, deren Fasern zur Atemmuskulatur führen. Das Atemzentrum reagiert auf entsprechende Meldungen mit dem Aussenden von Aktionspotentialen. Diese laufen in rhythmischer Folge zu den Einatmungsmuskeln.
Chemorezeptoren, die den Sauerstoffdruck messen, sind mit Sicherheit im Verzweigungsgebiet der Halsschlagader und im Aortenbogen vorhanden. Einige Forscher vermuten, daß sich Sauerstoff-, Kohlenstoffdioxid- und pH-Rezeptoren im Muskel befinden, so daß die Atemtätigkeit auch von hier aus beeinflußt wird.
Die Kenntnis der beschriebenen Zusammenhänge ist vor allem für Sportler und Ärzte wichtig. Bergsteiger wissen, daß die Atemfrequenz in größeren Höhen zunimmt, weil die Luft „dünner“ wird. Tatsächlich nimmt nicht nur die Sauerstoffkonzentration in der Luft, sondern auch im Blut ab. Meldungen hierüber gehen an das Atemzentrum.

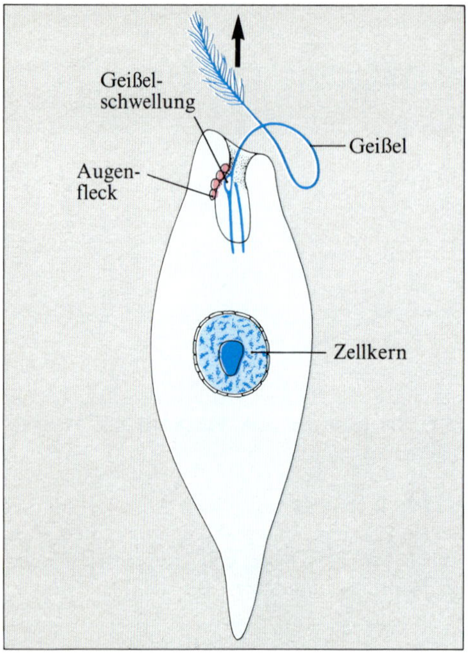

46.1. Augenfleck und Geißelschwellung bei Euglena

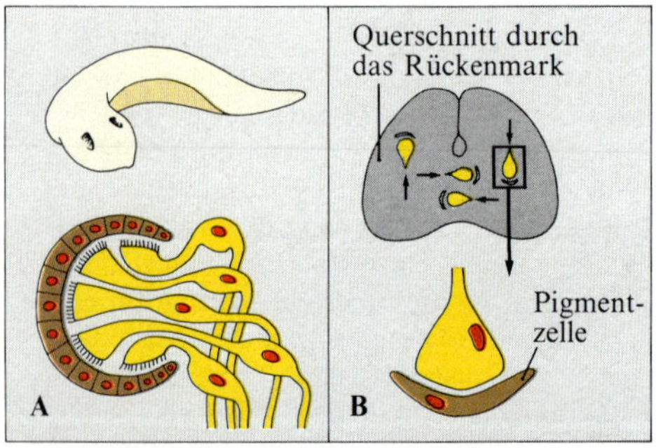

46.2. Pigmentbecherocellen: A Strudelwurm, **B** Lanzettfischchen

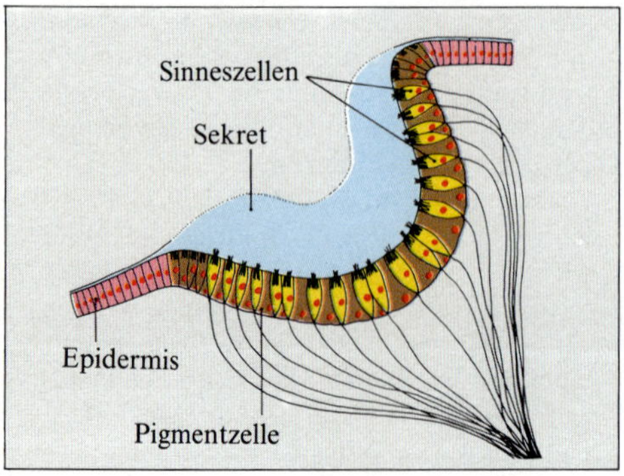

46.3. Grubenauge der Napfschnecke (Patella)

4.2. Lichtsinnesorgane

4.2.1. Vom Hell-Dunkel-Sehen zum Bildsehen

Bewegliche Einzeller suchen in einem Gewässer die Tiefenstufe auf, die ihnen die günstigsten Lichtverhältnisse bietet. Einzeller, die sich so verhalten, müssen nicht nur Lichtreize wahrnehmen, sondern auch unterschiedliche Beleuchtungsstärken registrieren können.

Bei den meisten Einzellern sind allerdings keine Organellen zu entdecken, die für die Aufnahme von Lichtreizen zuständig sind. *Euglena* (vgl. S. 8) ist eine der ganz wenigen Ausnahmen. Sie besitzt lichtempfindliche Strukturen (Abb. 46.1): Gelangt Licht aus einer bestimmten Richtung seitlich auf den Zellkörper, so wirft ein rot gefärbter **Augenfleck** Schatten auf eine Verdickung an der Geißelbasis, die als Photorezeptor dient. Da sich Euglena bei der Fortbewegung ständig um ihre Längsachse dreht, fallen bei seitlicher Belichtung abwechselnd Licht und Schatten auf den Photorezeptor. Der positiv phototaktische Einzeller erhält dadurch die Information, daß er sich auf falschem Kurs befindet. Er führt deswegen eine Kurskorrektur durch, die bewirkt, daß er nicht mehr rhythmisch von der Seite, sondern gleichmäßig von vorne belichtet wird.
Einige vielzellige Tiere, wie *Würmer* und *Muscheln,* sind ähnlich lichtempfindlich wie Euglena. Bei ihnen sind entweder Sehzellen über die Haut verstreut, oder das Zellplasma weist eine allgemeine Lichtempfindlichkeit auf. Dieser **Hautlichtsinn** ermöglicht es den Tieren sogar, Bewegungen wahrzunehmen und sich einer drohenden Gefahr durch die Flucht zu entziehen. Auch einige Wirbeltiere – *Aal, Lungenfische* und *Grottenfische* – verfügen über einen Hautlichtsinn. Bei den blinden Grottenfischen entscheidet er über das Überleben, weil er die Tiere am Verlassen der dunklen Höhle hindert und sie davor bewahrt, als Beute gefangen zu werden.
Die Abschirmung einzelner oder im Verband angeordneter Lichtsinneszellen durch Pigment führt zu einer verbesserten Sinnesleistung, dem **Richtungssehen.** „Lichtsinnesorgane" dieser Art sind beim *Lanzettfischchen* und bei *Strudelwürmern* vorhanden. Sie werden **Pigmentbecherocellen** genannt (Abb. 46.2.). Ein weiterer Fortschritt in der Evolution resultierte daraus, daß sich flächig angeordnete und von Pigment abgeschirmte Lichtsinneszellen zu **Grubenaugen** (Abb. 46.3.) mit unterschiedlich weiten Öffnun-

gen einsenkten. Manche dieser Sinnesorgane ähneln im Prinzip schon den Lochkameraaugen, wie man sie von dem Tintenfisch *Nautilus* (Abb. 47.1.) kennt.

Damit ist der Weg zum einfachen **Bildsehen** vorgezeichnet. Viele dieser einfachen Augen sondern Sekrete ab, die das Licht brechen und so die Qualität der entstehenden Bilder verbessern. Die **Blasenaugen** der *Weinbergschnecke* (Abb. 47.2.) lassen zum ersten Mal den Typ eines Linsenauges erkennen: Im Innern der Grube ist durch Erhärten des lichtbrechenden Sekrets eine Linse entstanden. Nach außen ist das Sinnesorgan durch eine durchsichtige Zellschicht abgeschlossen und gegen eindringende Schmutzteilchen geschützt.

Bei den *Tintenfischen* und bei den *Wirbeltieren* hat die Evolution schließlich auf unterschiedlichen Wegen zu den am höchsten entwickelten **Kameraaugen** geführt (Abb. 47.3.): Bei beiden Tiergruppen bestehen die Lichtsinnesorgane aus einem dioptrischen Apparat mit Hornhaut, Linse und Glaskörper. Die Lichtzufuhr wird über die als Blende wirksame Regenbogenhaut geregelt, und die Aufnahme der Lichtreize erfolgt durch die in der Netzhaut angeordneten Sehzellen. Obwohl die gleichartige Struktur der Kameraaugen es nahelegt, sie vom Typ des Grubenauges abzuleiten, ist das wegen der unterschiedlichen Entstehungsweisen nicht ohne weiteres möglich: Bei den Wirbeltieren stülpen sich zwei vom Zwischenhirn vorgetriebene Blasen zu Augenbechern ein, die das darüberliegende Hautgewebe veranlassen, eine Linse auszubilden. Aus den Augenbechern selbst entwickelt sich die mehrschichtige Netzhaut. Das Kameraauge der Tintenfische ist stammesgeschichtlich eher mit dem Typ des Grubenauges verwandt: Die beiden Augenblasen bilden sich durch Einstülpen der Haut. Die Zellen auf ihrem Grund differenzieren sich zur einschichtigen Netzhaut, und die Linsen entstehen dadurch, daß Zellen einen lichtbrechenden, erhärtenden Stoff ausscheiden. Die Erscheinung, daß trotz unterschiedlicher Baupläne in verschiedenen Tierstämmen Organe mit gleicher Funktion entstanden sind, nennt man **Konvergenz.**

Anders als bei den Wirbeltieren veränderte sich bei den *Gliedertieren* das Einzelauge im Verlaufe der stammesgeschichtlichen Entwicklung nicht. Durch Zusammenfügen einer mehr oder weniger großen Anzahl von Einzelaugen entstanden bei ihnen sogenannte **Komplex-** oder **Facettenaugen** (näheres siehe Abschnitt 4.2.3.).

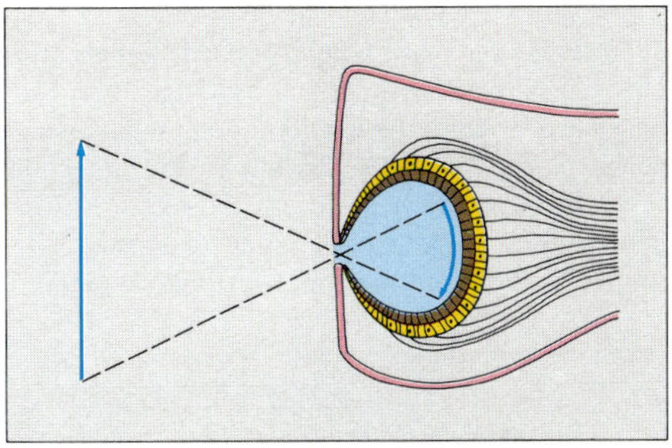

47.1. Offenes Kameraauge von Nautilus

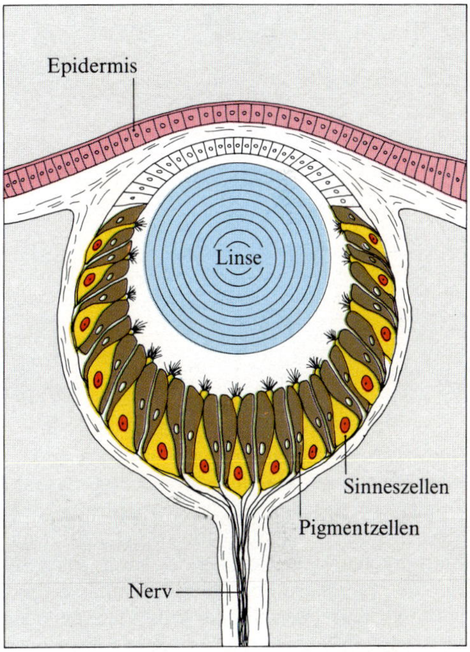

47.2. Einfaches Linsenauge der Weinbergschnecke

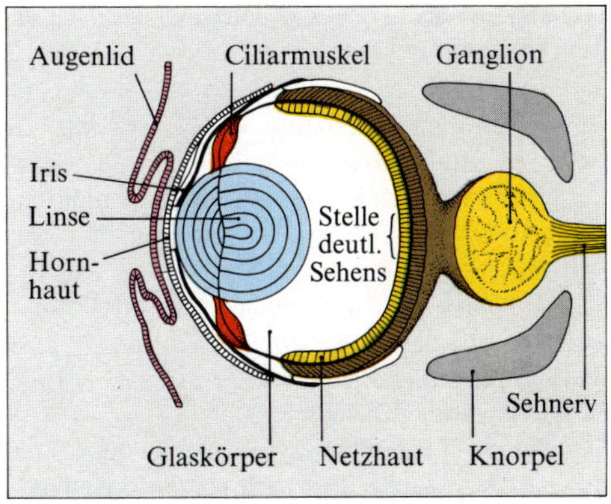

47.3. Hochentwickeltes Kameraauge einer Tintenschnecke

V 48.1. Präparation eines Rinderauges

Materialien und Geräte: Beim Schlachthof erhältliche frische, von Muskeln und anhängendem Bindegewebe gesäuberte Rinderaugen, scharfe und spitze Schere, scharfes Skalpell, Pinzette, mit Paraffin ausgegossenes Präparierbecken, Mikroskop, Objektträger, Deckgläser, eventuell eine Dunkelkammer mit Rotlicht, verdunkelte Gefäße.

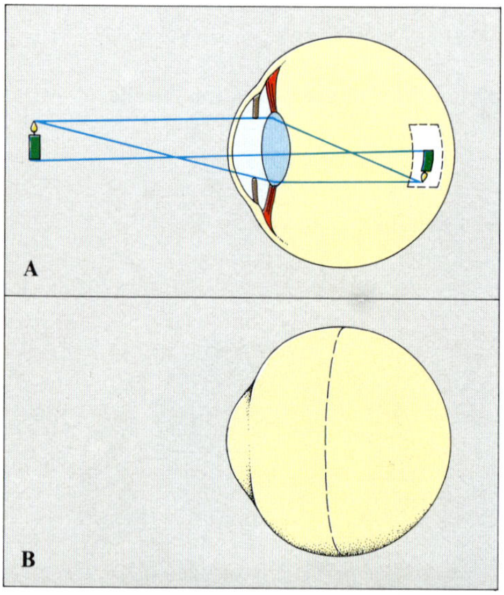

Durchführung: 1. Schneiden Sie in den Augapfel eines Rinderauges gegenüber der Linse ein kleines Fenster, so daß der Glaskörper sichtbar wird. Führen Sie den Schnitt nicht zu tief, damit die Glaskörpersubstanz nicht verletzt wird. Legen Sie auf das Fenster ein Stück Pergamentpapier und stellen Sie etwa 15 cm vor der Linse eine brennende Kerze auf (vgl. Abb. A). Beschreiben und erklären Sie Ihre Beobachtung.

Hinweis: Informieren Sie sich vor der Versuchsplanung in einem Physikbuch über die Abbildungsgesetze bei Linsen.

2. Fertigen Sie an einem anderen Rinderauge in der Äquatorialebene einen Ringsumschnitt an (vgl. Abb. B). Verletzen Sie dabei nicht den Glaskörper. Nehmen Sie die beiden Augenhälften auseinander. Bei richtiger Präparation befinden sich Glaskörper und Linse in der vorderen, die zweischichtige Netzhaut in der hinteren Hälfte.

a) Heben Sie die obere Schicht der Netzhaut ab und mikroskopieren Sie diese. Versuchen Sie die Sehzellen zu identifizieren.
Sollte eine mit Rotlicht ausgestattete Dunkelkammer zur Verfügung stehen, nehmen Sie die Präparation des Rinderauges dort vor. Übertragen Sie die freigelegte Netzhaut in ein verdunkeltes Gefäß.

4.2.2. Bau des menschlichen Auges

Die moderne photographische Kamera arbeitet nach einem einfachen Prinzip: Mit Hilfe einer Abbildungslinse, deren Öffnung durch eine verstellbare Blende vergrößert oder verkleinert werden kann, bildet sie Gegenstände auf einem lichtempfindlichen Film reell, umgekehrt und verkleinert ab. Die Konstruktion der Kamera ist in wesentlichen Teilen dem Bau des menschlichen Auges nachempfunden (vgl. Abb. 48.1.). Dieses besitzt ebenfalls eine Blende, die **Pupille.** Sie wird von der Regenbogenhaut oder **Iris** gebildet, in die die **Aderhaut** nach vorne zu ausläuft. Über Ringmuskeln ist die Pupille stufenlos regulierbar. Hinter der Aderhaut liegt die **weiße Lederhaut,** die im vorderen Bereich des Auges in die durchsichtige **Hornhaut** übergeht. Diese bildet zusammen mit dem Kammerwasser, der **Linse** und dem **Glaskörper** das lichtbrechende System. Da dessen einzelne Bestandteile das Licht unterschiedlich stark brechen, zeichnet man Strahlengänge grundsätzlich für das sogenannte „reduzierte" Auge. Das heißt, die Augenlinse wird vereinfacht als einziger lichtbrechender Körper betrachtet. Die Linse ist im **Ciliarkörper** befestigt, dessen Fasern durch die Tätigkeit des Ringmuskels gelockert oder gestrafft werden können. Entsprechend ihrer Eigenelastizität rundet sie sich ab, wenn sich der Ciliarmuskel zu einem engen Ring zusammenzieht und so geringere Zugkräfte auf die haltenden Fasern ausübt. Die Linse kann nun nahe gelegene Gegenstände scharf auf der **Netzhaut**

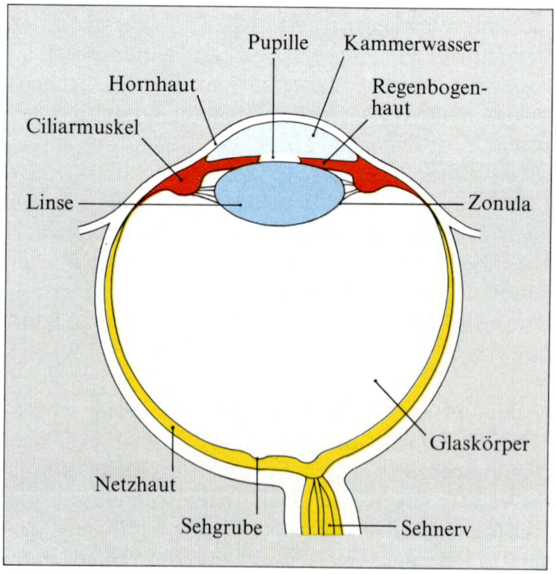

48.1. Längsschnitt durch das menschliche Auge

abbilden. Die Fähigkeit des Auges, die Brechkraft der Linse durch deren mehr oder weniger starke Krümmung zu verändern, nennt man Anpassung oder **Akkommodation.**

Die Netzhaut liegt dem Glaskörper auf. Sie ist mehrschichtig (vgl. Abb. 49.1) und besteht aus Pigmentzellen, reizaufnehmenden Rezeptoren sowie Nervenzellen. Die vom Licht abgewandten Rezeptoren sind mit den Nervenzellen verschaltet. Es gibt zwei Arten von Sehzellen, schmale **Stäbchen** und dickere **Zapfen.** Im **Gelben Fleck** (Zentralgrube), dem Ort des schärfsten Sehens, befinden sich ausschließlich Zapfen, während in der Netzhautperipherie überwiegend Stäbchen vorhanden sind. Einfache Versuche erlauben es, den zellulären Strukturen Funktionen zuzuordnen. Fixiert man am Nachthimmel einen schwach leuchtenden Stern, z. B. das Reiterchen im Sternbild des Großen Bären, so verschwindet der Stern scheinbar. Er wird wieder sichtbar, wenn sein Bild auf den Netzhautrand fällt. Daraus ergibt sich, daß die Stäbchen für das Hell-Dunkel-Sehen zuständig sind und relativ lichtempfindlich reagieren. Bringt man eine weiße Karte mit einem Farbklecks von der Seite her langsam in das Gesichtsfeld eines Betrachters, so kann er die Farbe zunächst nicht erkennen. Das ist ihm erst dann möglich, wenn der Fleck auf Zapfen abgebildet wird. Da in der Dämmerung keine Farben auszumachen sind, läßt sich folgern, daß die Zapfen wenig lichtempfindlich sind.

Die Zahl der Sehzellen beträgt beim Menschen etwa $1{,}3 \cdot 10^8$, darunter sind ungefähr 6 Millionen Zapfen. Stäbchen und Zapfen sind ähnlich aufgebaut (vgl. Abb. 49.1.): Beide besitzen ein Außen- und ein Innenglied. Mit Hilfe elektronenmikroskopischer Untersuchungen lassen sich im Außensegment scheibenartige Gebilde erkennen, sogenannte **Discs** (Einzahl: disc). Darin befinden sich **Sehfarbstoffe,** die bei Lichteinwirkung zerfallen. Das Innensegment enthält eine Anhäufung von Mitochondrien. Innen- und Außenglied sind durch faserartige Strukturen miteinander verbunden. Die Axone der Sehzellen treten über Synapsen mit nachgeschalteten Nervenzellen in Kontakt. Der **Blinde Fleck,** die Austrittsstelle des Sehnerven, enthält keine Sehzellen. Den Nachweis dafür liefert ein einfacher Versuch: Halten Sie die Abbildung 49.2. mit ausgestrecktem Arm vor sich! Schließen Sie das linke Auge und fixieren Sie mit dem rechten den Kreis! Verändern Sie nun den Abstand der Abbildung zum Auge. Bei einer bestimmten Entfernung verschwindet das Kreuz.

Beschreiben Sie, wie sich die Farbe der Netzhaut verändert, wenn sie dem Tageslicht ausgesetzt wird. Deuten Sie Ihre Beobachtungen. Woraus besteht die in der hinteren Augenhälfte verbleibende Zellschicht?

b) Nehmen Sie den Glaskörper aus der vorderen Augenhälfte heraus.
Wie sind Linse und Iris befestigt?

c) Überlegen Sie einen Versuch, mit dem Sie die Brennweite der Linse bestimmen können. Führen Sie den Versuch durch.

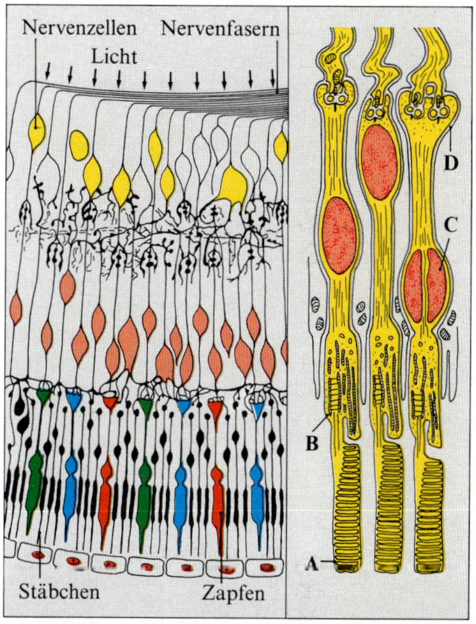

49.1. Bau der Wirbeltiernetzhaut; daneben: Stäbchen der Meerschweinchennetzhaut, **A** Außensegment mit Discs, **B** Innensegment mit Mitochondrien, **C** Zellkern, **D** Synapse

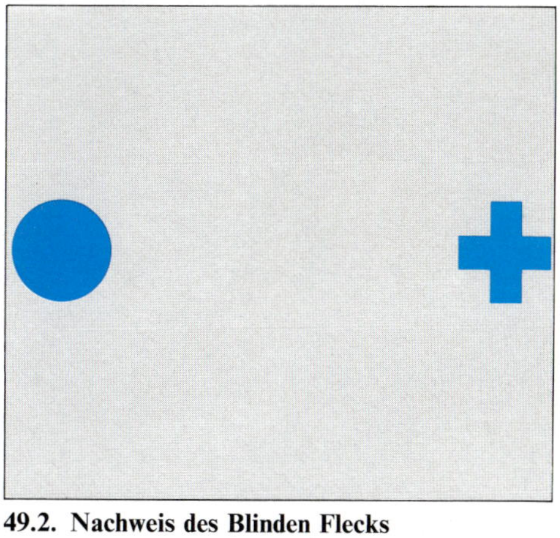

49.2. Nachweis des Blinden Flecks

V 50.1. Beobachtungen am Insektenauge

Materialien und Geräte: Lebende *Stabheuschrecken,* frisch getötete *Wespen,* Fertigpräparate mit Längsschnitten eines Komplexauges, z. B. der Biene, Pinzette, Präpariernadel, Rasierklinge, Polystyrol- oder Holundermarkstücke, Objektträger, Deckgläser, Mikroskop.

Hinweis: Beachten Sie bei den folgenden Beobachtungen und Versuchen die Bestimmungen des Naturschutzgesetzes.

Durchführung: **a)** Beobachten Sie zunächst mit der Lupenvergrößerung des Mikroskops die Augen der lebenden Stabheuschrecken. Verändern Sie dann die Einstellung des Mikroskops so, daß Sie das zwischen den einzelnen Ommatidien gelegene dunkle Pigment erkennen können.

b) Trennen Sie den Kopf einer toten Wespe vom Bruststück ab und untersuchen Sie ihn ebenfalls mit der Mikroskop-Lupe. Versuchen Sie die zwischen den Komplexaugen liegenden Punktaugen auszumachen.
Präparieren Sie vorsichtig ein Komplexauge frei. Klemmen Sie es in ein Polystyrolstückchen ein und fertigen Sie möglichst dünne Längsschnitte davon an (Schnitte bei senkrecht orientiertem Insektenkopf horizontal führen!). Geben Sie die Schnitte auf einen Objektträger mit Wasser, legen Sie ein Deckglas auf und mikroskopieren Sie.

Aufgaben: Fertigen Sie eine saubere Skizze von der Oberfläche des Komplexauges an.
Versuchen Sie mit Hilfe der Abbildung 50.2. die Bestandteile eines Ommatidiums zu identifizieren.
Untersuchen Sie Mikropräparate von Längsschnitten durch ein Komplexauge.

4.2.3. Bau des Insektenauges

Bei oberflächlichem Hinsehen erscheint das Auge einer Stubenfliege rund. Betrachtet man dieses jedoch mit einer starken Lupe, so drängt sich der Vergleich mit einem vielflächig geschliffenen Edelstein auf. Da der Juwelier die geschliffene Einzelfläche des Edelsteins Facette nennt, liegt es eigentlich nahe, Augen dieses Typs als Facettenaugen zu bezeichnen. Warum sich dieser früher gebräuchliche Begriff nicht durchgesetzt hat, läßt sich anhand von Abb. 50.2. erklären: Jeder Facette entspricht ein aus mehreren Zellen zusammengesetztes Einzelauge oder **Ommatidium.** Da das Auge der Fliege aus vielen Ommatidien besteht, spricht man von einem zusammengesetzten Auge oder **Komplexauge.** Es ist für Insekten, aber auch für alle anderen Gliederfüßler typisch. Jedes Ommatidium ist aus einer Chitinlinse, einem Kristallkegel und aus einer **Retinula** aufgebaut (vgl. Abb. 50.2.). Letztere wird meist von acht Sehzellen gebildet. Die einzelne Sehzelle wird auf der einen Seite durch einen Saum begrenzt, der aus den sogenannten **Mikrovilli** besteht. Diese ähneln den Discs der Wirbeltiersehzelle. Auch sie enthalten Substanzen, die lichtempfindlich sind. Bei Belichtung verändern sie sich und setzen den Reiz-Erregungsmechanismus in Gang. In der Retinula sind die Sehzellen so angeordnet, daß die Mikrovilli-Säume in der Mitte der Zellgruppe liegen und oft sogar miteinander zu einem einheitlichen Gebilde verschmelzen. Dieses heißt **Rhabdom.** Der Retinula ist der lichtbrechende Apparat vorgelagert. Er besteht aus einer Chitinlinse und einem Kristallkegel. Gegen

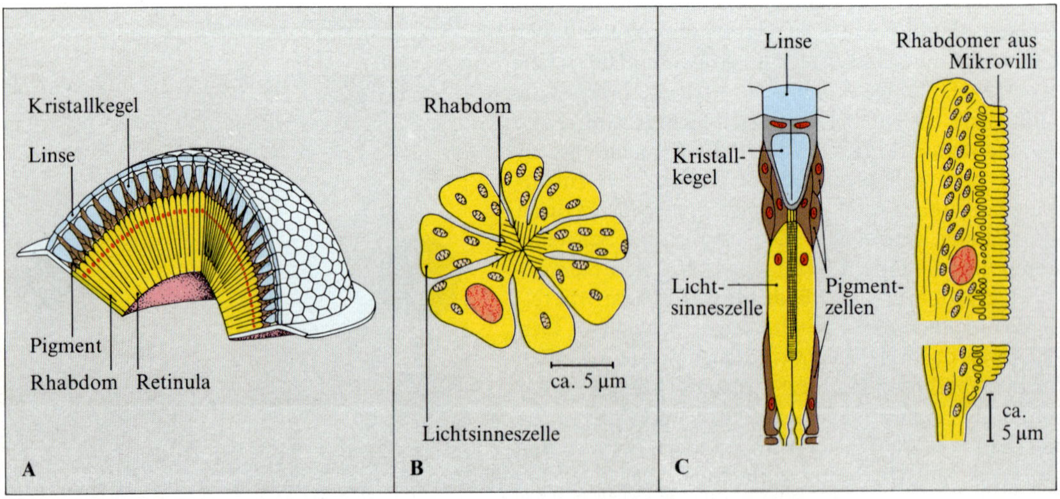

50.2. A Bau des Komplexauges der Insekten, B Bau des Ommatidiums, C Lichtsinneszelle

seitlichen Lichteinfall sind die einzelnen Ommatidien durch **Pigmentzellen** abgeschirmt. Mit Hilfe eines Modells vom Komplexauge kann man zeigen, daß eine brennende Kerze vollständig auf einer Mattscheibe abgebildet wird. Das Modell besteht aus einer größeren Anzahl enger, konischer Röhren. Diese werden aus schwarzem Papier gefertigt und entsprechend dem Bauplan eines Komplexauges zusammengeklebt. Das vom Komplexauge entworfene Bild ist unscharf, weil es mosaikartig aus den einzelnen Lichtpunkten zusammengesetzt ist, die jedes Ommatidium projiziert. Daraus darf man nun aber nicht schließen, daß Insekten schlechter sehen als der Mensch. Aus dem physikalischen Sachverhalt kann man solche Aussagen nicht ableiten, weil in letzter Instanz das Nervensystem über den tatsächlichen Gehalt einer Wahrnehmung entscheidet.
Das Komplexauge hat jedoch nicht nur Abbildungsfunktionen. Erste Hinweise darauf ergaben sich aus dem Verhalten von Bienen: Nach Beobachtungen von Karl v. FRISCH können sich die Tiere bei der Futtersuche auch dann am Stand der Sonne orientieren, wenn ein bedeckter Himmel durch Wolkenlücken teilweise aufgerissen ist. Dabei nutzen die Insekten die Tatsache aus, daß blaues Himmelslicht zu einem großen Teil polarisiert ist. Ihre Reaktion spricht eindeutig dafür, daß sie die Augen auch als Navigationsinstrument benutzen. Diese Fähigkeit wird darauf zurückgeführt, daß das von den Sehzellen gebildete Rhabdom die Wirkung eines aus acht Dreiecksfolien zusammengesetzten Polarisationsfilters hat. Jede Dreiecksfolie entspricht dem Mikrovilli-Saum einer Sehzelle (Abb. 51.1.A). Die Säume der einzelnen Sehzellen sind aber unterschiedlich ausgerichtet. Deswegen ist es nicht verwunderlich, daß polarisiertes Himmelslicht von den Dreiecksfolien nicht gleichmäßig gut hindurchgelassen wird. Je nach Richtung des einfallenden Lichts entstehen charakteristische Polarisationsmuster (vgl. Abb. 51.1.B).

Eine andere navigatorische Leistung schnell fliegender Insekten, z. B. von Fliegen, Bienen, Wespen und Libellen, beruht auf dem unvorstellbar hohen **zeitlichen Auflösungsvermögen** ihrer Augen. So können Bienen bei einer Frequenz von 300 Lichtblitzen pro Sekunde noch jeden einzelnen Blitz wahrnehmen. Bei einer Fluggeschwindigkeit von etwa 10 m/s verschwimmt für sie der überflogene Untergrund nicht, sondern läßt durchaus noch eine Strukturierung erkennen. Das ermöglicht ihnen, die Fluggeschwindigkeit zu „berechnen" und damit die Entfernung bis zu einer Futterquelle zu bestimmen.

Was ist polarisiertes Licht?

Licht hat Wellencharakter. Dies läßt sich mit Hilfe eines Seiles veranschaulichen. Man befestigt dieses z. B. an der Wand und versetzt es in Schwingungen, indem das lose Ende rhythmisch hin- und herbewegt wird. Zu beobachten sind stehende Quer- oder Transversalwellen, die in einer Schwingungsebene über das Seil laufen. Je nach dessen Auslenkung ist es möglich, die Schwingungsebene beliebig zu verändern.
Wellen von unpolarisiertem Licht schwingen gleichzeitig in allen Ebenen, Wellen von polarisiertem Licht nur in einer einzigen. Letztere sind also den oben beschriebenen, einseitig ausgerichteten Seilwellen analog. Polarisiertes Licht wird unter bestimmten Bedingungen von Polarisationsfiltern zurückgehalten. Entsprechendes gilt auch für polarisierte Seilwellen: So können z. B. horizontal schwingende Seilwellen einen Palisadenzaun mit senkrecht befestigten Latten nicht passieren. Der Zaun läßt nur Seilwellen mit vertikaler Schwingungsrichtung hindurch und wirkt dadurch als „Polarisationsfilter".
Blaues Himmelslicht ist weitgehend polarisiert und schwingt je nach Sonnenstand in einer Vorzugsebene besonders stark. Insekten, deren Ommatidien wie zusammengesetzte Polarisationsfilter arbeiten, nehmen deswegen unterschiedliche, vom Sonnenstand abhängige Hell-Dunkel-Muster wahr.

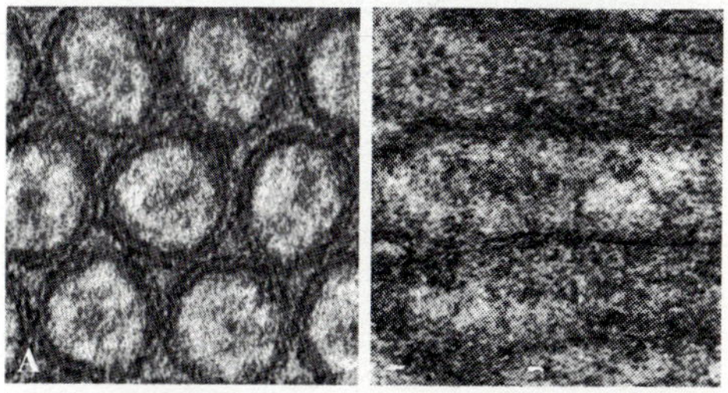

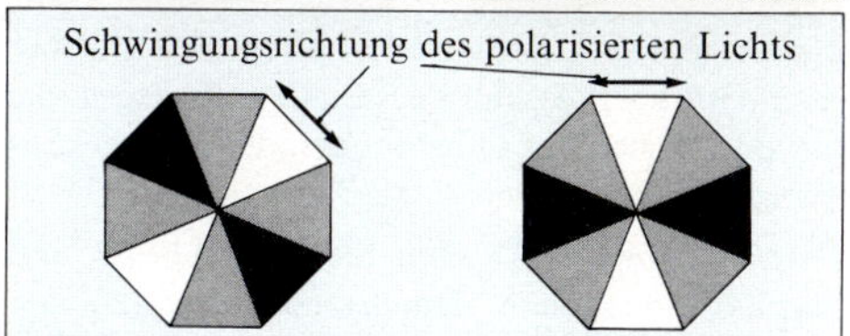

51.1.A Elektronenmikroskopische Aufnahme der Mikrovilli im Quer- und Längsschnitt sowie **B einige Polarisationsmuster, die es der Biene ermöglichen, den Sonnenstand zu bestimmen.**

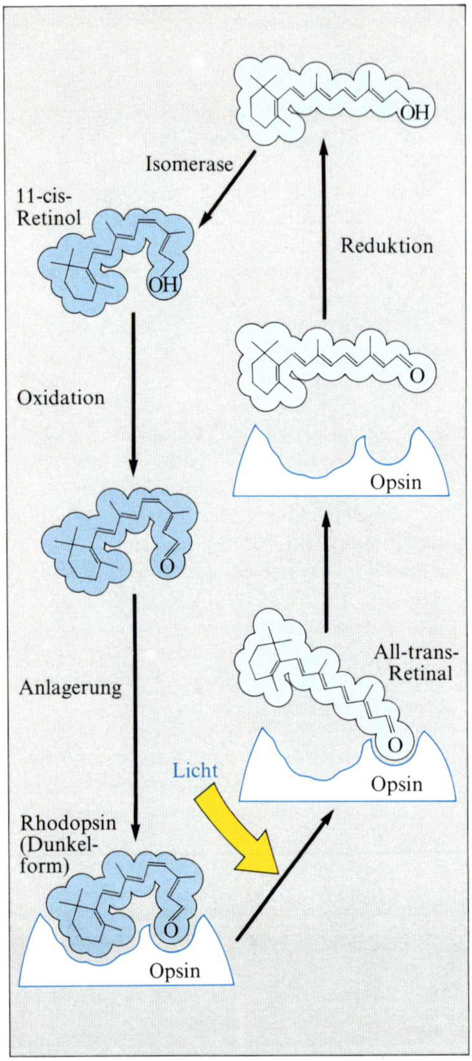

52.1. Zerfall und Regeneration von Rhodopsin

V 52.2. Beobachtungen an phototropen Gläsern

Materialien und Geräte: Beschaffen Sie sich über einen Optiker Ausschußmaterial von Gläsern, die für die Herstellung selbstdunkelnder Sonnenbrillen verwendet werden.

Durchführung: **a)** Decken Sie ein Glas ab und setzen Sie ein anderes dem Sonnenlicht oder einer starken Lichtquelle aus.
b) Belichten Sie auch das bisher abgedeckte Glas.
c) Decken Sie beide Gläser ab.
Beschreiben Sie Ihre Beobachtungen. Inwieweit kann der Versuch Zerfall und Regeneration des Sehpurpurs veranschaulichen? Worin liegt die Schwäche des Modells?

4.2.4. Wirkungsmechanismus der Lichtaufnahme

Setzt man die in einer Dunkelkammer freipräparierte Netzhaut eines Rinderauges dem Tageslicht aus, so ist zu erkennen, daß sie sehr rasch ausbleicht bzw. gelb wird (siehe V 48.1., S. 48f.). Diese Beobachtung läßt den Schluß zu, daß die Sehzellen einen Farbstoff enthalten, der sich bei der Absorption von Licht verändert. Genauere Untersuchungen haben diese Hypothese bestätigt. Der lichtempfindliche Farbstoff befindet sich in den Discs der Sehzellen. Er ist in die Membranen der Discs eingelagert. Man bezeichnet ihn als Sehpurpur oder **Rhodopsin**. Der Farbstoff besteht aus einem Eiweißanteil und einem Aldehyd mit langer Kohlenwasserstoffkette. Beide sind über die Aldehydgruppe locker miteinander verbunden. Die farblose Eiweißkomponente heißt **Opsin,** der farbige Aldehyd **Retinal.** Er entsteht aus Carotin, das als Provitamin A mit der Nahrung aufgenommen wird.

Es gibt jeweils zwei verschiedene Molekülstrukturen von Retinal, sogenannte Stereoisomere. Bei der all-trans-Form ist das Molekül gestreckt, bei der 11-cis-Form ist es zwischen dem 11. und 13. C-Atom abgeknickt (vgl. Abb. 52.1.).

Wird das Auge nicht belichtet, liegt das Retinal in der abgeknickten Dunkelform vor. Diese ist an das Opsin gebunden. Bei Reizung der Sehzellen „streckt sich" das Retinalmolekül und löst sich vom Opsin ab, Rhodopsin zerfällt also. Die dadurch in der Zelle ausgelösten chemischen Prozesse bewirken die Ausbildung eines Rezeptorpotentials in der Sinneszelle.

Nach dem Zerfall des Rhodopsin laufen weitere chemische Vorgänge ab, die zu seiner Wiederherstellung führen: Zunächst wird der Aldehyd zum Alkohol Retinol reduziert. Dann wandelt er sich unter dem Einfluß einer Isomerase in die abgeknickte Form um. Durch Oxidation entsteht hieraus der Aldehyd, der sich schließlich wieder mit dem Opsin verbindet. Der Rhodopsin-Kreislauf ist damit geschlossen. Für die Regeneration des Rhodopsin wird Energie verbraucht.

Während der Sehpurpurzerfall in der unvorstellbar kurzen Zeit von 1 ms abläuft, dauert seine Regeneration bis zu 30 Minuten. Diese Tatsache ist im Straßenverkehr von Bedeutung. So gefährden Autofahrer, die das Licht ihres Wagens nicht abblenden, entgegenkommende Verkehrsteilnehmer. Sie nehmen diesen durch Blendung für eine gefährlich lange Zeit die Sicht. Der plötzliche Zerfall sehr vieler Rhodopsinmoleküle kann durch Resynthese nur allmählich wieder rückgängig gemacht werden.

Mit den bisher beschriebenen chemischen Abläufen sind die ursächlichen Zusammenhänge zwischen dem Sehpurpurzerfall und dem Auftreten von Potentialen keineswegs geklärt. Hier bleiben für die Forschung noch viele Fragen offen. So ist der Zerfall des Rhodopsinmoleküls offensichtlich eng mit dem Ca^{2+}-Haushalt der Zelle verknüpft (vgl. Abb. 53.1.). Man nimmt an, daß bei Belichtung durch den Zerfall des Rhodopsin Ca^{2+}-Ionen aus den Discs der Sehzellen freigesetzt werden und zur Zellmembran diffundieren. Dort verstopfen sie die Na^+-Poren. Während der Dunkelheit sind die Poren dagegen dauernd geöffnet und lassen die Na^+-Ionen ungehindert einströmen. Dieses Modell erklärt, warum das Ruhepotential der Wirbeltiersehzelle mit −20 mV relativ hoch ist. Sind die Na^+-Poren bei Belichtung aber verschlossen, wird der Na^+-Einstrom gestoppt. Daraus folgt eine Vertiefung des Potentials, die man als Hyperpolarisation bezeichnet (vgl. Abb. 53.2.). Die Reaktion ähnelt der des inhibitorischen Neurons. Trotz der Hyperpolarisation reagiert die Synapse am Ende der Zelle mit Transmitterausschüttung, so daß auf dem angeschlossenen Neuron Aktionspotentiale entstehen.

Die Sehzellen der Wirbellosen müssen nach einem anderen Prinzip als die der Wirbeltiere arbeiten. An ihrer Innenseite mißt man nämlich mit −40 mV ein wesentlich niedrigeres Ruhepotential als bei den Wirbeltieren. Außerdem verursacht ein Lichtreiz keine Hyperpolarisation, sondern eine Umkehrung des Membranpotentials wie bei den Nervenzellen. Zwar lassen sich bei Belichtung auch hier der Zerfall von Rhodopsin und eine starke Diffusion von Ca^{2+}-Ionen nachweisen. Diese müssen aber anders als bei den Wirbeltieren eine Öffnung der Na^+-Poren und damit den ungehinderten Zustrom von Na^+-Ionen in das Zellinnere bewirken. Der Rezeptor reagiert auf einen Reiz also mit einer Umkehr des Potentials bzw. mit Depolarisation (vgl. Abb. 53.3.).

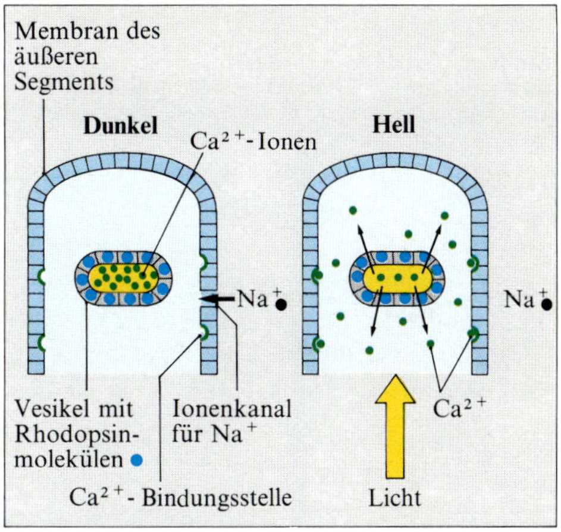

53.1. Modell des Ca^{2+}-Haushalts beim Sehpurpurzerfall

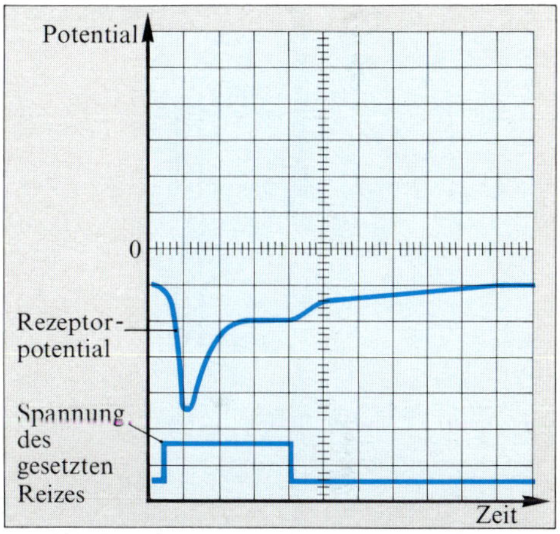

53.2. Rezeptorpotential einer Wirbeltiersehzelle

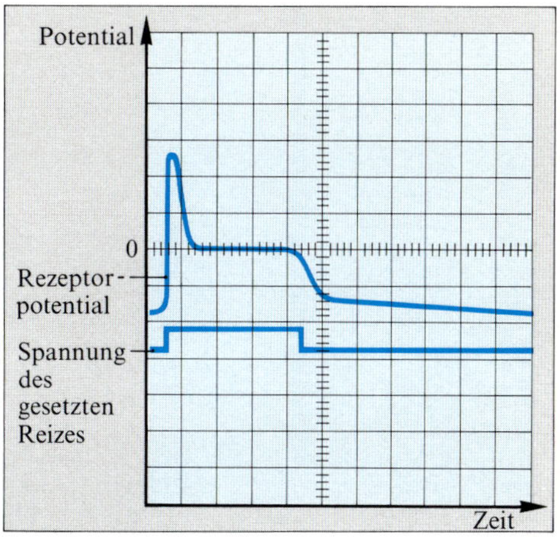

53.3. Rezeptorpotential einer Sehzelle des Pfeilschwanzkrebses

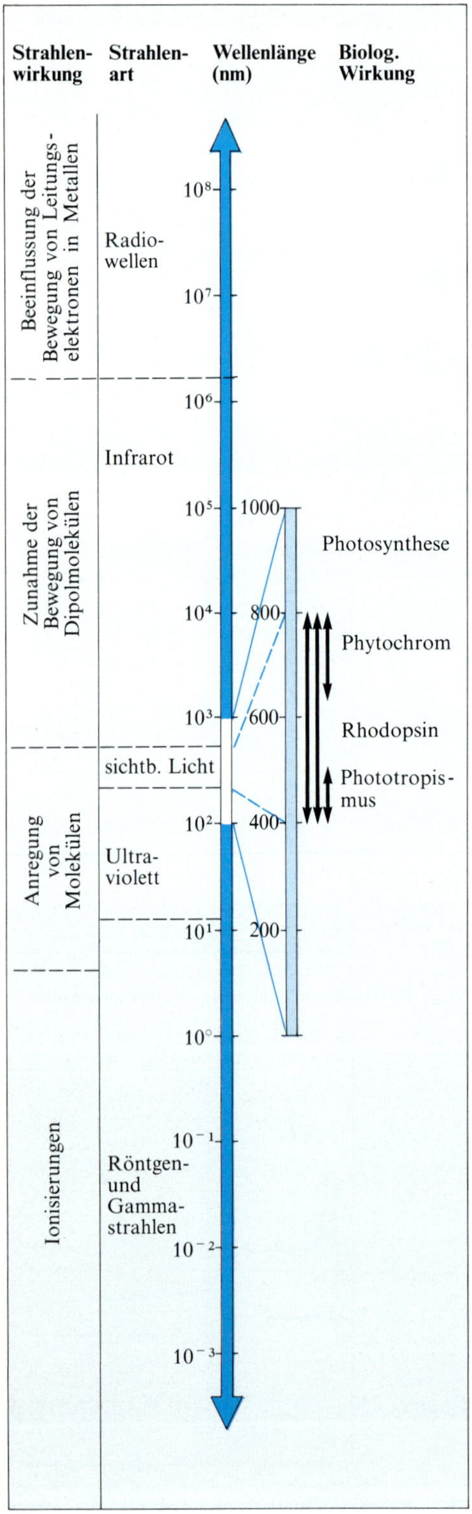

54.1. Das elektromagnetische Spektrum

4.2.5. Was ist Licht und wie wirkt es im Auge?

In Kapitel 4.2.4. wurde ausgeführt, daß das in den Sehzellen enthaltene Rhodopsin bei Belichtung in Opsin und in all-trans-Retinal zerfällt. Diese photochemische Reaktion kommt folgendermaßen zustande: Das an Opsin gebundene 11-cis-Retinal absorbiert die Lichtenergie zunächst in dem Bereich des Moleküls, in dem Einfachbindungen mit Doppelbindungen abwechseln. Man nennt sie konjugierte Doppelbindungen. Durch die Zufuhr von Lichtenergie wird das Rhodopsinmolekül angeregt, und es beginnt stärker zu schwingen. Daraus folgt eine Umlagerung des 11-cis-Retinals in die stabilere all-trans-Form. Die Veränderung der Retinalstruktur macht das Rhodopsinmolekül schließlich instabil, so daß es zerfällt. Außerdem weiß man, daß sich auch die Struktur des Opsins verändert. Vermutlich werden dadurch der Ca^{2+}-Mechanismus und das Rezeptorpotential ausgelöst. Über Einzelheiten dieses Vorgangs ist bisher noch nichts sicher bekannt.

Die Infrarotphotographie, die man z. B. für Aufnahmen bei Nacht verwendet, galt als eine geniale Erfindung des Menschen. Sie nutzt die von den Gegenständen reflektierte Wärmestrahlung aus, durch die ein Spezialfilm belichtet wird. Tatsächlich sind aber auch während der Evolution vereinzelt Sinnesorgane entstanden, die ähnlich wie eine Infrarotkamera auf Wärmestrahlung ansprechen. Solche **Wärmeaugen** findet man bei *Klapperschlangen*. Die Organe sind doppelt vorhanden und liegen jeweils zwischen einem Auge und einem Nasenloch. Jedes von ihnen bildet eine Grube, deren Sinnesepithel etwa 150 000 Rezeptoren je Quadratzentimeter enthält. Verklebt man bei einer Klapperschlange vorübergehend die Augen und schaltet man Gehör sowie chemische Sinne aus, so packt das Tier trotzdem z. B. eine Maus im direkten Zugriff ohne lange Suchbewegungen. Ähnlich verhält sie sich, wenn ihr eine warme Attrappe geboten wird. Fallen zusätzlich auch noch die Wärmeaugen aus, so erscheint das Tier beim Beutefang hilflos. Da die Wärmeaugen wie Scheinwerferspiegel geformt sind, können sie wahrscheinlich eine Art Infrarotbild wahrnehmen.
Ebenso wie Infrarot ist auch **ultraviolettes Licht** für das menschliche Auge unsichtbar. Es gibt aber einige Gliedertiere, z. B. die *Biene* und den *Pfeilschwanzkrebs*, die UV-Licht wahrnehmen. Bei der Biene ist das sichtbare Spektrum zum kurzwelligen Bereich hin verschoben. Daraus resultiert, daß sie andere Blütenfarben als der Mensch sieht.

Wirkung elektromagnetischer Wellen

Wird ein Gegenstand elektromagnetischer Strahlung ausgesetzt, so treten mehr oder weniger starke Wechselwirkungen zwischen Materie und absorbierter Strahlung auf. Die Intensität der Wechselwirkungen hängt von der Energie W der elektromagnetischen Wellen ab. Diese läßt sich durch die Gleichung

$$W = h \cdot f = h \cdot \frac{c}{\lambda}$$

beschreiben. f und λ sind die Frequenz bzw. die Wellenlänge der jeweiligen elektromagnetischen Welle. $h = 6{,}53 \cdot 10^{-34}$ Js ist eine Konstante, die zu Ehren ihres Entdeckers PLANCKsches Wirkungsquantum heißt, und c ist die Lichtgeschwindigkeit. Sie beträgt im Vakuum 300000 km/s. Die Gleichung sagt folgendes aus: Die Energie elektromagnetischer Wellen erreicht um so höhere Werte, je höher deren Frequenz bzw. je kleiner deren Wellenlänge ist.

Das elektromagnetische Spektrum (Abb. 54.1.) umfaßt einen Wellenlängenbereich von 10^{-3} nm bis mehr als 1000 m. Darin macht das sichtbare Licht mit 400 bis 800 nm nur ein sehr schmales Band aus. Angesichts dieser Tatsache stellt sich die Frage, warum ausgerechnet „sichtbares Licht" eine so große Bedeutung für das Sehen erlangt hat. Warum sind im Verlauf der Evolution bei den meisten Tieren nicht auch Rezeptoren für elektromagnetische Strahlung anderer Wellenlängen entstanden?

Elektromagnetische Wellen von mehr als 30 m Länge sind biologisch unwirksam. Ihre Energie reicht lediglich aus, um Elektronen in metallischen Leitern hin und her zu schieben. Man nutzt diesen Effekt für Funk und Fernsehen. Unterhalb dieser Wellenlänge ist ihre Energie aber so hoch, daß sie diese nicht nur auf Elektronen, sondern auch auf Dipolmoleküle wie Wasser übertragen. Kurz-, Ultrakurz- und Mikrowellen bewirken deswegen eine rasche Erwärmung bestrahlten Gewebes. Die Temperaturerhöhung kommt dadurch zustande, daß die im Gewebe reichlich vorhandenen Wassermoleküle in Bewegung versetzt werden und so Wärme entsteht. Mit Zentimeter- bzw. Mikrowellen kann man auf diese Weise einen Temperaturanstieg bis auf 100 °C erzielen.

Auch Infrarot, das den Übergang von den Radiowellen zum sichtbaren Licht vermittelt, erhöht die Bewegungsenergie von Molekülen. Infrarotlampen senden deswegen Wärmestrahlung aus. Sichtbares Licht hat schließlich einen so hohen Energiegehalt, daß es die Außenelektronen von Atomen beeinflußt und photochemische Reaktionen auslöst (vgl. A 55.3.).

Strahlen mit noch kürzerer Wellenlänge, wie Röntgen- und γ-Strahlen, sind so energiereich, daß sie den für die Bildung von Ionen erforderlichen Betrag von 30 bis 60 eV überschreiten. Besonders gefährlich ist es, daß Röntgenstrahlen ihre Energie gleichmäßig an alle Moleküle des bestrahlten Organismus abgeben. So können Biomoleküle, also Eiweiß- und DNA-Moleküle, ebenso ionisiert werden wie Wasser. Die bei Folgereaktionen entstehenden Radikale, wie z. B. ·OH, können erbliche Schäden verursachen und auch Stoffwechselabläufe blockieren. Reagieren zwei ·OH-Radikale miteinander, so entsteht Wasserstoffperoxid. Dieses ist ein schweres Zellgift.

Im gesamten elektromagnetischen Spektrum stellt der Ausschnitt des sichtbaren Lichts einen Grenzbereich dar. Er liegt zwischen den biologisch weitgehend unwirksamen Radiowellen und den kurzwelligen, biologisch schädlichen Röntgen- und γ-Strahlen. Aus diesem Grund ist es verständlich, daß im Verlauf der Evolution weder Rezeptoren für Kurz-, Ultrakurz- und Mikrowellen noch für ionisierende Strahlen entstanden sind. Nur im Grenzbereich des sichtbaren Lichts laufen chemische Reaktionen ab, die wie der Sehpurpurzerfall biologisch wirkungsvoll und trotzdem unschädlich sind.

A 55.1. Informieren Sie sich in einem Physikbuch über die physikalischen Eigenschaften von Licht, Mikrowellen und elektromagnetischen Wellen, die von einem Sender ausgestrahlt werden. Stellen Sie die Eigenschaften in einer Tabelle einander gegenüber.

A 55.2. Beschaffen Sie sich einen Prospekt über Mikrowellenherde und informieren Sie sich über die im Herd ablaufenden Vorgänge.
Warum ist es nicht möglich, Mikrowellen zum Heizen eines Raumes einzusetzen?

A 55.3. Versuchen Sie eine Erklärung dafür zu finden, daß Papier bei Sonneneinstrahlung vergilbt und daß Kunststoffe verderben.
Lesen Sie in einem Chemiebuch über photochemische Vorgänge nach.

V 56.1. Versuche zur Trägheit der Netzhaut und zur Verschmelzungsfrequenz

Materialien und Geräte: Verdunkelbarer Raum, Elektromotor mit stufenlos einstellbarer Drehfrequenz, Stroboskop, Pappscheibe entsprechend Abbildung.

Durchführung: **a)** Befestigen Sie die gemusterte Pappscheibe auf der Achse des Elektromotors und versetzen Sie sie in Rotation. Wählen Sie die Drehfrequenz so, daß Sie das Muster der Scheibe noch vollständig erkennen können.
Verdunkeln Sie den Raum und schalten Sie das Stroboskop ein. Stimmen Sie die Frequenz der Lichtblitze so mit der Drehfrequenz des Motors ab, daß sich das Muster der Pappscheibe nicht mehr dreht. Lichtblitz- und Drehfrequenz des Motors sind jetzt gleich.
Erhöhen Sie anschließend im nicht verdunkelten Raum die Tourenzahl des Motors. Machen Sie möglichst genaue Angaben zu Ihren Beobachtungen.
b) Stellen Sie die Drehfrequenz so ein, daß Sie das Muster des äußeren Scheibenringes gerade nicht mehr erkennen können. Bestimmen Sie, wie unter a) beschrieben, mit Hilfe des Stroboskops die Tourenzahl des Motors.
Ermitteln Sie die Verschmelzungsfrequenz. Gehen Sie dabei von der folgenden Überlegung aus: Die Zeit für einen Umlauf des äußeren Rings beträgt 1/f, ist also gleich dem Kehrwert der Drehfrequenz. Auf einen Umlauf des äußeren Rings entfallen 16 Felder (= 8 Hell-Dunkel-Felder). Die Zeit T ist also durch 16 zu dividieren bzw. die Drehfrequenz mit 16 zu multiplizieren:

$$\frac{T}{16} = \frac{1}{16\,f}.$$

Die Verschmelzungsfrequenz errechnet sich zu 16 f.

4.2.6. Zeitliches und räumliches Auflösungsvermögen

Im Fernsehen werden in Erinnerung an die Zeit, als die Bilder „laufen lernten", ab und zu alte Stummfilme gezeigt. Sie wirken dadurch besonders lustig, daß sich die Filmhelden mehr oder weniger ruckartig fortbewegen. Bei modernen Filmen sind die Bewegungen dagegen fließend. Wie ist diese Beobachtung zu erklären? Ein Film besteht aus vielen Einzelbildern, die im Kino schnell projiziert werden. Da die Netzhaut mit ihren Rezeptoren verhältnismäßig träge reagiert, kann sie von einer bestimmten Frequenz an die Einzelbilder nicht mehr getrennt verarbeiten: Die Bilder verschmelzen und täuschen eine Bewegung vor. Wird diese **Verschmelzungsfrequenz** nur geringfügig unterschritten, tritt das typische Film-Flimmern auf. Ähnliche Wirkungen lassen sich mit einem „Daumenkino" erzielen. Dieses besteht aus einem Zettelblock mit geringfügig abgewandelten Zeichnungen, die einen Bewegungsvorgang darstellen. Je nach dem, wie schnell die Zettel am Daumen vorbeilaufen, erscheinen die Abläufe ruckartig oder fließend.
Die heute gebräuchlichen Filmprojektoren zeigen 24 Bilder in der Sekunde, beim Fernsehen beträgt die Frequenz 25 Bilder/s. Hierbei muß ein Elektronenstrahl auf dem Bildschirm 625 Zeilen in $\frac{1}{25}$ s abtasten. Die Verschmelzungsfrequenz hängt von der jeweiligen Beleuchtungsstärke und damit von der Hell- bzw. Dunkeladaptation der Netzhaut ab. Bei Tageslicht beträgt sie etwa 60, im verdunkelten Raum 20 Bilder pro Sekunde. Geschwindigkeiten unterhalb der Verschmelzungsfrequenz ermöglichen es dem Auge, die Einzelbilder des Films zu erkennen. Man bezeichnet diese Fähigkeit des Auges als **zeitliches Auflösungsvermögen.** Möglichkeiten und Grenzen des zeitlichen Auflösungsvermögens sind im Alltag oft zu beobachten: Schaut man von einem fahrenden Zug auf das Nachbargleis, so verschwimmen die Konturen der Eisenbahnschwellen zu einem einheitlichen Gesamteindruck. Bei vielen Insekten ist das zeitliche Auflösungsvermögen besser entwickelt als beim Menschen. So vermag z. B. eine Biene bis zu 300 Einzelbilder in der Sekunde getrennt zu registrieren.

Beim Erkennen von Strukturen spielt jedoch nicht allein das zeitliche Auflösungsvermögen eine Rolle. So macht man oft die folgende Beobachtung: Kommt einem im Dunkeln aus großer Entfernung ein Auto entgegen, ist zunächst nur ein Licht zu sehen. Es läßt sich also noch nicht entscheiden, ob dieses Licht zu einem Motorrad oder einem Kraftwagen gehört. Erst wenn bei der Annäherung des Fahrzeugs eine bestimmte Entfernung unterschritten wird, kann man eindeutig feststellen, ob zwei oder ein Scheinwerfer leuchten. Der Leistungsfähigkeit des menschlichen Auges sind also durch sein **räumliches Auflösungsvermögen** bzw. seine **Sehschärfe** Grenzen gesetzt. Die Sehschärfe läßt sich mit Hilfe des kleinsten Gesichtswinkels bestimmen, bei dem eine Unterscheidung zweier Punkte eben noch möglich ist. Für das menschliche Auge beträgt dieser Grenzwinkel ungefähr eine Bogenminute (siehe V 57.1.). Dieser Wert kann nicht wesentlich unterschritten werden. Das ergibt sich auch aus folgender Überlegung: Fixiert man zwei dicht nebeneinander liegende Punkte, so entstehen davon Bilder im Gelben Fleck der Netzhaut. Dort, am Ort des schärfsten Sehens, befinden sich ausschließlich Zapfen. Es gibt nun drei Möglichkeiten für die Abbildung der beiden Punkte:

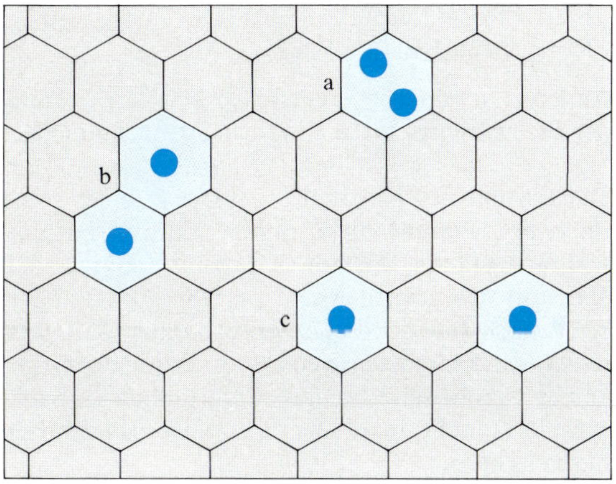

a) Die Bilder der beiden Punkte fallen auf einen einzigen Zapfen.

b) Die Bilder werden auf zwei benachbarte Zapfen projiziert.

c) Die Bilder beider Punkte entstehen auf zwei Zapfen, die durch einen dritten voneinander getrennt sind.

Dem Sehwinkel von einer Bogenminute entspricht ein Abstand der beiden Bildpunkte von 4 bis 5 µm auf der Netzhaut. Von mikroskopischen Untersuchungen ist bekannt, daß der Durchmesser eines Zapfens ungefähr 3 µm beträgt. Daraus ergibt sich: Zwei Punkte sind nur dann getrennt wahrzunehmen, wenn ihre Bilder um mehr als eine Zapfenbreite auseinanderfallen. Mit anderen Worten heißt das: Zwischen zwei gereizten Zapfen liegt ein ungereizter. Das entspricht der Möglichkeit c).

V 57.1. Bestimmung der Sehschärfe

Materialien und Geräte: Weißer Karton, durchsichtiges Klebeband, Bleistift, Lineal mit Millimetereinteilung, Meßlatte oder Bandmaß.

Durchführung: **a)** Tragen Sie auf dem weißen Karton zwei Punkte im Abstand von 1 mm auf. Messen Sie den Abstand sehr genau aus. Befestigen Sie den Karton vorsichtig mit Klebeband an der Wand oder an der Tafel. Bestimmen Sie abwechselnd mit einem Auge die Entfernung, aus der Sie die beiden Punkte eben noch getrennt wahrnehmen können. Berechnen Sie den Abstand c der Bildpunkte auf der Netzhaut und den zugehörigen Gesichtswinkel mit Hilfe mathematischer Beziehungen, die sich aus der folgenden Zeichnung herleiten lassen.

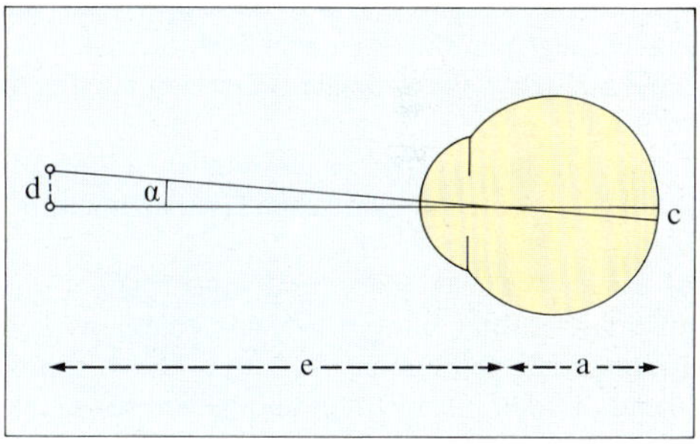

Wegen ähnlicher Dreiecke gilt $\frac{d}{e} = \frac{c}{a}$. Daraus folgt: $c = a \cdot \frac{d}{e}$. Wegen des sehr kleinen Gesichtswinkels α können die Basiswinkel im gleichschenkligen Dreieck annähernd als rechte Winkel angesehen werden, es ist also $d/e = \tan\alpha$. Die den Gesichtswinkel einschließenden Seiten weichen in ihrer Länge nur unerheblich von e ab. Die Differenz ist zu vernachlässigen. Die Entfernung e wird von den beiden Punkten bis zur Pupille des Auges gemessen. Der im Auge liegende Abschnitt Hornhaut–Pupille bleibt ebenfalls unberücksichtigt. Der dadurch entstehende Fehler ist minimal. Bestimmen Sie die Sehschärfe oder den Visus v, indem Sie den Kehrwert des in Bogenminuten angegebenen Sehwinkels α ausrechnen (z. B. $\alpha = 30'' \hat{=} v = 2 \cdot \text{Bogenminuten}^{-1}$).

b) Zeichnen Sie auf dem weißen Karton zwei Geraden, die sich unter spitzem Winkel schneiden. Bestimmen Sie aus einer vorgegebenen Entfernung, z. B. 5 m, ab welcher Stelle Sie das Auseinanderweichen der Geraden wahrnehmen können. Lassen Sie die Stelle durch einen Helfer markieren. Messen Sie den Abstand e aus und führen Sie die Rechnung zur Sehschärfe entsprechend a aus. Vergleichen Sie die Ergebnisse von a und b miteinander.

V 58.1. Versuche zur additiven und subtraktiven Farbmischung

Materialien und Geräte:

a) Für additive Farbmischungen:
Bohrmaschine mit Schleifvorsatz, Kartonpapier in den Farben Rot, Gelb, Grün, Blau, Violett, Weiß und Schwarz, durchsichtiges Klebeband, Schere.

b) Für subtraktive Farbmischungen:
Foliensatz mit den Farben Blau, Gelb und Purpurrot.

Durchführung: **a)** Fertigen Sie aus dem farbigen Kartonpapier zu dem Schleifvorsatz passende Kreisscheiben an. Schneiden Sie jede Scheibe bis zum Mittelpunkt auf, so daß Sie die Kartonpapiere ineinanderstecken können. Sie erhalten dadurch eine Kombination verschiedenfarbiger Sektoren, z.B. Rot mit Gelb. Befestigen Sie die miteinander kombinierten Scheiben durch Klebeband auf dem Schleifvorsatz. Versetzen Sie diesen in Rotation.
Fassen Sie die Ergebnisse aller möglichen Farbmischungen in einer tabellarischen Übersicht zusammen.

b) Legen Sie eine gelbe und eine blaue Folie aufeinander und blicken Sie vor einem weißen Hintergrund hindurch. Verfahren Sie entsprechend mit den purpurroten und gelben sowie mit allen drei Folien. Protokollieren und erläutern Sie Ihre Beobachtungen.

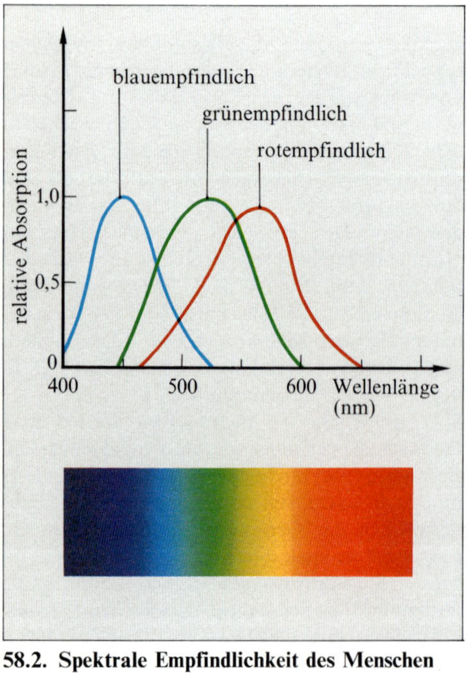

58.2. Spektrale Empfindlichkeit des Menschen

4.2.7. Farbsehen

Betrachtet man das von einem Farbfernseher erzeugte Bild mit einer stark vergrößernden Lupe, so löst sich dieses in Dreiergruppen von roten, grünen und blauen Strichpunkten auf. Ein ähnliches Muster von farbigen Punkten läßt sich beobachten, wenn man einen Farbdruck mit der Lupe untersucht. Anders als beim Farbfernsehbild sind die Punkte jedoch blau, purpurn (Magenta) und gelb.
Das bunte Fernsehbild mit all seinen Farbtönen kommt durch die **additive Mischung** der farbigen Lichter Rot, Grün und Blau zustande (vgl. V 58.1.). Ähnliche Wirkungen lassen sich mit Scheinwerfern auf der Theaterbühne erzielen. Werden rotes, grünes und blaues Licht von jeweils gleicher Beleuchtungsstärke teilweise miteinander zur Deckung gebracht, so erhält man folgende Farbmischungen:

Rot + Grün = Gelb
Blau + Grün = Blaugrün (Türkis)
Blau + Rot = Purpur
Rot + Grün + Blau = Weiß.

Andere Farbeindrücke entstehen bei Verringerung der Beleuchtungsstärke einzelner Farblichtanteile.

Die Farbe eines Kleidungsstücks, z.B. eines roten Pullovers, kommt nicht durch additive Farbmischung zustande. Sie läßt sich damit erklären, daß der Stoff den grünen Anteil des Tageslichts absorbiert und nur den nicht absorbierten Rotanteil reflektiert. Es findet also eine Subtraktion des Grünanteils vom Mischlicht statt. Aufgrund dieses Sachverhalts spricht man hier von einer **subtraktiven Farbmischung.**

Aus der Tatsache, daß man durch Vermischen nur weniger Grundfarben alle möglichen Farbtöne erhalten kann, leitete der Engländer YOUNG schon 1801 eine wichtige Hypothese ab: Er nahm die Existenz dreier Typen von Farbrezeptoren in der Netzhaut an. Sie sollten rot-, grün- und violettempfindlich sein. HELMHOLTZ' Verdienst ist es, daß er diese Hypothese bestätigte und gegen alle Angriffe verteidigte. Heute gilt die **YOUNG-HELMHOLTZsche Dreikomponententheorie** als gesichert. Inzwischen ist es nämlich gelungen, bei Versuchstieren mit Hilfe von Mikroelektroden Rezeptorpotentiale von einzelnen Sehzellen abzuleiten und bei bestimmten Lichtqualitäten zu messen. Nach der Messung spritzt man durch die jeweils verwendete Mikroelektrode mit Hilfe eines schwachen Stromstoßes einen Farbstoff in die Zelle. So markiert, läßt sie sich bei der anschließenden mikroskopischen Untersuchung leicht wiederfinden.

Die Untersuchungsergebnisse beweisen, daß es bei den Wirbeltieren drei Zapfensorten gibt. Ihre Wirkungsmaxima liegen im blauen, grünen und roten Bereich des Spektrums (Abb. 58.2.). Auch das Entstehen negativer **Nachbilder** steht mit dieser Tatsache nicht im Widerspruch. Ein solches Nachbild entsteht z. B. dann, wenn man einen roten Fleck etwa eine Minute lang fixiert und anschließend den Blick auf eine weiße Fläche richtet. Nach sehr kurzer Zeit erscheint ein blaugrünes Nachbild (vgl. auch V 59.1.). Das Beobachtungsergebnis ist leicht zu erklären: Ein Fixieren des roten Flecks beansprucht die rotempfindlichen Zapfen besonders stark. Da die anschließend betrachtete weiße Fläche außer Rot auch Blau und Grün reflektiert, erscheint das Nachbild wegen der weniger erregbaren rotempfindlichen Zapfen blaugrün.

Das Farbsehen ist für den Menschen von größter Bedeutung. **Erbliche Sehschwächen,** z. B. die Rot-Grün-Sehschwäche, können zu ernsthaften Behinderungen führen. Deshalb ist für viele Berufe Farbtüchtigkeit eine wichtige Eingangsvoraussetzung. Sie wird durch Tests mit Farbtafeln überprüft.

V 59.1. **Farbige Nachbilder**

Fixieren Sie etwa eine Minute lang den Mittelpunkt der Abbildung und blicken Sie unmittelbar danach auf ein ungemustertes weißes Papier. Beschreiben Sie Ihren Beobachtungseindruck. Versuchen Sie die beobachtete Erscheinung auf der Grundlage der YOUNG-HELMHOLTZschen Dreikomponententheorie zu erklären.

Führen Sie zur Ergänzung folgenden Versuch durch: Tragen Sie auf einem weißen Kärtchen einen quadratischen Farbfleck auf. Blicken Sie mit einem Auge aus größerer Entfernung (ca. 50 cm) etwa 40 Sekunden lang darauf und führen Sie die Karte anschließend näher an Ihr Auge heran. Schildern Sie Ihre Beobachtungen und stellen Sie einen Bezug zum vorausgegangenen Versuch her.

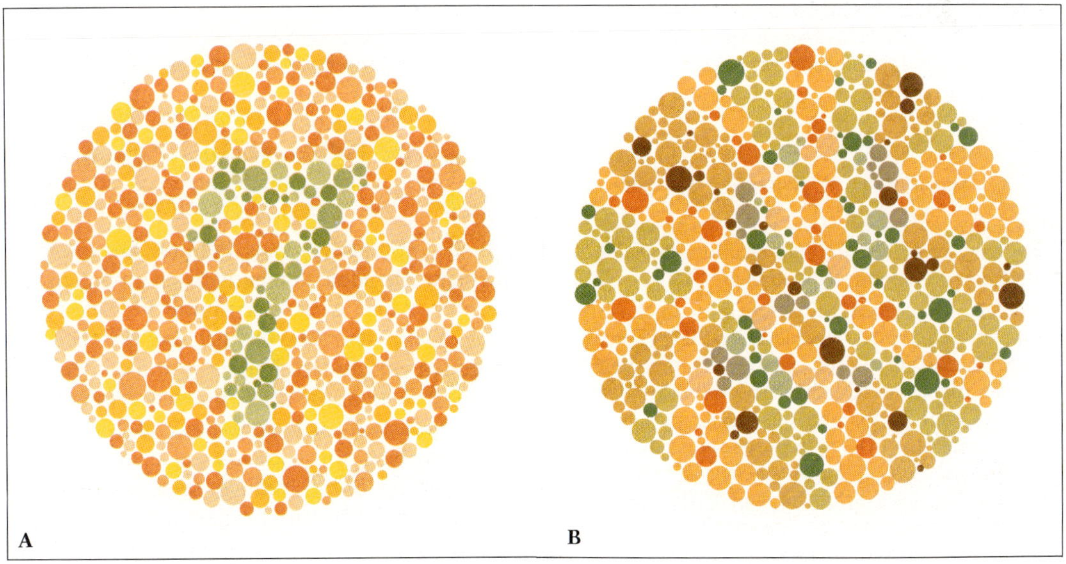

59.2. Farbtafeln zur Überprüfung des Farbsehens: A Ein Normalsichtiger sieht eine Zahl, **B** ein Rot-Grün-Sehschwacher sieht eine Zahl

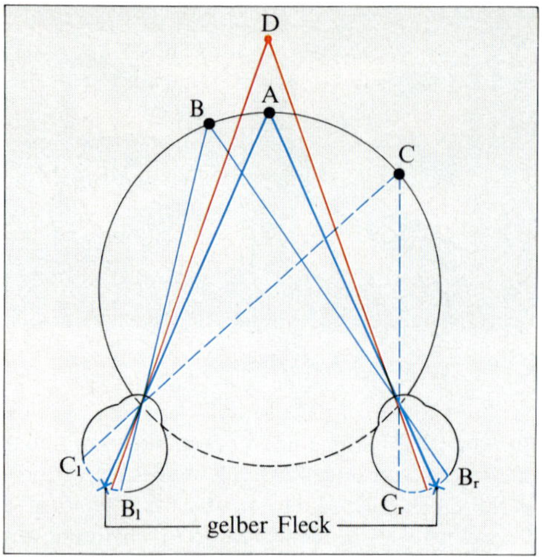

60.1. Der Horopterkreis

V 60.2. Versuche zum Einfach- und Doppelsehen

Materialien und Geräte: Zwei verschiedenfarbige Kreidestücke

Durchführung: **a)** Halten Sie die beiden Kreidestücke im Abstand von etwa 30 cm hintereinander und fixieren Sie mit beiden Augen zunächst das vordere und dann das hintere Stück.
Protokollieren Sie Ihre Beobachtungen.
b) Zeichnen Sie entsprechend Abb. 60.1. auf Millimeterpapier möglichst maßstabgetreu die Horopterkreise zu den beiden Teilversuchen der Aufgabe a). Erklären Sie anhand der Zeichnungen, warum Sie die Gegenstände einmal einfach und einmal doppelt sehen.

V 60.3. Versuche zum Wettstreit der Sehfelder

Materialien und Geräte: Zwei verschieden schraffierte bzw. verschiedenfarbige Quadrate mit der Seitenlänge a = 2,5 cm, Pappstreifen (14 × 12 cm)

Durchführung: Kleben Sie die Quadrate in einem Abstand von 1,5 cm auf einem weißen Blatt Papier nebeneinander auf. Halten Sie den Pappstreifen zwischen die beiden Quadrate, während Sie das linke mit dem linken und das rechte mit dem rechten Auge aus etwa 15 cm Entfernung betrachten.
Wie verändern sich Schraffur und Farbe, wenn sich die beiden Quadrate bei längerer Betrachtung scheinbar übereinanderschieben?
Fertigen Sie eine Skizze an, und versuchen Sie das Beobachtungsergebnis zu erklären.

4.2.8. Räumliches Sehen

Der Versuch, einen Faden in das Öhr einer Nähnadel einzufädeln, mißlingt meist, wenn man dabei ein Auge schließt. Ähnlich schwierig ist es, bei einäugiger Betrachtung einen Füllfederhalter in seine Hülle zu stecken. Bei beidäugigem Sehen treten die beobachteten Fehlleistungen sehr viel seltener auf. Was ist die Ursache dafür? Hält man die Hülle wenige Zentimeter vor den Füllfederhalter und fixiert beide Gegenstände einmal mit dem linken und einmal mit dem rechten Auge, so scheinen sie sich vor ihrem Hintergrund zu verschieben. Tatsächlich entstehen zwei verschiedene Netzhautbilder, die bei beidäugigem Sehen zu einem räumlichen Gesamteindruck verschmelzen.
Es ist jedoch nicht selbstverständlich, daß das menschliche „Doppelauge" wie ein einheitliches Sinnesorgan arbeitet: V 60.2. zeigt, daß man fixierte Gegenstände einfach und nicht fixierte doppelt sieht. Die unterschiedlichen Beobachtungsergebnisse lassen sich mit Hilfe des sogenannten **Horopterkreises** erklären, der in Abb. 60.1. wiedergegeben ist. Die Gegenstandspunkte A, B, C liegen auf diesem Kreis. Weiterhin geht er durch die Punkte, in denen sich die zum jeweiligen Auge führenden Strahlen kreuzen. Die Zeichnung veranschaulicht außerdem, an welchen Netzhautstellen A, B, C und der nicht in den Horopterkreis einbezogene Gegenstandspunkt D abgebildet werden. Die zu A gehörenden Bildpunkte befinden sich in den Gelben Flecken beider Augen. Die Projektionen von B und C liegen in jeweils gleichem Abstand rechts bzw. links neben den Gelben Flecken (B_r und B_l bzw. C_r und C_l). Die Punkte B und C werden also auf einander entsprechenden Netzhautstellen abgebildet. Im Gegensatz dazu befinden sich die Projektionen des Punktes D auf verschiedenen, einander nicht entsprechenden Netzhautorten.

Durch die Abbildung eines Punktes auf einander nicht entsprechenden Netzhautstellen im linken und im rechten Auge wird das räumliche Sehen erst möglich. Das Gehirn verrechnet die zwischen den Bildpunkten vorhandene Differenz und schließt daraus auf unterschiedliche Entfernungen zwischen dem fixierten und einem nicht fixierten Punkt. Während man also A, B, C sowie andere auf dem Horopterkreis liegende Punkte einfach sieht, erscheint D doppelt. Glücklicherweise dringen nicht alle auf der Netzhaut abgebildeten Gegenstände gleich tief in das Bewußtsein ein. Deswegen sieht man Punkte, die vom Horopterkreis weiter entfernt sind, auch nur dann doppelt, wenn man gleichzeitig die Aufmerksamkeit darauf richtet (vgl. auch V 60.2.). Meist werden sie gar nicht wahrgenommen.

Auch mit einem Auge ist es bis zu einem gewissen Grade möglich, sich räumlich zu orientieren. Für eine solche – auf Erfahrung beruhende – Tiefenwahrnehmung gibt es mehrere Gründe:

1. Sind die Abmessungen eines Gegenstandes, z. B. eines Autos, bekannt, dann läßt sich aus der Größe des wahrgenommenen Bildes auf die tatsächliche Entfernung des Gegenstands schließen.
2. Perspektivische Verkürzungen, wie sie z. B. bei einer geraden Autobahnstrecke zu beobachten sind, helfen beim Abschätzen von Entfernungen.
3. Ein teilweise verdeckter Gegenstand ist erfahrungsgemäß vom Betrachter weiter entfernt als die ihn verdeckenden Objekte.
4. Beim Betrachten einer Landschaft verschwimmen die Umrisse von Häusern und Bäumen im Dunst um so mehr, je weiter sie entfernt sind.
5. Aus der Verteilung von Licht und Schatten läßt sich auf die Gestalt eines Gegenstands schließen.

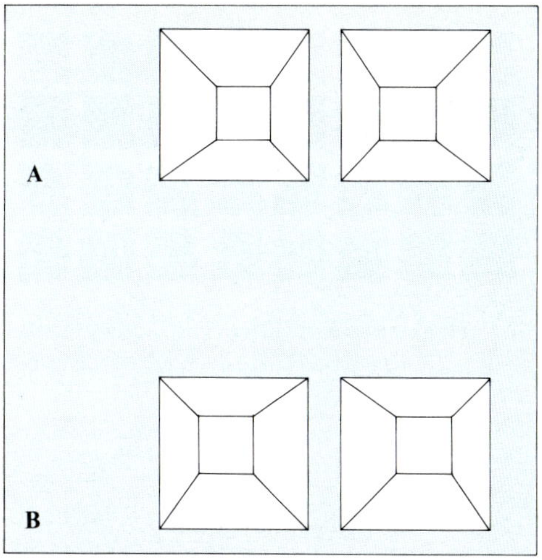

61.1. Perspektivische Zeichnungen eines Körpers

V 61.2. Versuche zum räumlichen Sehen

Decken Sie in Abb. 61.1. zunächst Zeile B, dann Zeile A ab. Betrachten Sie die nicht abgedeckten Zeichnungen – die linke mit dem linken, die rechte mit dem rechten Auge –, indem Sie einen Pappstreifen (20 × 20 cm) dazwischen halten. Bringen Sie beide Bilder zur Deckung. Beobachten Sie fünf Minuten lang und beschreiben Sie Ihren Eindruck. Verfahren Sie bei Abb. 61.3. ebenso.

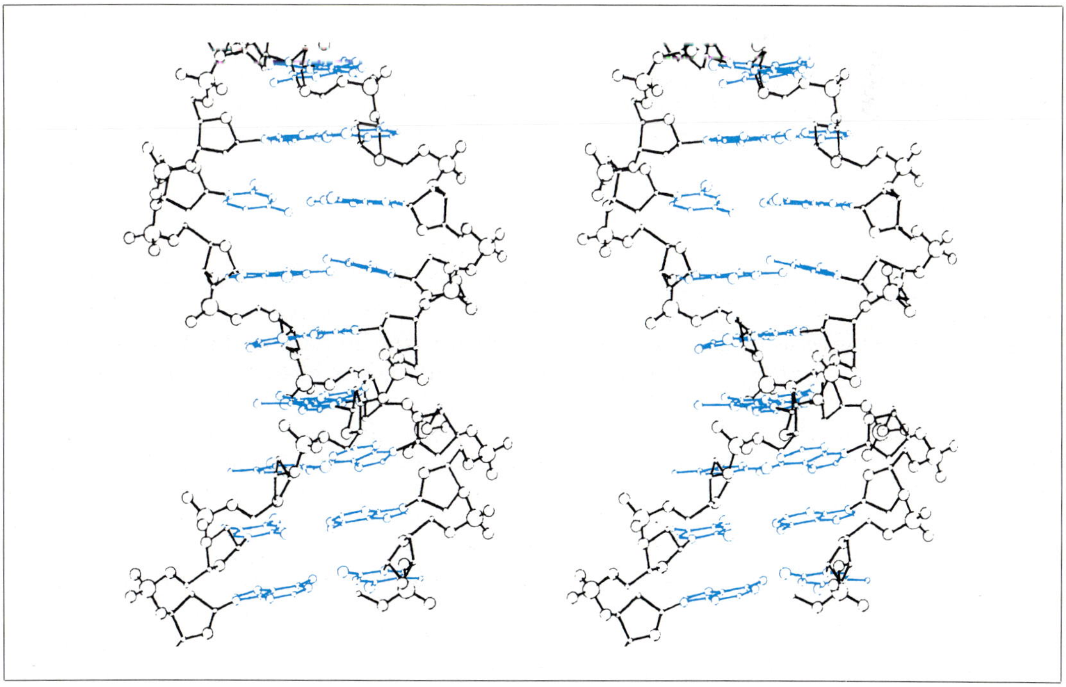

61.3. Bilder, die bei beidäugiger Betrachtung das DNS-Modell plastisch wiedergeben

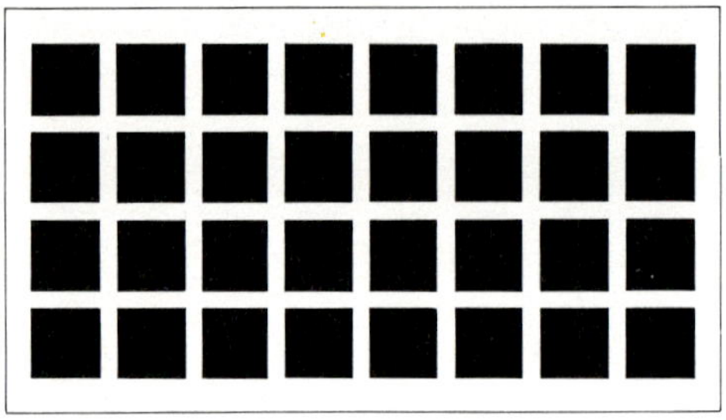

62.1. HERMANNsches Gitter. Die grauen Flecken an den Kreuzungspunkten entstehen durch laterale Inhibition.

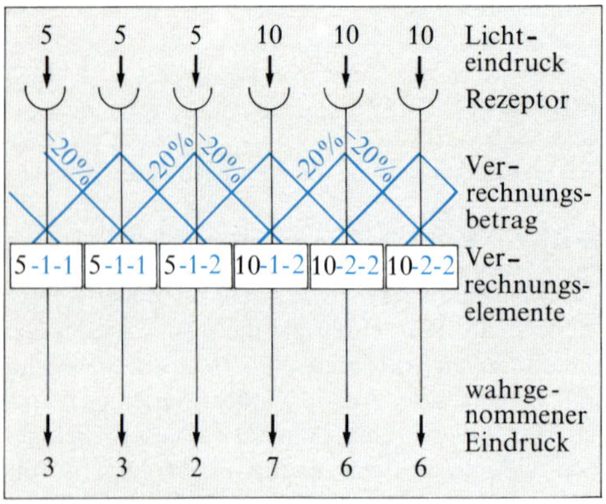

62.2. Schaltbild-Modell der lateralen Inhibition. Das Zahlenbeispiel symbolisiert eine Schwarz-Weiß-Helligkeitsgrenze und den durch die Verrechnung entstehenden Sinneseindruck.

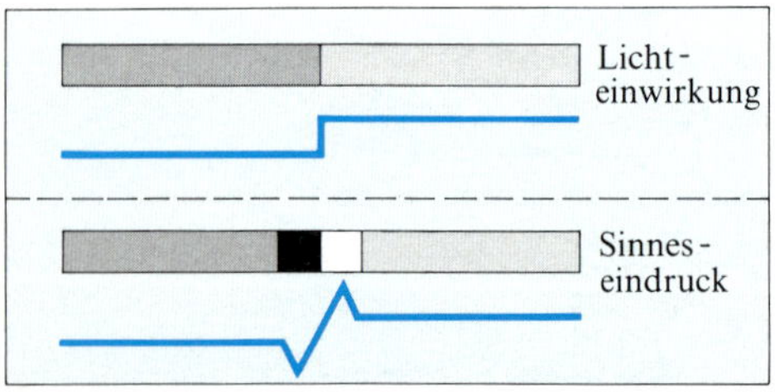

62.3 Graphische Darstellung des Beispiels 62.2.

5	5	5	5	5	10	5	5	5	5
3	3	3	3	2	8	2	3	3	3
5	5	5	5	10	10	5	5	5	5
3	3	3	2	7	7	2	3	3	3
5	5	5	5	10	10	10	5	5	5
3	3	3	2	7	6	7	2	3	3
5	5	5	10	10	10	10	5	5	5
3	3	2	7	6	6	7	2	3	3

A 62.4. Stellen Sie die vorgegebenen Zahlenbeispiele graphisch dar.
Welche Beziehungen lassen sich zum HERMANNschen Gitter herstellen?

4.2.9. Verarbeitung optischer Informationen

Im Vergleich mit optischen Präzisionsinstrumenten wie dem Photoapparat schneidet das Säugetierauge sehr schlecht ab: Linien werden verzerrt, und Farbfehler treten auf. Trotzdem nimmt der Mensch von allen diesen Unvollkommenheiten nichts wahr, sondern er erhält – gesunde Augen vorausgesetzt – in der Regel ein richtiges Bild von seiner Umgebung. Selbst der Versuch, durch eine Umkehrbrille künstlich eine „verkehrte Welt" zu schaffen, gelingt nur vorübergehend. Nach einigen Tagen wird die falsche Information vom Gehirn korrigiert.

Der Ort, an dem die Verarbeitung optischer Informationen erfolgt, wurde durch Gehirnoperationen bekannt. So berichteten Patienten, bei denen man bestimmte Bereiche des Großhirns reizte, von scheinbar auftretenden Lichtblitzen. Im Tierversuch ließ sich nachweisen, daß immer die selben Neuronen des Gehirns Aktionspotentiale feuern, wenn ein Objekt in bestimmter Richtung durch das Gesichtsfeld bewegt wird. Wie man heute sicher weiß, gelangen optische Informationen über den Sehnerv in einen Bereich des Großhirns, der etwa im Hinterkopf liegt. Der Sehnerv tritt an der Unterseite des Großhirns ein und erfährt an dieser Stelle eine teilweise Überkreuzung zur anderen Seite hin.

Über die Art der Verarbeitung von Informationen im Gehirn ist bisher kaum etwas bekannt. Selbst die in „einfachen" Neuronen ablaufenden Vorgänge sind so komplex, daß sie experimentellen Untersuchungen nicht immer direkt zugänglich sind. So läßt sich z.B. eine scheinbar so einfache Frage wie die folgende nicht unmittelbar beantworten: Warum sieht der Leser dieser Zeilen die einzelnen Buchstaben des Schriftsatzes schärfer, als es dem Kontrast zwischen der Druckerschwärze und dem Papier entspricht? Eine Lösung dieses Problems ist nur mit Hilfe der Black-Box-Methode möglich, die von der Kybernetik entwickelt wurde. Mit dieser Methode versucht man, die bei einer Beobachtung in den Neuronen ablaufende Informationsverarbeitung sowie mögliche Wechselwirkungen über Denkmodelle zu beschreiben. Obwohl zwischen Abb. 62.1. und der aufgeworfenen Frage offensichtlich kein Zusammenhang besteht, liefert das dargestellte Hermannsche Gitter doch einen brauchbaren theoretischen Ansatz zur Lösung des Problems. Fixiert man in dem Raster der Abb. 62.1. eine weiße Kreuzung, so erscheinen im Bereich aller anderen Kreuzungen graue Flecken, während die fixierte Stelle weiß bleibt. Die Flecken lassen sich durch das in Abb. 62.2. skizzierte Denkmodell erklären. Es geht davon aus, daß mehrere Rezeptoren von Licht mit einer Schwarz-Weiß-Helligkeitsgrenze gereizt werden. Die in der ersten Zeile genannten Zahlen sollen ein Maß für die Beleuchtungsstärke sein. Danach trifft auf die ersten drei Rezeptoren verhältnismäßig schwaches, auf die anderen drei doppelt so starkes Licht. Die zu den Verrechnungselementen führenden Verbindungslinien sollen die Verschaltung mit dem nachgeordneten Neuron sowie mit den benachbarten Nervenzellen veranschaulichen. Das Denkmodell geht davon aus, daß die von den Nachbarrezeptoren aufgenommenen Informationen durch Subtraktion verrechnet werden. Der Subtraktion entspricht eine Hemmung des wahrgenommenen Lichteindrucks. Man bezeichnet eine derartige Verrechnung als seitliche Hemmung oder als **laterale Inhibition.** Das Ergebnis des Denkmodells ist in Abb. 62.3. graphisch dargestellt. Ein Vergleich des Schaltbildes der lateralen Inhibition mit mikroskopischen Schnittten der Netzhaut zeigt auffällige Ähnlichkeiten. Man kann deshalb vermuten, daß die laterale Inhibition schon in der Netzhaut erfolgt.

Natürlich sind die Verschaltungen in der Black Box Netzhaut sehr viel zahlreicher als in jedem noch so ausgeklügelten Modell. Trotzdem läßt sich anhand der Zahlenbeispiele auf Seite 62 „zeigen", daß die an den nicht fixierten Kreuzungen beobachteten Schatten rechnerisch „nachweisbar" sind. An der fixierten Kreuzung darf kein Schatten auftreten, weil im Gelben Fleck Querverschaltungen zwischen Rezeptoren weitgehend fehlen. Die Ergebnisse von Beobachtung und Modell stimmen also ebenfalls auffällig überein.
Mit der lateralen Inhibition läßt sich schließlich auch erklären, daß die Buchstaben eines gedruckten Textes kontrastreicher erscheinen, als sie es wirklich sind. Der Leser sieht die Helligkeitswerte an der Hell-Dunkel-Grenze nicht objektiv. Legt er das in Abb. 62.2. beschriebene Modell zugrunde, so muß er die dunklen Buchstaben sozusagen schwärzer als schwarz und die weißen Zwischenräume weißer als weiß wahrnehmen.

Ein Beispiel dafür, wie im Gehirn Informationen verarbeitet werden, gibt V 63.2.: Wird der Augapfel passiv aus der Ruhelage gebracht, so scheinen sich die Gegenstände der Umgebung zu bewegen. Das ist nicht der Fall, wenn man den Augapfel bei sonst ruhig gehaltenem Kopf bewußt bewegt.

A 63.1. Konstruieren Sie Modelle ähnlich dem der lateralen Inhibition, bei denen die Verrechnung nicht durch Subtraktion, sondern durch Anwendung der restlichen Grundrechenarten – Addition, Division und Multiplikation – erfolgt. Welche Sinneseindrücke würden sich ergeben, wenn diese Modelle der Wirklichkeit entsprächen?

V 63.2. Halten Sie ein Auge zu und verschieben Sie den Augapfel des anderen durch vorsichtiges Ziehen am oberen Augenlid.
Beschreiben Sie den beobachteten Scheineindruck.

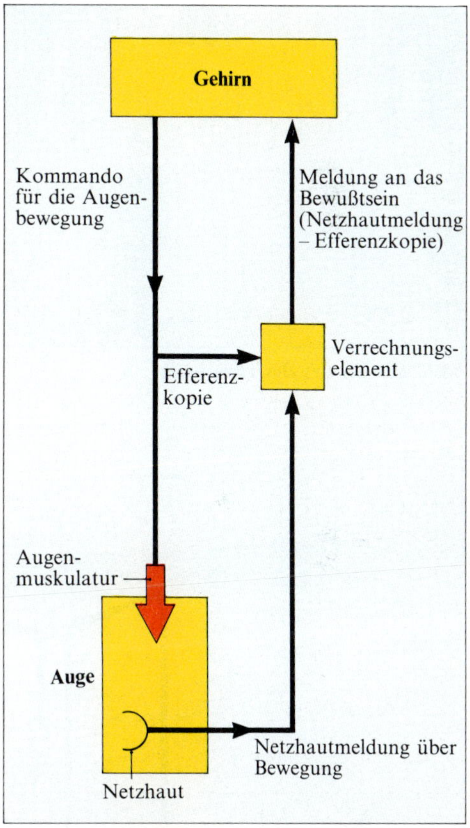

63.3. Blockschaltbild zur Erklärung des Scheineindrucks in Versuch 63.2.
Erfolgt die Bewegung des Augapfels bewußt, so wird eine Information über die Betätigung des entsprechenden Muskels als sogenannte **Efferenzkopie** an die verrechnende Stelle im Gehirn weitergegeben. Diese zieht sie von Bewegungsmeldungen der Netzhaut ab. Beim Beobachter entsteht deswegen der Eindruck einer ruhenden Umgebung. Wird der Augapfel aber durch Ziehen am Augenlid aus der Ruhelage gebracht, so fehlt eine Efferenzkopie, und man nimmt Scheinbewegungen wahr.

64.1. Perspektivische Täuschung

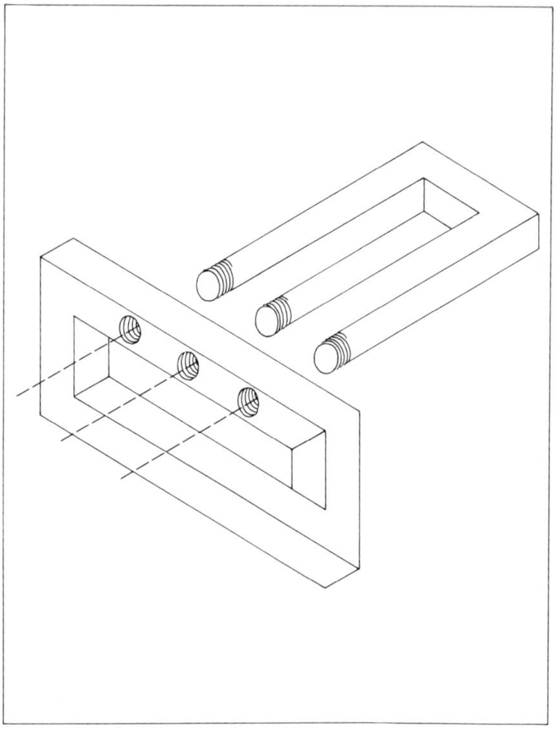

64.3. Inhaltliche Täuschung

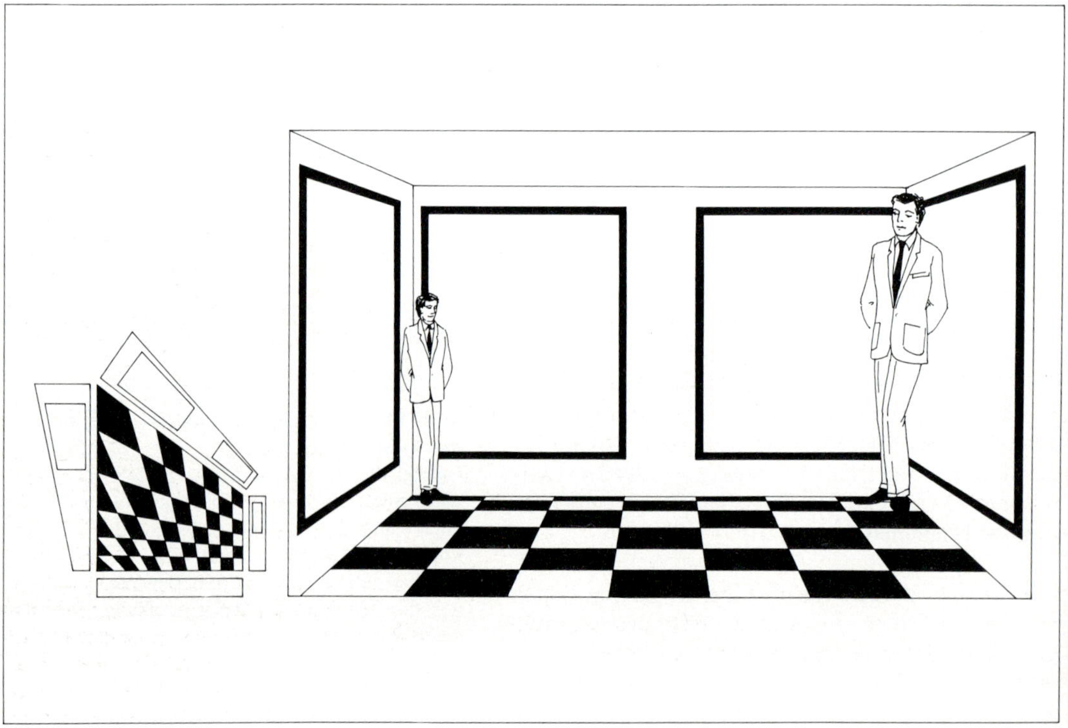

64.2. Verzerrter Raum

Beim Betrachten von Abb. 64.1. hat man den Eindruck, als ob die Silhouette des Mannes in der Bildmitte größer ist als die Figur im Vordergrund. Tatsächlich ist das nicht so. Die Messung ergibt, daß beide Gestalten gleich groß sind. Dementsprechend müssen auch die Netzhautbilder gleich groß sein. Daß man trotzdem einer **optischen Täuschung** erliegt, ergibt sich aus der Art und Weise, in der das Gehirn die Netzhautmeldung verarbeitet. Hierbei fließen Erfahrungswerte mit ein. Von der dreidimensionalen Umwelt entsteht auf der Netzhaut ein flächiges Bild: Gegenstände aus dem Vordergrund werden groß, aus dem Hintergrund klein abgebildet. Die in Abb. 64.1. wiedergegebene Straße erscheint deswegen in der zweidimensionalen Darstellung des Zeichners fast als Dreieck: Die an der unteren Bildkante liegende Grundseite des Dreiecks soll auf den Anfang der Straße, die Dreieckspitze auf ihr Einmünden in den Horizont hinweisen. Da der Künstler die in der Bildmitte skizzierte Person nicht kleiner gezeichnet hat, verursacht er beim Betrachter bewußt eine **perspektivische Täuschung.**

Abb. 64.2. erscheint als Projektion auf der Netzhaut in richtiger perspektivischer Darstellung. Man hat den Eindruck eines rechteckigen Raumes. Gegenüber der Person rechts erscheint der auf der linken Seite abgebildete Mann als Zwerg. Vom Standort des Beobachters aus gesehen gibt es keinen Erfahrungswert, der gegen diese Deutung der Netzhautmeldung spricht. Erst nach Verlassen des bisherigen Standorts erhält man neue optische Informationen, die im Gehirn verarbeitet werden. Dieses führt zur Korrektur des falschen Eindrucks: Tatsächlich ist der auf der Netzhaut perspektivisch scheinbar richtig abgebildete Raum verzerrt. In Wirklichkeit entsprechen seine Abmessungen dem in Abb. 64.2. gezeichneten Grundriß. Die als „Zwerg" gesehene Person ist vom Beobachter doppelt so weit entfernt wie der als „Riese" gedeutete Mann.

Im Gegensatz zu den bisher besprochenen Abbildungen handelt es sich bei Abb. 64.3. um eine **inhaltliche Täuschung.** Nur beim ersten, oberflächlichen Hinsehen hat man den Eindruck, daß die drei miteinander verbundenen Gewinde in die Löcher des Rahmens passen. Versucht man aber die Konstruktion nachzuvollziehen, so entdeckt man, daß es die gezeichneten Gegenstände nicht geben kann. Linien, die anfangs räumliche Strukturen darstellen, erhalten sowohl beim Rahmen als auch bei den Gewinden plötzlich eine andere Bedeutung. Sie werden sozusagen „umfunktioniert" und führen den Betrachter irre.

Pulfrichsches Pendel

Befestigen Sie eine weiß lackierte Holzkugel (∅ 2 cm) an zwei dünnen Fäden von etwa 60 cm Länge (Abb. A) und lassen Sie sie hin- und herschwingen. Beobachten Sie das Pendel entsprechend Abb. B beidäugig. Halten Sie vor das eine Auge ein Graufilter, z. B. einen grau getönten Film. Sie nehmen dann folgendes wahr:

1. Die Kugel scheint auf einer elliptischen Bahn zu schwingen.
2. Die Kugel scheint ihre Größe während des Schwingungsvorgangs fortlaufend zu verändern.

In beiden Fällen handelt es sich um optische Täuschungen.

Die erste Beobachtung läßt sich mit der Verlängerung der Empfindungszeit des schattierten gegenüber dem ohne Graufilter blickenden Auges erklären. Beide Augen nehmen die Kugel deswegen nicht zur gleichen Zeit an dem selben Ort, sondern an verschiedenen Stellen der Schwingungsebene wahr. Dadurch entsteht der Eindruck, als ob die Kugel eine elliptische Bahn einschlägt. Die zweite Beobachtung, die scheinbare Veränderung der Kugelgröße, ist dann folgerichtig als perspektivische Täuschung zu deuten: Die Kugel gelangt auf ihrer scheinbar elliptischen Bahn einmal nach „vorne" und einmal nach „hinten", das Netzhautbild bleibt aber gleich groß. Sie müssen deswegen annehmen, daß die Kugel entsprechend Abb. 64.1. im „Hintergrund" größer ist als im „Vordergrund".

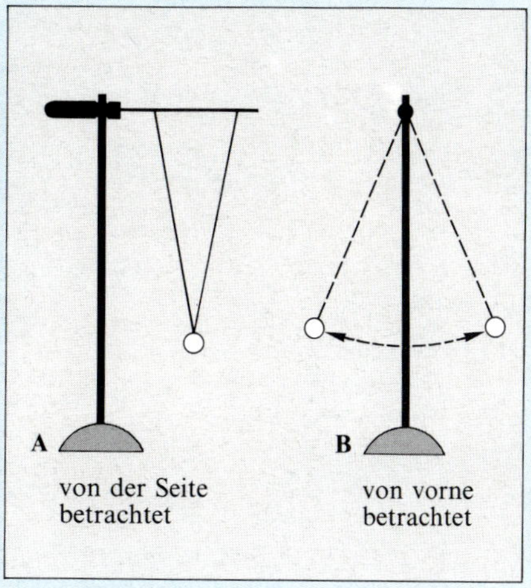

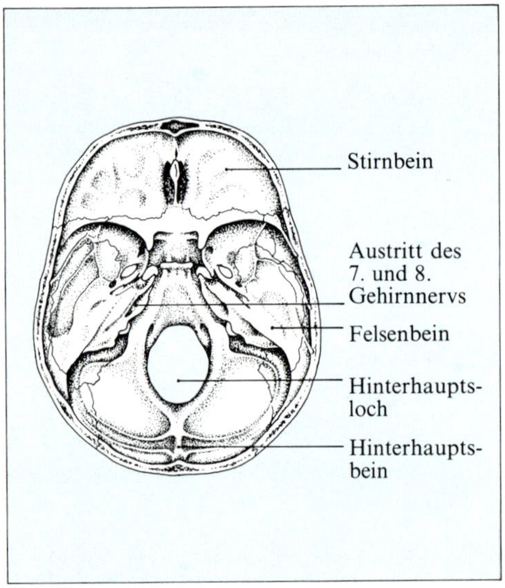

66.1. Schädelbau und Lage des Felsenbeins. Das Felsenbein liegt in der Schädelbasis zwischen der mittleren und hinteren Schädelgrube.

A 66.2. Verschaffen Sie sich anhand eines Ohrmodells einen Überblick über den Aufbau des menschlichen Ohrs und insbesondere über die Lage und Anordnung der Gehörknöchelchen.

4.3. Sinnesorgane des Ohrs

4.3.1. Bau des menschlichen Ohrs

Das menschliche Hörorgan kann etwa 1500 Töne und 200 verschiedene Lautstärkestufen unterscheiden, insgesamt also 300000 Schalleindrücke verarbeiten. Damit ist es das leistungsfähigste Sinnesorgan des Menschen. Es befindet sich im Ohr, das aus drei Abschnitten besteht: dem **äußeren Ohr,** dem **Mittelohr** und dem **inneren Ohr** (Abb. 66.3.). Das äußere Ohr stellt die Verbindung zur „Außenwelt" her und ist einfach gebaut. Seine Bestandteile sind die **Ohrmuschel** und der **äußere Gehörgang.** Er reicht bis zum **Trommelfell,** einer silberfarbenen elastischen Membran. Unmittelbar daran schließt sich das Mittelohr mit der Paukenhöhle und den **Gehörknöchelchen** an. Diese sind miteinander gelenkig verbunden und heißen Hammer, Amboß und Steigbügel. Der Hammer ist mit dem Trommelfell verwachsen, der Steigbügel grenzt über das **ovale Fenster** an das Innenohr. Äußeres Ohr und Mittelohr enthalten Luft. Ein ebenfalls mit Luft gefüllter Gang, die **Eustachische Röhre,** führt vom Mittelohr zum Rachenraum. Das Innenohr ist in das Felsenbein einge-

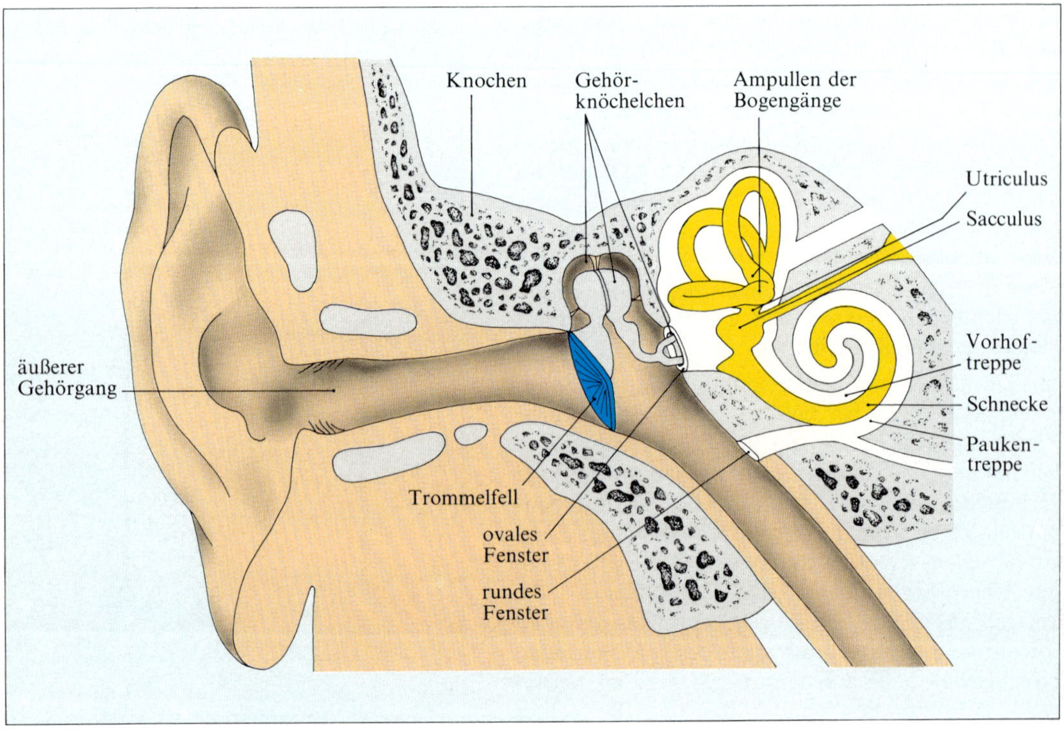

66.3. Längsschnitt durch das äußere, mittlere und innere Ohr

bettet (vgl. Abb. 66.1.) und mit Flüssigkeit gefüllt. Die Hohlräume des Innenohrs enthalten das sogenannte obere Bläschen (Utriculus) mit den Bogengängen (Labyrinth), das untere Bläschen (Sacculus) und die **Schnecke** (Cochlea). Für das Gehör ist nur die Schnecke von Bedeutung, die anderen Teile dienen dem Gleichgewichtssinn (vgl. S. 75f.).

Die Schnecke besteht im Prinzip aus einer beidseitig verschlossenen Röhre von etwa 3 cm Länge (Abb. 67.1.). Weil sie wie ein Schneckenhaus aufgerollt ist, nimmt sie im inneren Ohr nur sehr wenig Platz in Anspruch. Der **Schneckengang** durchzieht die Röhre fast der ganzen Länge nach. Die am Ende verbleibende Aussparung ist das **Schneckenloch** (Helicotrema). Durch den Schneckengang wird die Röhre in zwei Abschnitte untergliedert. Die obere heißt **Vorhoftreppe** (Scala vestibuli), die untere **Paukentreppe** (Scala tympani). Beide Abschnitte stehen durch das Schneckenloch miteinander in Verbindung. Gegenüber dem Mittelohr ist die Vorhoftreppe durch das ovale Fenster, die Paukenhöhle durch das **runde Fenster** abgegrenzt.

Der „Boden" des Schneckengangs wird von der etwas kräftigeren **Basilarmembran** gebildet. Sie hat ihre geringste Breite in der Nähe des ovalen Fensters und wird zur Schneckenspitze hin breiter und dehnbarer. Die „Decke" des Schneckengangs besteht aus einem dünnen Häutchen, der sogenannten **Reißnerschen Membran.** An der Stelle, wo beide Membranen unter spitzem Winkel zusammenlaufen, entspringt die Deckmembran. Sie berührt die haarartigen Fortsätze von Sinneszellen, die zusammen mit Stützzellen in eine wulstförmige Verdickung der Basilarmembran eingelagert sind (Abb. 67.2. und 67.3.). Nach ihrem Entdecker bezeichnet man die Verdickung als **Cortisches Organ.** Es durchzieht den gesamten Schneckengang.

Die Strukturen von äußerem, mittlerem und innerem Ohr sind auf ganz bestimmte Funktionen abgestimmt. Während das Außenohr für die Schallaufnahme zuständig ist, erfolgen Verstärkung und Weiterleitung des Schalls zum Innenohr über die Gehörknöchelchen des Mittelohrs. Das Innenohr hat schließlich die Aufgabe, auf den Schall mit Aktionspotentialen zu reagieren.

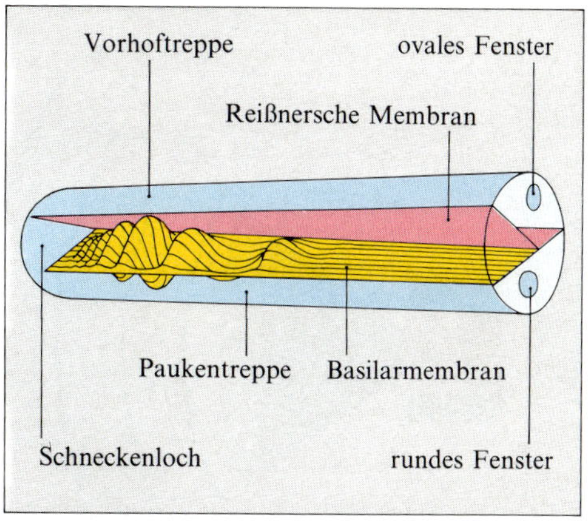

67.1. Vereinfachtes Modell der im Innenohr gelegenen Schnecke

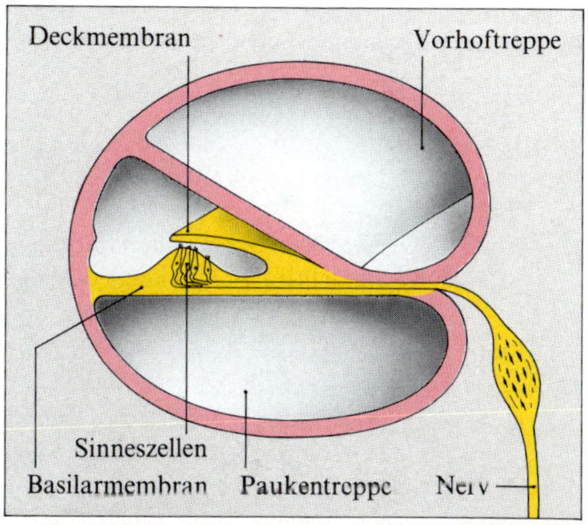

67.2. Querschnitt durch die Schnecke (schematisch). Der Wulst in der Basilarmembran, das Cortische Organ, enthält die Rezeptoren. Diese stoßen mit ihren haarartigen Fortsätzen an die Deckmembran.

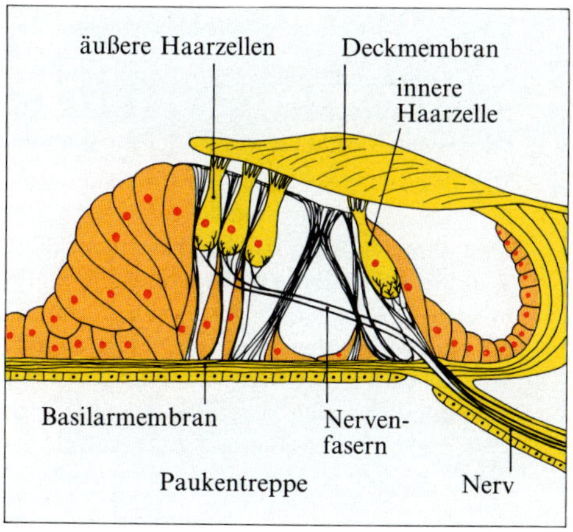

67.3. Querschnitt durch das Cortische Organ

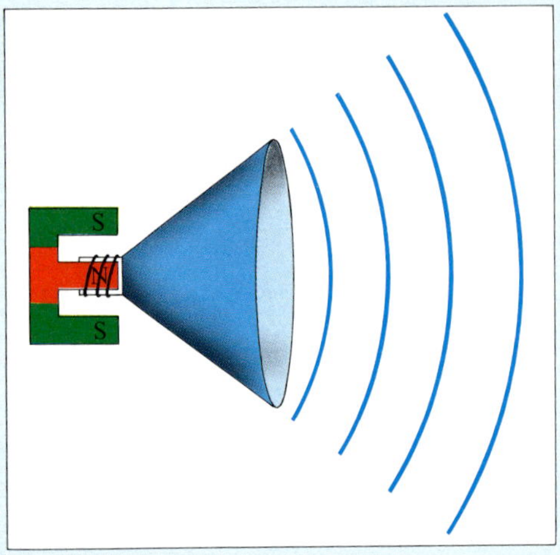

68.1. Der Lautsprecher als Schallquelle

V 68.2. Nachweis von Schallwellen

Materialien und Geräte: Eine 60 cm lange Glasröhre mit einer lichten Weite von etwa 1,5 cm, 2 Holzklötze zum Festlegen der Röhre, Leichtmetallstimmgabel (1700 Hertz) oder Tonfrequenzgenerator mit Lautsprecher, trockenes Korkpulver.

Durchführung: Trocknen Sie die Röhre vor dem Einbringen des Pulvers, indem Sie ein trockenes Tuch hindurchziehen. Lassen Sie das Pulver mit Hilfe eines geknifften Stücks Papier in die Röhre gleiten und sorgen Sie durch leichtes Hin- und Herschütteln dafür, daß es sich gleichmäßig am Boden verteilt. Legen Sie die Röhre auf einen Tisch und verhindern Sie durch seitlich angebrachte Holzklötze ein Herabrollen. Schlagen Sie die Stimmgabel kräftig an und halten Sie sie vor die Öffnung der Röhre. Beschreiben und erklären Sie Ihre Beobachtungen.

V 68.3. Luft als schalleitendes Medium

Materialien und Geräte: Saugflasche mit Gummistopfen, Druckschlauch, Wasserstrahlpumpe, Glöckchen, dünner Zwirn- oder Perlonfaden.

Durchführung: Schließen Sie die Saugflasche mit dem Druckschlauch an die Wasserstrahlpumpe an. Führen Sie das am Faden befestigte Glöckchen in die Saugflasche ein und klemmen Sie den Faden mit dem Gummistopfen fest, wenn Sie die Öffnung zustöpseln. Bewegen Sie die Flasche mit dem Glöckchen hin und her, während Sie die Wasserstrahlpumpe laufen lassen.
Beschreiben und erklären Sie die Veränderungen des Glockentons während des Versuchs.

Was ist Schall?

Ein modernes Verfahren, Schall zu erzeugen, besteht darin, eine Lautsprechermembran schwingen zu lassen (Abb. 68.1.): Auf dem zylindrischen Ende einer trichterförmigen Membran befindet sich eine leichte Spule, die in das Magnetfeld eines sogenannten Topfmagneten eintaucht. Zusammen mit dem Lautsprecher bewegt sich die Spule in schnellem Rhythmus hin und her, wenn durch sie ein pulsierender Gleichstrom fließt. Dieser kommt von einem Mikrophon oder einem Verstärker. Da der Lautsprecher von Luft umgeben ist, werden die Schwingungen zunächst den benachbarten Luftmolekülen, dann aber auch der gesamten „Luftsäule" aufgezwungen. Der Kontakt zwischen den einzelnen Luftmolekülen entsteht auf rein mechanischem Wege, indem diese aneinanderstoßen und wieder zurückschwingen. Daraus resultiert, daß in der schwingenden Luftsäule Abschnitte mit großer bzw. geringer Dichte abwechseln. Es bilden sich **Längs-** oder **Longitudinalwellen** aus. Wie Versuch 68.2. zeigt, lassen sie sich schon mit recht einfachen Hilfsmitteln nachweisen.

Schall wird nur dann weitergeleitet, wenn Schallträger, wie z. B. Luft, vorhanden sind. Läutet eine Glocke in einem luftleer gepumpten Gefäß (V 68.3.), so kann man ihren Ton nicht wahrnehmen. Vakuum leitet den Schall nicht. Erst nach Wiedereinströmen der Luft in das Gefäß ist die Glocke deutlich zu hören. Der Versuch zeigt, daß durch den Stoff Luft eine akustische Brücke zwischen Schallsender und -empfänger geschlagen wird. Außer Gasen leiten auch Flüssigkeiten und feste Stoffe, sofern sie elastisch sind, den Schall: Hält man den Griff einer angeschlagenen Stimmgabel an die Stirn, so kann man ihren Schall auch bei verschlossenen Ohren hören. Es handelt sich um die Knochenleitung.

Je nachdem, wie sich in einer schwingenden Luftsäule Zonen mit großer bzw. geringer Dichte ausbilden, lassen sich **Töne** von **Klängen** und **Geräuschen** unterscheiden. Sind die Abschnitte zwischen verdünnten und verdichteten Bereichen in der schwingenden Luftsäule gleich, so hört man einen Ton. Ein Klang kommt durch die Überlagerung mehrerer Töne zustande, z. B. beim Anspielen einer Geigensaite durch Mitschwingen von Obertönen. Geräusche, z. B. das Kratzen des Geigenbogens auf einer Saite, werden meist als unangenehm empfunden. Anders als beim Ton stößt der Nachweis von Dichteunterschieden in einer schwingenden Luftsäule bei Klängen und Geräuschen auf Schwierigkeiten. Deshalb wandelt man mit Hilfe eines Mikrophons die nicht sichtbaren „Schallbilder" in sichtbare Oszilloskopbilder um (Abb. 69.1.). Dabei werden die Unterschiede deutlich: Ein Ton zeichnet auf dem Bildschirm eine Sinuskurve, ein Klang einen regelmäßig wiederkehrenden Kurvenzug und ein Geräusch eine Linie mit unregelmäßig auftretenden Zacken.

Wie für elektromagnetische Wellen gilt auch für Schallwellen die sogenannte Wellengleichung: Wellenlänge $\lambda \cdot$ Frequenz $f =$ Schallgeschwindigkeit v. Dabei entsprechen niedrigen Werten von f tiefe Töne. In Luft beträgt die Schallgeschwindigkeit 331 m/s bei 0 °C und 1013 hPa. Sie ist frequenzunabhängig. In Flüssigkeiten und in festen Stoffen ist sie um ein Vielfaches höher. So mißt man in Wasser unter Normalbedingungen eine Schallgeschwindigkeit von 1480 m/s. Durch Reibungsverluste wird jedem schwingenden System Energie entzogen, und die Amplitude der schwingenden Teilchen verringert sich. Aufgrund dieser Tatsache erfahren auch Schallwellen eine Dämpfung.

Außer durch die Frequenz wird ein Schall auch durch den Schalldruck, die relative Schallstärke oder die Lautstärke beschrieben. Der **Schalldruck** ist eine objektive Größe, die man in N/m^2 mißt. Die **relative Schallstärke** wird in dB angegeben. Sie vergleicht zwei Schalldrücke durch die Bildung eines Quotienten miteinander. In seinem Nenner steht der Schwellenschalldruck $p_0 = 2 \cdot 10^{-7}$ hPa für einen Ton von 1000 Hz. Der Quotient wird logarithmiert und mit einem Faktor versehen. Die relative Schallstärke in dB gemessen ist: $20 \cdot \lg(p/p_0)$. Da das Maß der relativen Schallstärke der subjektiven Schallempfindung nur teilweise entspricht, gibt es noch den Begriff der **Lautstärke.** Hier werden Phonzahlen angegeben. Man erhält sie, indem man für die zu messende Lautstärke den Schalldruck p eines gleichlaut empfundenen 1000 Hz-Tones einsetzt. Diesen vergleicht man dann mit p_0: Lautstärke in Phon $= 20 \cdot \lg(p/p_0)$.

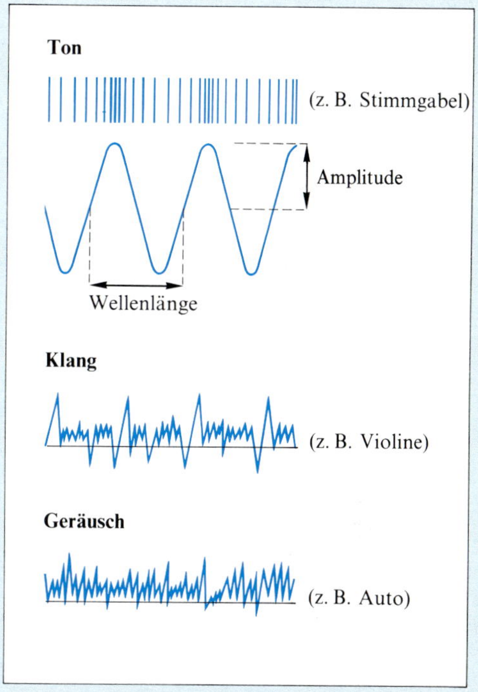

69.1. Unterscheidung von Ton, Klang und Geräusch anhand von Kurvenbildern, die sich mit einem Oszilloskop aufzeichnen lassen. Für den von einer Stimmgabel erzeugten Ton sind Zonen unterschiedlicher Dichte in der schwingenden Luftsäule wiedergegeben. Große Strichdichte kennzeichnet eine hohe Dichte.

A 69.2. Erklären Sie, durch welche Verfahren man beim Bau eines Hauses eine Schalldämmung erzielen kann. Warum sind dicke Mauern, z. B. Betonwände, oft „hellhörig"?

V 69.3. Überprüfung des hörbaren Frequenzbereichs

Materialien und Geräte: Tonfrequenzgenerator und Lautsprecher.

Durchführung: Schließen Sie den Lautsprecher an den Tonfrequenzgenerator an und erzeugen Sie einen Ton. Lesen Sie die am Generator eingestellte Frequenz ab.
Ermitteln Sie mit Hilfe des Tonfrequenzgenerators den Frequenzumfang eines Klaviers und Ihrer eigenen Singstimme.
Ermitteln Sie die höchste, für Sie noch hörbare Frequenz.
Warum können Sie mit den verwendeten Geräten nicht die untere Frequenzgrenze bestimmen?

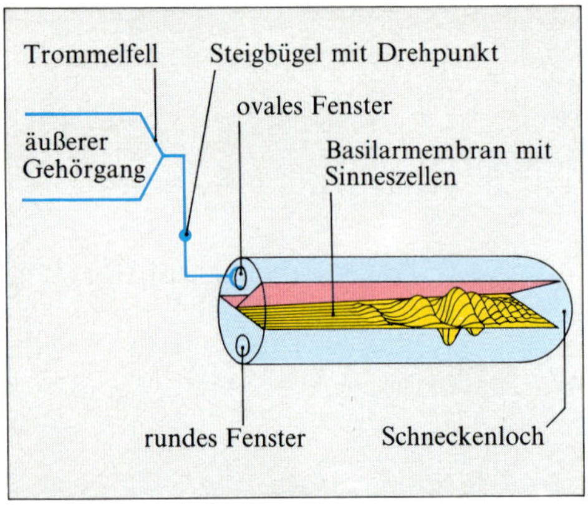

70.1. Das Ohr als schallübertragendes System

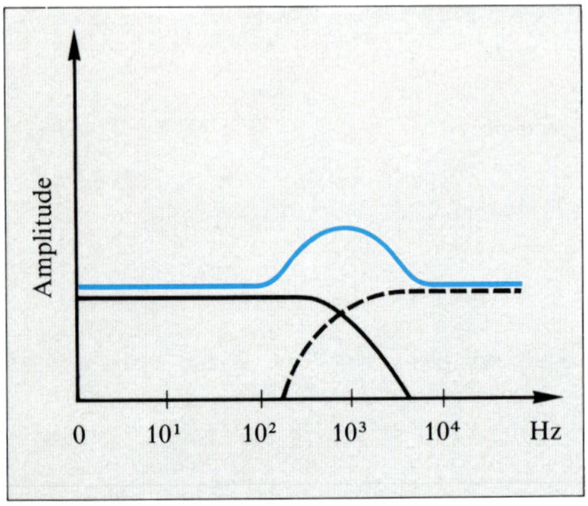

70.2. Gehör- und Knochenleitung. Die Eigenfrequenz des Gehörapparats liegt bei 1000 Hz (990 Hz ≙ h'''). Darüber liegende Fremdfrequenzen werden deswegen nicht mehr über das Gehör, sondern den Schädel geleitet (gestrichelte Linie). Die farbige Linie ist die Resultierende aus Gehör- und Knochenleitung.

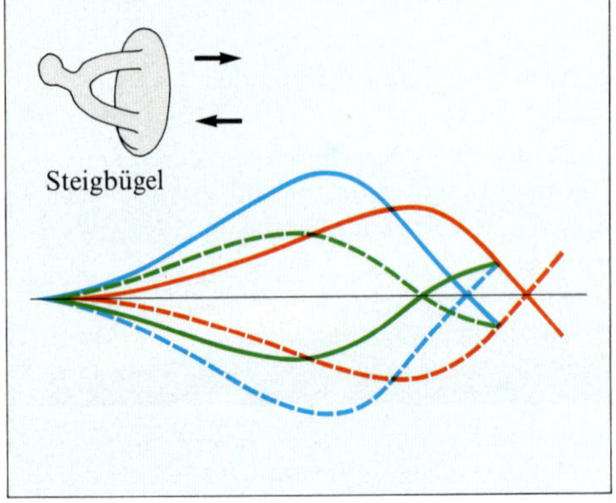

70.3. Schwingungsstadien der Basilarmembran für eine volle Sinusschwingung des Steigbügels

4.3.2. Schallaufnahme und -verarbeitung

Die Schallwellen erreichen über den äußeren Gehörgang das Trommelfell, das seinerseits zu schwingen beginnt. Die Bewegungen des Trommelfells werden auf die Gehörknöchelchen übertragen und verstärkt (vgl. Abb. 70.1.). Ein Jugendlicher nimmt Frequenzen zwischen 16 und 16000 Hz wahr. Am empfindlichsten reagiert das menschliche Ohr auf akustische Reize zwischen 1000 und 4000 Hz. Sollen Schallwellen mit niedrigerer oder höherer Frequenz wahrnehmbar sein, muß man die in Phon gemessene Lautstärke z.T. erheblich erhöhen (vgl. V 69.3.). Sprach- und Musikbereich umfassen Frequenzen von 200 bis 5000 Hz. Die Fähigkeit, hohe Frequenzen zu hören, kann im Alter abnehmen.

Da nur Schallwellen mit Frequenzen zwischen 16 Hz und 1 bis 2 kHz über die Gehörknöchelchen zum Innenohr laufen, muß es noch einen anderen Weg für ihren Antransport geben. Dieser geht über die **Knochenleitung,** wie Abb. 70.2. veranschaulicht: Schallwellen mit Frequenzen ab 800 Hz werden über den Schädel zum Innenohr geleitet. Wie sich durch empfindliche Meßmethoden nachweisen läßt, wird der Schädel dabei verformt. Die Wirkungen von Ohr- und Knochenleitung addieren sich bei 1000 Hz. Daraus folgt, daß das Tonunterscheidungsvermögen des Ohrs in diesem Frequenzbereich am besten ausgebildet ist. So kann man in der Regel noch zwischen 1000 und 1003 Hz, in Ausnahmefällen sogar zwischen 1000 und 1001 Hz unterscheiden. Die Trennschärfe liegt demnach bei mindestens 0,3%.

Die im Innenohr enthaltene Flüssigkeit läßt sich nicht zusammendrücken. Daraus ergibt sich zwangsläufig, daß die über das Trommelfell und die Gehörknöchelchen weitergeleiteten und verstärkten Schwingungen eine rhythmische Ausdehnung des ovalen und des runden Fensters bewirken. Außerdem hat der auf die Flüssigkeit ausgeübte Druck Veränderungen der Basilarmembran zur Folge. Sie verschiebt sich in ihrer Lage gegenüber der Deckmembran (vgl. Abb. 67.3.). Dadurch werden die im Cortischen Organ angeordneten, mit „Härchen" besetzten Sinneszellen gereizt. Anatomische Untersuchungen sprechen dafür, daß hohe Frequenzen nahe der Schalleingangsseite und niedrige Frequenzen in der Nähe des Schneckenlochs auf die Rezeptoren der Basilarmembran wirken. So waren bei Dauerhörern einer überlauten Beatmusik durch die Bässe Sinneszellen am Schneckenloch, bei Piloten durch die hohen Töne von Strahltriebwerken Rezeptoren in der Nähe des ovalen Fensters zerstört.

Die Funktion des Innenohrs versucht man mit Hilfe der **Wanderwellentheorie** zu erklären: Der schwingende Steigbügel übt einen Druck auf das ovale Fenster aus. Die nicht zusammendrückbare Flüssigkeit in der Vorhoftreppe muß diesem äußeren Zwang ausweichen. Dafür gibt es zwei Möglichkeiten: Entweder strömt die Flüssigkeit durch das Schneckenloch zum runden Fenster und beult dessen Membran aus, oder die Flüssigkeit weicht zur elastischen Basilarmembran aus, verformt diese und veranlaßt sie – ähnlich einem wogenden Kornfeld – zu Wellenbewegungen. Beide Möglichkeiten sind verwirklicht, die erste allerdings nur bei sehr tiefen Tönen. In allen anderen Fällen wird die Flüssigkeit im Schneckenloch nicht bewegt, so daß allein die Basilarmembran schwingt. Hierbei sind zwei gegensätzliche Wirkungen zu beobachten:

1. Da die Basilarmembran mit wachsender Entfernung vom ovalen Fenster breiter und elastischer wird, weicht sie einer Druckwelle zunehmend leichter aus. Die Welle läuft also vom ovalen Fenster als immer größer werdende Ausbauchung über die Basilarmembran hinweg. 2. Im Experiment läßt sich nachweisen, daß Wanderwellen mit schnellen Schwingungen stärker gedämpft werden als solche mit langsamen Schwingungen.

Solange der Ausbauchungseffekt gegenüber der Dämpfung überwiegt, nimmt die Membranauslenkung zu. Die schnelle Dämpfung führt aber dazu, daß die Welle unmittelbar nach Erreichen der größten Auslenkung abebbt. Sie überträgt somit ihre Energie an dieser Stelle vollständig auf die Basilarmembran. Da Wellen mit hohen Frequenzen schneller weggedämpft werden, erreichen sie die höchste Auslenkung der Basilarmembran eher, also in der Nähe des ovalen Fensters. Niedrige Frequenzen werden dagegen erst in der Nähe des Schneckenlochs „abgebildet". Jeder Schallfrequenz läßt sich nun auf der Basilarmembran eine Stelle zuordnen, an der die zugehörige Wanderwelle ihre höchste Auslenkung erreicht (Abb. 71.1.) und an der die Sinneszellen maximal gereizt werden.

Obwohl die Auslenkung einen größeren Bereich der Basilarmembran erfaßt, ist das menschliche Ohr imstande, zwei Töne mit einem sehr geringen Frequenzunterschied zu hören. Der Grund hierfür liegt in der neuronalen Verschaltung: Je stärker ein Rezeptor gereizt wird, um so mehr werden die Aktionspotentiale benachbarter Sinneszellen unterdrückt. Nur die Aktionspotentiale des maximal gereizten Rezeptors gelangen bis zum Hörzentrum.

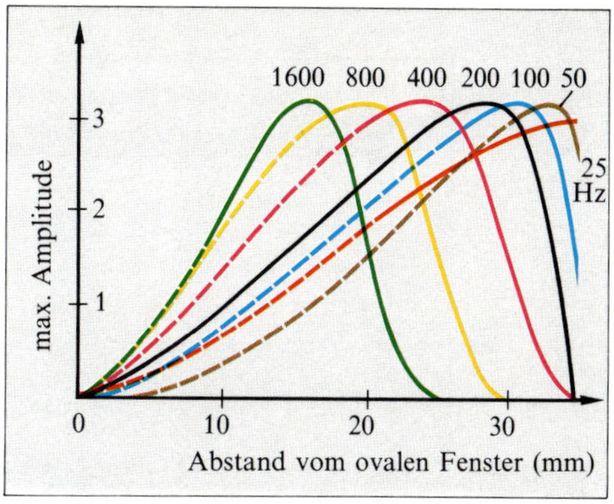

71.1. Maxima der Wanderwellenamplituden für verschiedene Frequenzen auf der Basilarmembran

V 71.2. Versuche zum Richtungshören

Materialien und Geräte: Stethoskopbügel, zwei Schläuche von 1 m und ein Schlauch von 2 m Länge, zwei Glastrichter, Wecker, Lineal, Bleistift.

Durchführung: **a)** Setzen Sie sich mit geschlossenen Augen und lassen Sie vor sich einen tickenden Wecker hin- und herbewegen. Geben Sie die Richtung der Schallquelle an.

b) Befestigen Sie am Stethoskop die kurzen Schläuche mit den Trichtern, setzen Sie es auf. Lassen Sie den Wecker hinter sich aufstellen. Geben Sie die Schallrichtung an, wenn die Entfernung der einen Trichteröffnung zum Wecker verändert wird (vgl. Abb. 71.3.).

c) Verbinden Sie das Stethoskop mit dem langen Schlauch (vgl. Abb. 71.3.). Geben Sie jeweils die Schallrichtung an, wenn hinter Ihnen jemand mit dem Bleistift auf den Schlauch klopft. Lassen Sie die Klopfstellen markieren. Messen Sie die Schlauchabstände zu beiden Ohren und berechnen Sie daraus die Zeitdifferenz zwischen der Reizung des linken und des rechten Ohrs (Schallgeschwindigkeit $v = 331$ m/s).

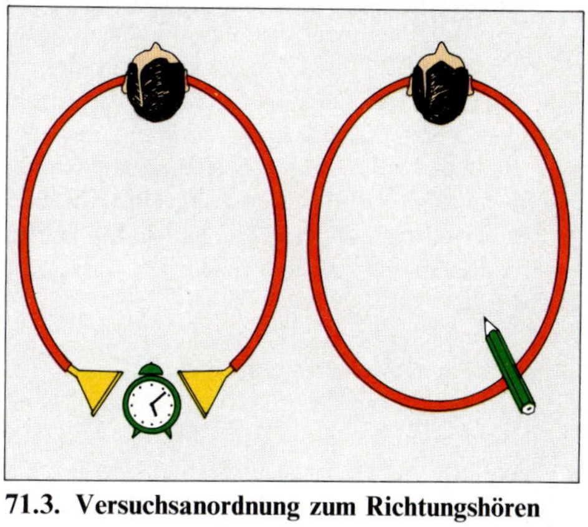

71.3. Versuchsanordnung zum Richtungshören

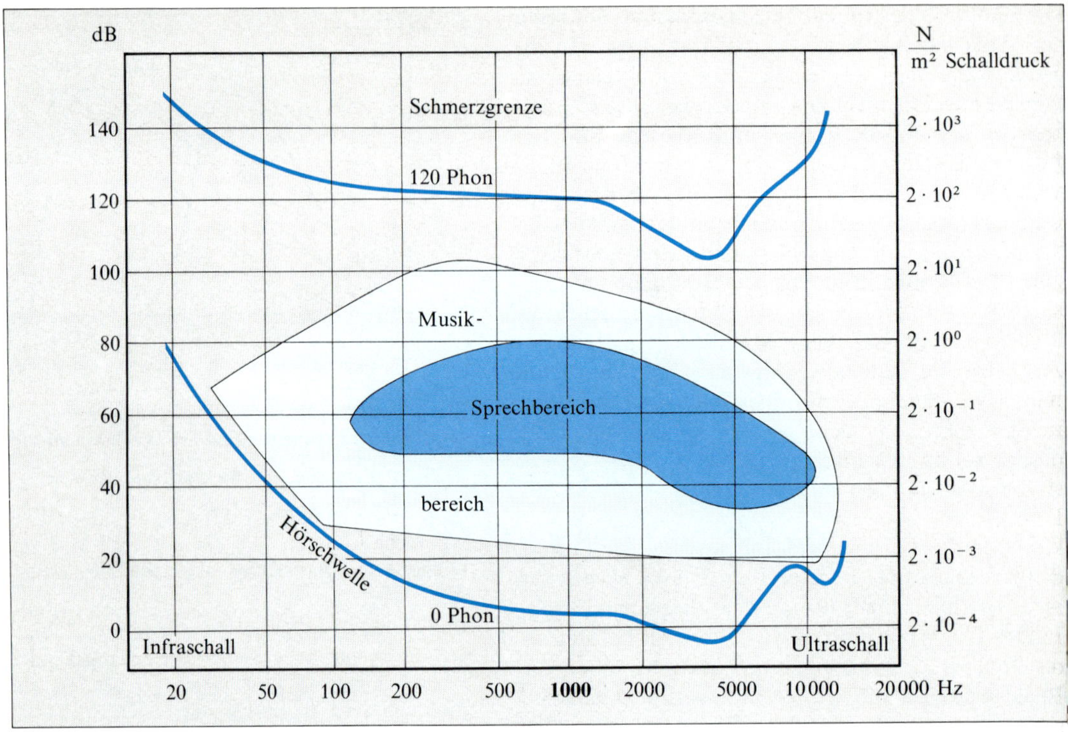

72.1. Hörfeld eines Jugendlichen

Das Hörfeld des Menschen und seine Begrenzung durch Lautstärken und Frequenzen

Wie schon auf Seite 69 ausgeführt, werden Schallempfindungen nicht nur durch die Höhe (Frequenz), sondern auch durch die **Lautstärke** eines Tones, Klanges bzw. Geräusches bestimmt. Betrachtet man Abb. 72.1., so sieht man, daß sich die Angaben in Phon nicht auf die Ordinate, sondern auf die einzelnen Kurven beziehen. Der gleichen Phonzahl entsprechen also sehr verschiedene Schalldruckwerte, die aber als gleichlaut empfunden werden. Aufgrund dieser Tatsache wird verständlich, daß man das Sinnesorgan Gehör nicht mit einem technischen Meßinstrument vergleichen darf. Anders als ein Meßgerät kann das Gehör die Lautstärke nur subjektiv bestimmen. So liegt der Schwellenschalldruck bzw. die **Hörschwelle,** deren Überschreiten für eine Tonempfindung notwendig ist, bei den einzelnen Frequenzen unterschiedlich hoch.

Die Hörschwelle begrenzt das Hörfeld nach unten. Der zugehörige Graph ist vereinbarungsgemäß die Bezugslinie für eine Lautstärke von 0 Phon. Er umfaßt Schalldruckunterschiede von mehreren Zehnerpotenzen und macht deutlich, daß das Gehör auf Frequenzen zwischen 2000 und 4000 Hz besonders empfindlich reagiert. Musik- und Sprechbereiche machen einen großen Anteil des Hörfeldes aus. Im Bereich hoher Schalldrücke wird das Hörfeld durch eine Kurve abgeschlossen, die man als **Schmerzgrenze** bezeichnet. Sie liegt etwa bei 120 bis 130 Phon und wird durch den Lärm einer Kesselschmiede oder eines Düsenmotors überschritten. Geräusche, die diese Lautstärke erreichen, können bei dauernder Einwirkung Sinneszellen im Cortischen Organ zerstören und so zu bleibenden Gehörschäden führen (vgl. S. 70).

Abb. 72.1. läßt auch die Begrenzung des Hörfeldes im Frequenzbereich erkennen. So kann der Mensch Schallfrequenzen von mehr als 20000 Hz – Ultraschall – selbst bei hohen Schalldrücken nicht mehr wahrnehmen. Im Bereich der niedrigen Schallfrequenzen liegt die Hörgrenze etwa bei 16–20 Hz. Alle darunter liegenden Frequenzen werden als **Infraschall** bezeichnet. Soll der Höreindruck für 20 Hz und 1000 Hz gleichlaut erscheinen, muß man bei 20 Hz den Schalldruck um das 1000fache verstärken.

4.3.3. Bau und Leistungen tierischer Hörorgane

Einem Touristen, der im Juli oder August ein Mittelmeerland bereist, bietet sich ein eindrucksvolles Hörerlebnis: Bis zu 200mal in der Minute wiederholen *Zikaden* ihren Gesang, der sich selbst bei verschlossenen Fensterläden noch wie das Rauschen eines kräftigen Landregens anhört. Die von den Tieren erzeugten Geräusche führen die Geschlechter zur Paarung zusammen. Ihre Hörorgane befinden sich an der Unterseite des Hinterleib-Segments.

Auch andere Insekten, z.B. viele *Schmetterlinge*, manche *Wasserwanzen*, *Heuschrecken* und *Grillen*, nehmen akustische Reize wahr. Besonders gut sind die Hörorgane der *Laubheuschrecken* untersucht. Sie sind in den Vorderbeinschienen dicht unterhalb der Kniegelenke eingeschlossen (Abb. 73.1.A). Durch kleine Schlitze dringt der Schall ein. Ein Querschnitt durch das Organ (Abb. 73.1.B) läßt folgenden Aufbau erkennen: Jeder Schlitz führt in einen mit Luft gefüllten Hohlraum, der durch die Erweiterung des vorderen bzw. hinteren Astes der in diesem Bereich gespaltenen Beintrachee entstanden ist. Zwischen dem Hohlraum und dem jeweiligen Tracheenast ist ein zartes Trommelfell gespannt. Die Trommelfelle geraten durch Schallwellen in Schwingungen und reizen dadurch die Sinneszellen.

Die Hörschwelle liegt bei den Heuschrecken wesentlich höher als beim Menschen. Sie können aber noch 200 bis 300 Tonimpulse in der Sekunde registrieren, während beim Menschen mehr als 15 gleiche Töne in der Sekunde zu einem Dauerton verschmelzen. Die paarige Anordnung der Hörorgane erlaubt Richtungshören: Manche Laubheuschreckenweibchen können ein zirpendes Männchen noch aus einer Entfernung bis 38 m orten.

Einige der mit Hörorganen ausgestatteten Insektenarten sind im Ultraschallbereich zu außergewöhnlichen Leistungen fähig: Sie nehmen Schallfrequenzen bis zu 100000 Hz wahr. Für etliche Nachtschmetterlinge ist ein gutes Hörvermögen im Ultraschallbereich lebenswichtig. Das gilt insbesondere für *Eulenfalter*, *Spanner* und *Bärenspinner*, die – wie auch andere Insekten – von Fledermäusen gejagt werden. Fledermäuse stoßen kurze Schreie von sehr hoher Frequenz und Lautstärke aus (vgl. Abb. 73.2.). Sie bedienen sich also einer Art Sonar- oder Echolotortung. Befinden sich in der Umgebung Beutetiere, so reflektieren diese die Schallwellen als Echos. Sie

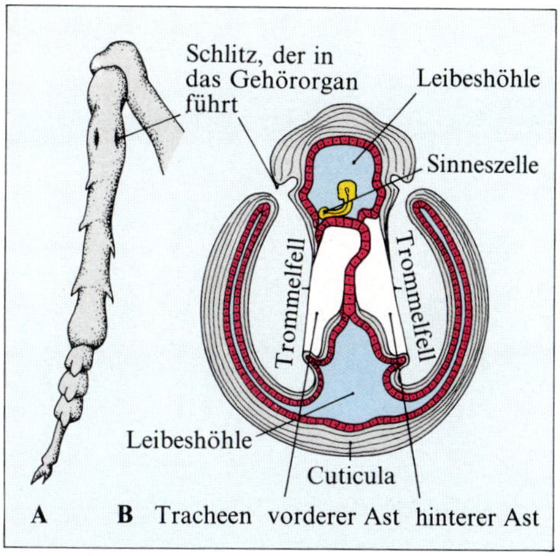

73.1. Hörorgan einer Laubheuschrecke: **A** Lage des Organs am Vorderbein, **B** Querschnitt durch das Vorderbein

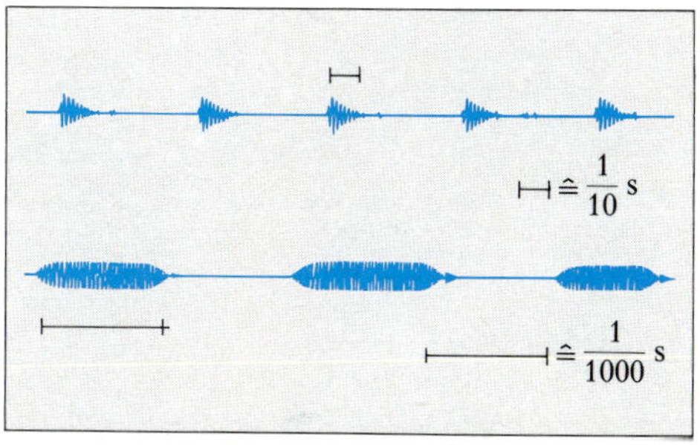

73.2. Sonogramme von verschiedenen Fledermausarten: oben von einer Glattnasenfledermaus, unten von einer Großen Hufeisennase

73.3. Großohrige Fledermausart

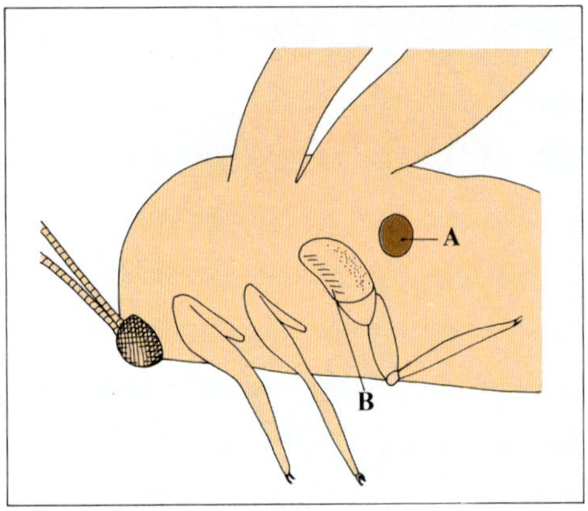

74.1. Bärenspinner: A Hörorgan, **B** Schallorgan

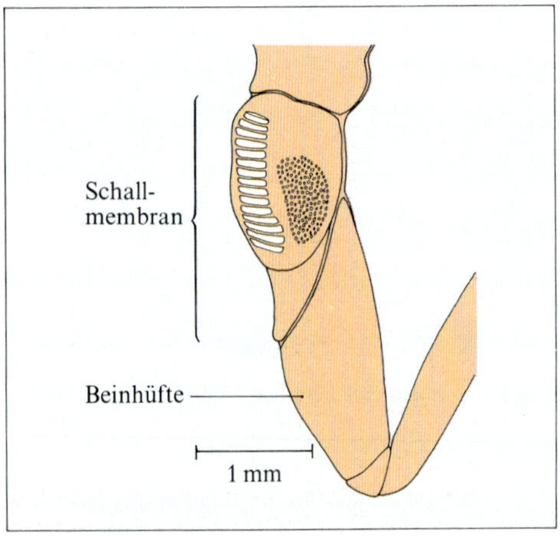

74.2. Feinbau der über der Beinhüfte des Bärenspinners liegenden Schallmembran

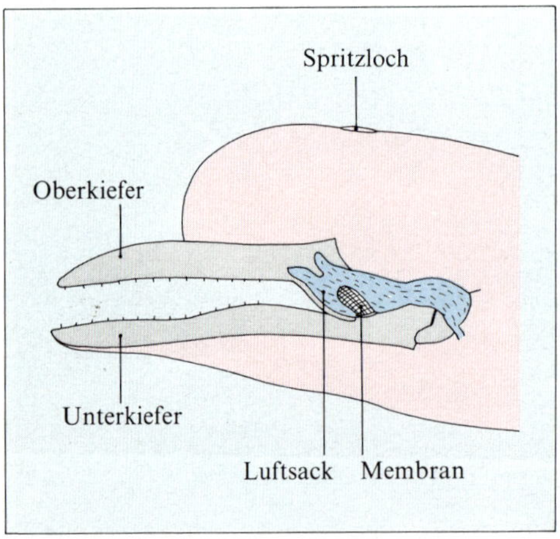

74.3. Schematischer Längsschnitt durch einen Delphinkopf

werden durch die zu großen Schalltrichtern umgestalteten Ohren der Fledermäuse aufgefangen (Abb. 73.3.) und nach Zeit- und Intensitätsdifferenzen analysiert. Durch die Verarbeitung der akustischen Informationen erhält das jagende Tier ein räumliches Bild, das einem optisch gewonnenen in keiner Weise nachsteht. Die Reichweite dieser Echolotortung liegt zwischen minimal 18 cm und maximal 9 m. Eulenfalter, Spanner und Bärenspinner können nun die von einer Fledermaus ausgestoßenen Schreie hören und sich dem Zugriff des Räubers dadurch entziehen, daß sie die Flügel zusammenklappen und sich fallen lassen.

Bei einigen Bärenspinnerarten sind im Verlauf der Evolution nicht nur Hörorgane, sondern auch Schallapparate entstanden (Abb. 74.1.), mit denen sie bei drohender Gefahr Ultraschallwellen erzeugen können. Diese liegen im gleichen Wellenlängenbereich wie die Fledermausschreie. An den Basen des fünften und sechsten Beins befinden sich bei diesen Insekten Schallmembranen aus Chitin (Abb. 74.2.). Werden sie durch Zittern der Beinmuskulatur in hochfrequente Schwingungen versetzt, entstehen Klicklaute mit einem erheblichen Ultraschallanteil. Die von den Faltern ausgesandten Geräusche haben offensichtlich Abwehrfunktion. Dafür sprechen Beobachtungen des Fangverhaltens bei Fledermäusen: Sie waren darauf abgerichtet, nach Mehlwürmern zu schnappen, die man ihnen zuwarf. Wurden kurz vor dem Ergreifen Tonbänder abgespielt, die Klicklaute von Bärenspinnern wiedergaben, wandten sich die Fledermäuse durch eine rasche Schwenkbewegung vom ursprünglich anvisierten Ziel ab.

Nicht nur die im Luftraum jagenden Fledermäuse, sondern auch die im Wasser lebenden Zahnwale, z. B. der Delphin, können Ultraschall erzeugen und hören. Während sie sich mit Hilfe von Sonartönen niedriger Frequenz in ihrem Lebensraum orientieren und so auch Nahrung suchen, verständigen sie sich untereinander durch hochfrequente Klick- und Pfeiftöne. Die Schallquelle besteht aus Membranen, die sich im Nasen-Rachenraum befinden (Abb. 74.3.). Wird von der Lunge Luft in die Luftsäcke gepreßt, so geraten die Schallmembranen in Schwingungen, oder in den Luftleitungen entstehen Pfeiftöne. Die abgestrahlten Schallwellen werden durch den Mund gebündelt.

4.3.4. Gleichgewichtssinn

An eine Seekrankheit erinnert man sich nicht gern: Übelkeit, kalter Schweiß, Blutdruckabfall und Bewußtseinsstörungen treten auf. Manche Seekranke wollen sogar über Bord springen. Selbst Personen mit starker Willenskraft können ihre Übelkeit kaum überwinden, sie sind ihr oft hilflos ausgeliefert. Seekrank wird ein Mensch, wenn das Schiff bei stürmischer See rollt und schlingert. Außerdem entsteht durch das ständige Auf und Ab eine Art „Fahrstuhlgefühl“. Sobald sich der Reisende wieder an Land befindet, sind die Symptome der Krankheit verschwunden.

Die bei starkem Wellengang auftretenden Bewegungen lassen sich folgendermaßen beschreiben:
1. Beim Heben und Senken wird das Schiff nach oben und unten beschleunigt bzw. abgebremst.
2. Bei den Roll- und Schlingerbewegungen erfährt es Drehbeschleunigungen und verändert seine Lage fortwährend.

Der **Gleichgewichtssinn** des Menschen registriert sowohl Beschleunigungen als auch Lageveränderungen. Wirken jedoch verschiedenartige Bewegungen gleichzeitig auf seine Sinnesorgane ein, so sind diese überfordert, und dem Menschen wird übel.

Die Organe des Gleichgewichtssinns befinden sich im Innenohr. Sie liegen über der Gehörschnecke (vgl. Abb. 75.1.) und sind wie diese durch das Felsenbein vor Druck und Stoß geschützt. Ihre Bestandteile sind der schlauchartige **Utriculus** und der rundliche **Sacculus** sowie die drei miteinander verbundenen **Bogengänge.**

Utriculus und Sacculus enthalten jeweils ein Gallertkissen. Darin sind Sinneszellen mit haarförmigen Fortsätzen eingebettet. Der Gallertmasse liegen kleine, kalkhaltige Steinchen fest auf (Abb. 75.2.). Sie sind relativ schwer und üben je nach Kopfhaltung einen Druck oder Zug auf die Haare der Sinneszellen aus. Bei seitlichen Körperlagen sind Zug- und Druckkräfte gleichzeitig wirksam. Weil sie auf Lagereize reagieren, werden diese Sinnesorgane oft als statische Sinnesorgane bezeichnet. Sie sprechen jedoch auch auf Beschleunigungsreize an und wirken beim Zustandekommen des „Fahrstuhlgefühls“ mit: So werden die Gallertkissen bei Beschleunigungen nach unten gedehnt. Bei aufwärts gerichteten Beschleunigungen werden sie dagegen zusammengedrückt.

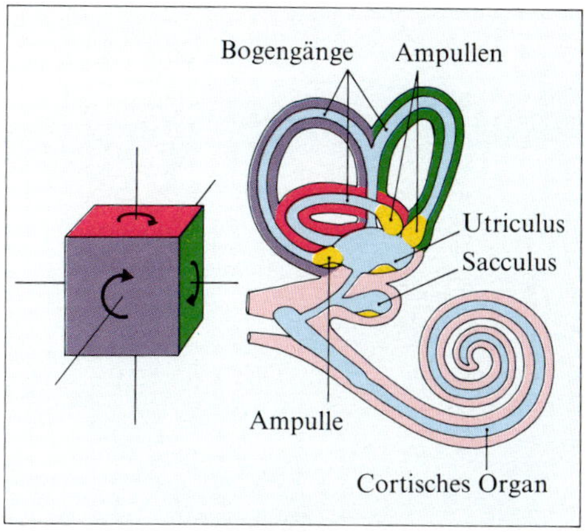

75.1. Das menschliche Gleichgewichtsorgan: Utriculus und Sacculus sowie die drei Bogengänge, rechts die Gehörschnecke

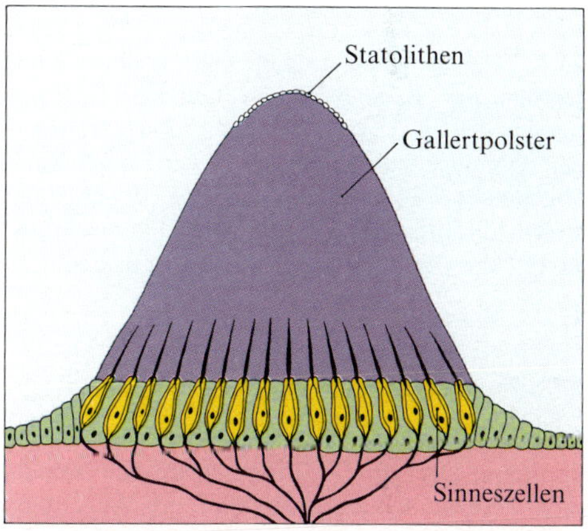

75.2. Statisches Sinnesorgan in Sacculus bzw. Utriculus: Gallertkissen mit eingelagerten Sinneszellen, darauf Statolithen (Gleichgewichtskörner)

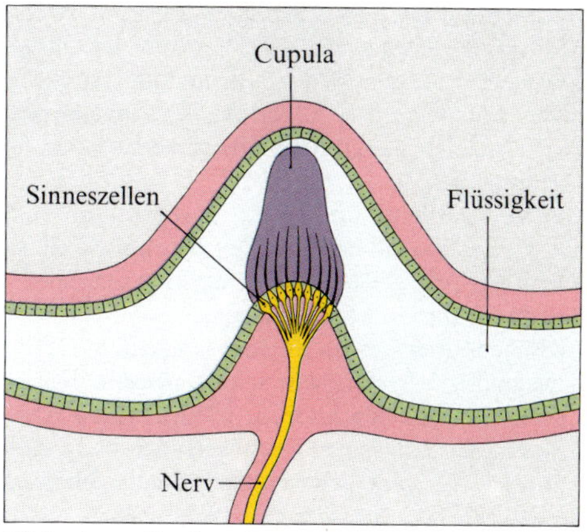

75.3. Ampulle eines Bogengangs mit Cupula

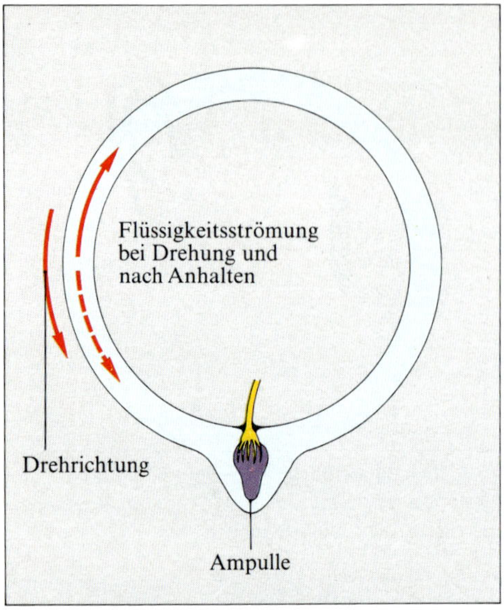

76.1. Bogengang mit Ampulle und Cupula. Beim Drehen des Bogengangs in Uhrzeigerrichtung bewegt sich die darin enthaltene Flüssigkeit gegen den Uhrzeigersinn, die Cupula wird nach links abgeknickt. Beim Anhalten des Bogengangs strömt die Flüssigkeit in der alten Drehrichtung weiter, die Cupula wird nach rechts abgelenkt.

V 76.2. Einschleichen von Drehbewegungen

Materialien und Geräte: Standfester und leicht drehbarer Drehstuhl, Motorradhelm oder schalldichte Watte, lichtdicht abschließende Augenbinde.

Durchführung: Führen Sie den Versuch zu zweit in einem möglichst ruhigen Raum aus. Der Versuchsleiter führt über die Beobachtungsergebnisse Protokoll.
Nehmen Sie als Versuchsperson auf dem Drehstuhl Platz. Stecken Sie sich Watte in die Ohren bzw. setzen Sie den Motorradhelm auf, damit Sie nichts hören können. Legen Sie die Augenbinde an. Vermeiden Sie es, mit den Beinen den Boden zu berühren.
Der Versuchsleiter dreht Sie jetzt schnell hin und her. Zeigen Sie mit der Hand immer in die gleiche Richtung, und versuchen Sie, die Drehbewegungen des Stuhls zu kompensieren.
Zwischendurch werden Sie sehr langsam in Drehbewegungen versetzt, aber schnell abgebremst.
Lassen Sie sich beschreiben, wie Sie Ihren Arm während der langsamen Drehbeschleunigung und während des plötzlichen Abbremsens gehalten haben.
Erklären Sie die Beobachtungsergebnisse.

Der Mensch reagiert auf solche Reize mit Reflexbewegungen, indem er seine Beine streckt oder beugt.

Die drei Bogengänge gehen vom Utriculus aus und stehen annähernd senkrecht aufeinander, sie richten sich also nach den drei Raumachsen aus. Jeder Bogengang ist mit einer Flüssigkeit gefüllt und besitzt eine bläschenförmige Erweiterung, eine sogenannte **Ampulle.** Diese enthält eine seitlich abbiegbare, aus Gallert bestehende Kuppel, die **Cupula.** Die Cupula ist an einer Leiste befestigt, die von der Ampullenwand gebildet wird. An der Ansatzstelle befinden sich Sinneszellen, die mit ihren haarartigen Fortsätzen in die Cupula hineinragen und deren Bewegungen mitmachen (Abb. 75.3.). Dreht man den Kopf und mit ihm das Labyrinth, so verharrt beispielsweise die im horizontalen Bogengang enthaltene Flüssigkeit in Ruhe. Der Bogengang wird sozusagen um sie herum gedreht.

Der Vorgang läßt sich mit Hilfe eines Modells veranschaulichen: Man befestigt mit wasserfestem Klebstoff an der Innenseite eines Becherglases eine Lasche aus Papier oder Kunststoff. Nach Einfüllen von Wasser wird das Gefäß ruckartig gedreht. Das Wasser macht die Bewegung des Glases nicht mit. Die Lasche biegt dagegen ab, weil das Wasser relativ gegen sie strömt.

Wie die Lasche spricht die Cupula nur auf Drehbeschleunigungen an. Auf einem Karussel, das sich mit konstanter Winkelgeschwindigkeit dreht, bewegen sich auch der Bogengang und sein Inhalt gleich schnell mit. Erst beim Abbremsen des Karussels treten wieder „Trägheitskräfte" auf: Die Cupula schwenkt für kurze Zeit in der bisherigen Fahrtrichtung aus.
Sind die wirksamen Drehbeschleunigungen bzw. -verzögerungen nur gering, so können auch Sinnestäuschungen auftreten (vgl. V 76.2.). In den vertikal ausgerichteten Bogengängen laufen die beschriebenen Vorgänge in gleicher Weise ab, wenn die Drehbeschleunigungen in den beiden anderen Raumebenen stattfinden.

In der Raumfahrt kann die Schwerelosigkeit für den Gleichgewichtssinn Probleme aufwerfen: Das gilt allerdings nur für die in Utriculus und Sacculus enthaltenen Lagesinnesorgane. Die den Gallertkissen aufliegenden Steinchen üben während der Schwerelosigkeit keine Gewichtskräfte aus. Empfindliche Menschen werden dadurch „raumkrank".

4.4. Sinnesorgane für mechanische Reize

Berührt man den nicht lackierten Metallsockel einer eingeschalteten Tischlampe leicht mit dem Mittelfinger, so kann man Vibrationen im Rhythmus der Wechselspannung wahrnehmen. Die Haut des Fingers reagiert dabei ähnlich empfindlich wie das Ohr. Versuche haben ergeben, daß der Mensch bei einer Frequenz von 200 Hz noch Schwingungen mit Amplituden von 10^{-5} mm registriert. Manche Tiere, vor allem einige Insekten, sind gegen Erschütterungen des Untergrundes sehr viel sensibler.
So reagieren z. B. die *amerikanische Schabe,* die *Feldgrille* und die *Honigbiene* auf Vibrationen, die für den Menschen nicht wahrnehmbar sind. Immer wieder hat man auch versucht, das Verhalten von Tieren auf Bodenerschütterungen im Hinblick auf die Vorhersage von Erdbeben auszuwerten. So sollen manche Tiere schon bei Vorbeben unruhig werden, die der Mensch nicht wahrnehmen oder messend registrieren kann. Berichten zufolge ist es in China einige Male gelungen, rechtzeitig vor einem Erdbeben zu warnen. Für die Vorhersage wurden Verhaltensänderungen von *Schlangen, Hühnern* und *Hunden* zu Rate gezogen.
In der Regel lassen sich mechanische Reize gut gegeneinander abgrenzen: Für **Druckempfindungen** sind höhere Reizenergien als für **Berührungen** erforderlich. Ein **Vibrationsgefühl** wird durch sinusförmige mechanische Beschleunigungsreize verursacht. Berührungswahrnehmungen werden verstärkt, wenn aus der Haut ragende Haare bewegt werden.
Mechanische Reize erlauben es dem Menschen, seine Umwelt zu erfühlen. So kann er z. B. durch das Berühren eines Gegenstandes feststellen, ob dieser eine weiche oder feste Oberfläche hat, ob er rauh oder glatt bzw. schwer oder leicht ist. Blinde haben ihren Tastsinn durch ständiges Training so geschärft, daß sie Gruppen von in Papier gestanzten Höckern als Blindenschrift lesen können. Wie Versuch 77.1. zeigt, ist das Auflösungsvermögen der Berührungsempfindung im Bereich der Fingerbeere besonders hoch, am Rücken niedrig.

Mikroskopische Untersuchungen zeigen, daß es in der menschlichen Haut mehrere Typen von mechanisch reizbaren Rezeptorsystemen gibt: Die **MEISSNERschen Körperchen** (Abb. 78.1.) befinden sich in Ausbuchtungen der Lederhaut, die in die Oberhaut hineinreichen. Sie werden von mehreren Zellschich-

V 77.1. WEBERscher Tastzirkelversuch

Materialien und Geräte: Stechzirkel, Millimeterpapier, Augenbinde.

Durchführung: Arbeiten Sie zu zweit. Legen Sie der Versuchsperson (VP) die Augenbinde an und tasten Sie mit den beiden Spitzen des Stechzirkels vorsichtig die Haut von Fingerspitzen, Handfläche, Handrücken, Unter- und Oberarm, Rücken, Kinn und Lippen ab. Öffnen Sie den Zirkel zunächst nur wenig, vergrößern Sie anschließend den Abstand der Spitzen immer mehr. Messen Sie diesen mit Hilfe von Millimeterpapier genau aus. Lassen Sie die VP aussagen, ob sie ein oder zwei Tastempfindungen verspürt. Protokollieren Sie die gemessenen Mindestabstände. Werten Sie die Beobachtungen graphisch aus, und versuchen Sie das Ergebnis zu erklären.

V 77.2. Druckwahrnehmung

Materialien und Geräte: 23 Briefumschläge (ca. 15 × 20 cm), mehrere Wägesätze (1 bis 100 g), Tisch mit glatter Oberfläche.

Durchführung: Arbeiten Sie zu zweit. Der Versuchsleiter (VL) bereitet drei Serien von Briefumschlägen vor: *Serie 1* besteht aus 6 Briefumschlägen mit je 20, 21, 22, 23, 24 und 25 g. *Serie 2* enthält 6 Umschläge mit je 50, 51, 52, 53, 54 und 55 g. *Serie 3* umfaßt 11 Umschläge mit je 100, 101, 102, 103, 104, 105, 106, 107, 108, 109 und 110 g.
Kennzeichnen Sie die Umschläge, und halten Sie die zugehörigen Massenwerte im Protokoll fest. Kleben Sie die Umschläge zu.
Die Versuchsperson (VP) legt beide Hände mit nach oben gerichteten Innenflächen locker auf den Tisch und schließt die Augen. Beginnen Sie mit Serie 1: Legen Sie der VP je einen Umschlag in die rechte und in die linke Hand. Befragen Sie sie, welcher leichter bzw. schwerer ist. Wählen Sie unterschiedliche Kombinationen, z. B. 20/22, 20/25, 20/23, 20/21 Gramm. Führen Sie den Versuch mit wechselnden Kombinationen durch, und legen Sie den schwereren Umschlag nicht immer in dieselbe Hand. Protokollieren Sie richtige und falsche Antworten der VP. Verfahren Sie mit den Umschlagserien 2 und 3 ebenso.
Werten Sie Ihre Beobachtungsergebnisse aus, und beantworten Sie die folgende Frage: Wann werden in dem untersuchten Beispiel Reize als unterschiedlich empfunden? Versuchen Sie eine gesetzmäßige Beziehung herzuleiten.

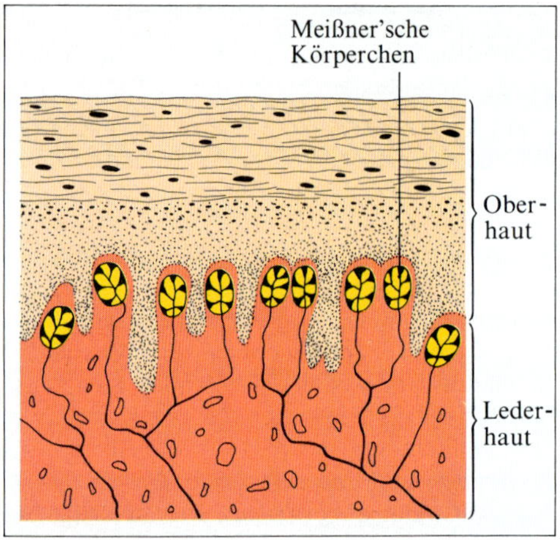

78.1. Querschnitt der Haut mit MEISSNERschen Körperchen

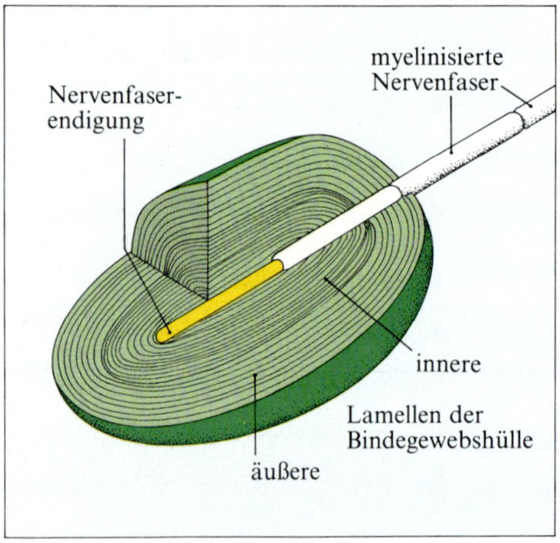

78.2. VATER-PACINI-Körper

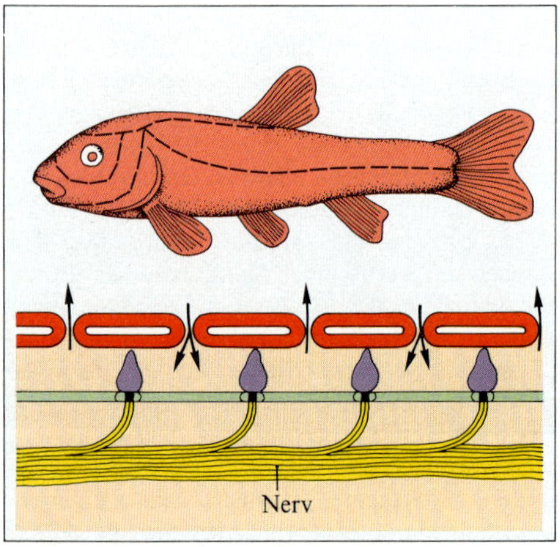

78.3. Seitenlinienorgan der Fische

ten gebildet und haben eiförmige Gestalt. Ein Gespinst von marklosen Nervenendigungen umgibt sie. Wie die in die Oberhaut eingebetteten **Haarfollikelrezeptoren** sprechen sie auf Berührungsreize an. MEISSNERsche Körperchen findet man in großer Zahl an den Innenflächen der Hände und Füße, vor allem aber in der Haut der Fingerbeeren. Die **VATER-PACINI-Körper** (Abb. 78.2.) liegen im Unterhautgewebe, in Sehnen und Gelenken. Sie sind mehr oder weniger knorpelig, werden bis zu 4 mm lang und haben eine auffällige Gestalt: Bindegewebslamellen, die wie Zwiebelschalen angeordnet sind, umgeben eine Nervenendigung. VATER-PACINI-Körper werden durch Vibrationen gereizt. Auf Druckreize sind in die Lederhaut eingestreute **Tastscheiben** und **RUFFINI-Körper** spezialisiert. Da letztere mit Eiweißfasern der Bindegewebe (kollagene Fasern) in Verbindung stehen, reagieren sie insbesondere auf Zugbewegungen der Unterhaut. Außer den beschriebenen Rezeptorsystemen gibt es eine Vielzahl **freier Nervenendigungen,** die ebenfalls mechanisch reizbar sind. Wie man sie unterscheiden kann und wie sie arbeiten, ist weitgehend unbekannt.
Auch für den Wirkungsmechanismus der mechanischen Sinneszellen gibt es lediglich Denkmodelle: Vielleicht bewirkt eine Dehnung der Sinneszellmembranen eine Veränderung ihrer Porenweite, und es treten infolgedessen Aktionspotentiale auf. Man kann sich aber auch vorstellen, daß Ionenströme aufgrund innerzellularer Druckveränderungen entstehen und diese dann Aktionspotentiale auslösen.

Wie schon erwähnt, reagieren viele Tiere auf mechanische Reize empfindlicher als der Mensch. Das gilt vor allem für Insekten, die mit Hilfe von Haaren und Sinnesborsten nicht nur Tast-, Strömungs- und Schwerereize wahrnehmen, sondern auch Informationen über ihre Körperlage erhalten. So befinden sich zwischen den Gelenken der Gliedmaßen Felder von Borsten, deren jede mit einer Sinneszelle verbunden ist. Entsprechend der Körperlage des Tiers knicken die Borsten ab. Dadurch erfahren die Sinneszellen einen Reiz. Dieser hält so lange an, bis das Tier seine Körperhaltung geändert hat.

Ein Beispiel dafür, daß mechanische Sinnesorgane besonders gut an den Lebensraum des Tiers angepaßt sind, ist das **Seitenlinienorgan** der Fische (Abb. 78.3.). Es arbeitet nach dem gleichen Prinzip wie die Bogengänge des Innenohrs: Wasser strömt durch Hautkanäle und biegt kleine Gallertkörperchen ab. Dadurch werden Sinneszellen gereizt.

4.5. Temperatursinn

Wenn uns kalt ist, fangen wir unwillkürlich an zu zittern. Dieses sogenannte Muskelzittern setzt immer dann ein, wenn eine als angenehm empfundene Körpertemperatur deutlich unterschritten wird. Durch die Muskelbewegung entsteht Wärme, die den menschlichen Organismus wieder aufheizt. Bei als zu hoch empfundenen Temperaturen schwitzen wir und geben Verdunstungswärme ab. Die Körpertemperatur wird also – wie bei allen **Gleichwarmen** – reguliert. Das zugehörige Schalt- und Steuerzentrum befindet sich im Zwischenhirn. Dorthin gelangen Informationen über den Wärmezustand der Haut sowie aus dem Innern des Körpers. Durch Versuch 79.2. lassen sich in der Haut viele **Kältepunkte** und eine geringere Zahl von **Wärmepunkten** nachweisen (Abb. 79.3.). Andere Versuchsergebnisse lassen den Schluß zu, daß die **Kälterezeptoren** unmittelbar unter der Oberhaut und die **Wärmerezeptoren** im unteren Bereich der Lederhaut liegen. Bisher ist es nicht möglich, den verschiedenartigen Rezeptoren eindeutige Strukturen zuzuweisen. Man vermutet aber, daß insbesondere freie Nervenendigungen für die Reizaufnahme zuständig sind. Aufgrund von Erregungsableitungen an Kälte- und Wärmefasern weiß man, daß die Hauttemperaturen absolut gemessen werden. Trotzdem sind die Temperaturempfindungen subjektiv (V 79.1.).

Die Körpertemperatur der **Wechselwarmen** ist gleich der Umgebungstemperatur. Sie entscheidet entsprechend der Reaktionsgeschwindigkeit-Temperaturregel (RGT-Regel) also darüber, wie schnell die Stoffwechselvorgänge im Organismus ablaufen. Genaue Temperaturmessungen sind deswegen auch für diese Tiere bedeutsam. Die dafür zuständigen Thermorezeptoren sind bei den Fischen freie Nervenendigungen in der Haut, bei den Insekten Sinneszellen in den Fühlern und Mundwerkzeugen. Durch sie erhalten die Tiere in ihrem Lebensraum Informationen über Bereiche unzuträglicher bzw. optimaler Temperatur. Verhältnismäßig leicht lassen sich die von einigen Insekten bevorzugten Temperaturen bestimmen. Man verwendet dafür eine sogenannte Temperaturorgel. Diese besteht aus einem langen Glaskäfig mit einem Metallboden, der an einem Ende gekühlt, am anderen erhitzt wird. Dadurch entsteht ein Temperaturgefälle, innerhalb dessen die Tiere den ihnen zusagenden Temperaturbereich aufsuchen. Die Ergebnisse zahlreicher Versuche sprechen dafür, daß die Information der Vorzugstemperatur an die Nachkommen vererbt wird.

V 79.1. Zur Temperaturwahrnehmung

Materialien und Geräte: 4 Glasgefäße, 4 Thermometer, Glasstab, heißes und kaltes Wasser, Eis.

Durchführung: Führen Sie den Versuch zu zweit durch. Füllen Sie als Versuchsleiter in die Gefäße Wasser folgender Temperaturen ein: Gefäß 1 $\hat{=}$ 50–60 °C, Gefäß 2 $\hat{=}$ 2 °C, Gefäß 3 und 4 $\hat{=}$ 26 °C. Sorgen Sie für eine gute Durchmischung des Wassers.

Tauchen Sie als Versuchsperson die linke Hand eine Minute lang in Gefäß 1, die rechte ebenso lange in Gefäß 2. Tauchen Sie anschließend beide Hände in die Gefäße 3 und 4. Schätzen Sie die jeweils wahrgenommenen Temperaturwerte, messen Sie sie mit einem Thermometer nach. Beschreiben Sie Ihr Beobachtungsergebnis, und geben Sie eine Erklärung dafür.

V 79.2. Kälte- und Wärmepunkte

Materialien und Geräte: 2 Nägel, Eiswasser und sehr heißes Wasser, Trockentuch, Stück einer engmaschigen Tüllgardine (ca. 64 kleine Quadrate auf 1 cm^2 Fläche), Stempelkissen.

Durchführung: Arbeiten Sie zu zweit. Stempeln Sie als Versuchsleiter Ihrem Mitschüler das Muster des Gardinenstoffs auf den Handrücken (ca. 3×3 cm^2). Tauchen Sie einen Nagel in Eiswasser, trocknen Sie ihn ab. Suchen Sie in der markierten Hautfläche durch vorsichtiges Abtasten der einzelnen Quadrate mit der Nagelspitze die Kältepunkte auf. Übertragen Sie diese – dem Stempelmuster entsprechend – auf Millimeterpapier. Verfahren Sie beim Aufsuchen der Wärmepunkte mit einem heißen Nagel entsprechend. Übertragen Sie diese Punkte ebenfalls auf das Millimeterpapier. Werten Sie das Versuchsergebnis aus.

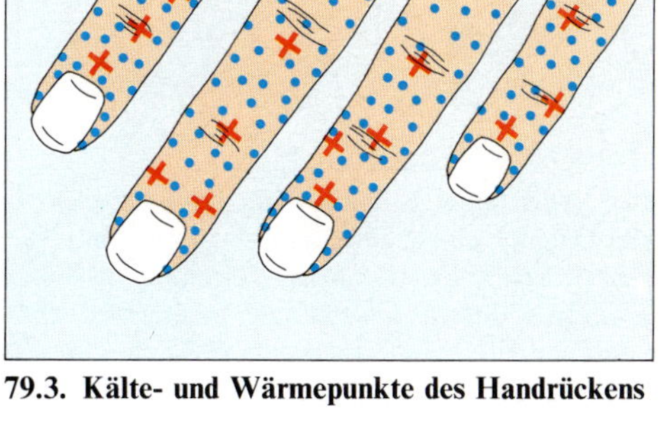

79.3. Kälte- und Wärmepunkte des Handrückens

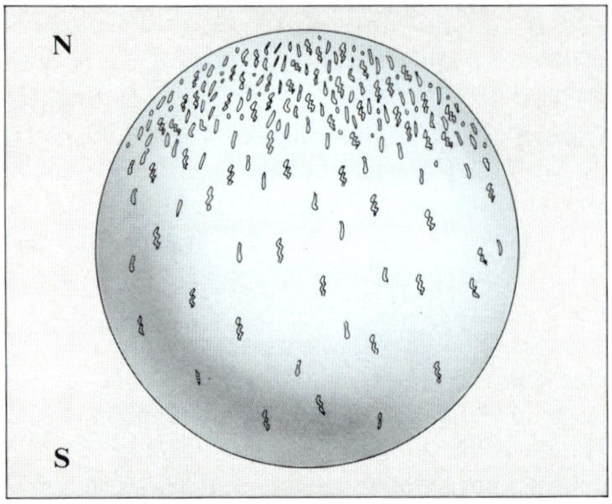

80.1. Magnetotaktische Bakterien an der Nordgrenze eines Wassertropfens

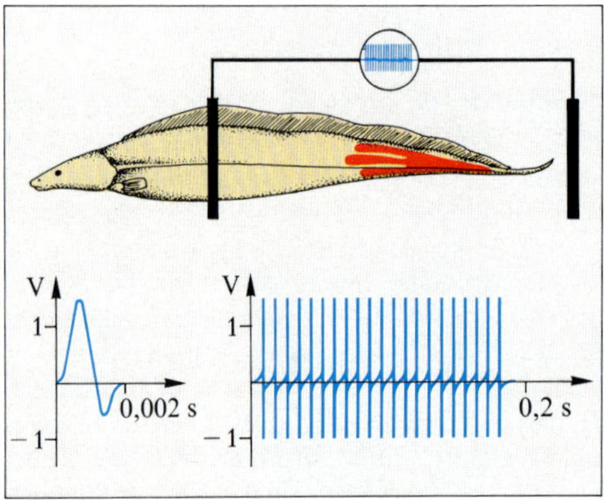

80.2. Der Nilhecht lebt in afrikanischen Flüssen. Seine im Hinterleib liegenden elektrischen Organe erzeugen Spannungsstöße mit einer Frequenz von etwa 300 Hz.

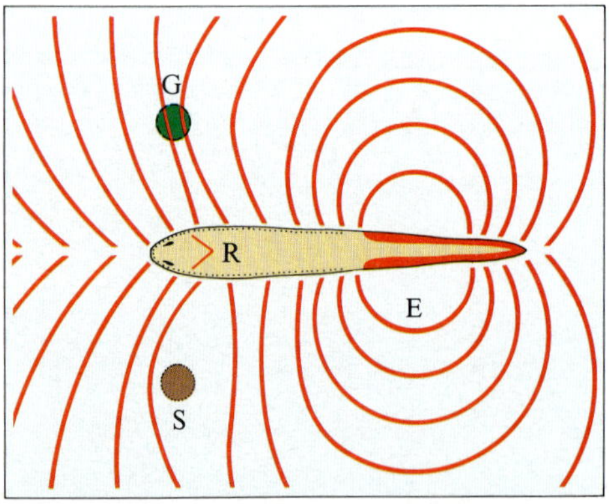

80.3. Verlauf der Feldlinien, die durch das elektrische Organ E eines Nilhechts erzeugt werden. Die Rezeptoren R registrieren die Verteilung der Feldlinien, die durch Gegenstände unterschiedlicher Leitfähigkeit verändert werden. G ist ein guter, S ein schlechter Leiter.

4.6. Magnetische und elektrische Reize

Im Jahre 1975 untersuchte der Amerikaner BLAKEMORE Brackwasserbakterien und beobachtete, daß sich diese immer wieder an der nördlichen Grenze eines Wassertropfens ansammelten (Abb. 80.1.). Lichtreize konnte er als wirksame Ursache für dieses Verhalten ausschließen. Deswegen vermutete er, daß sich die Bakterien von den magnetischen Feldlinien der Erde leiten ließen. Um seine Hypothese zu prüfen, führte er Versuche durch, in denen er das Magnetfeld der Erde durch künstlich erzeugte Magnetfelder überlagerte. Die Beobachtungsergebnisse lieferten den eindeutigen Beweis: Die mit Geißeln versehenen Bakterien bewegten sich tatsächlich entlang den magnetischen Feldlinien. Biologisch bedeutsam ist es, daß die magnetischen Feldlinien – außer am Äquator – mehr oder weniger in den Boden hinein verlaufen. Dadurch erreichen die unter Luftabschluß lebenden Bakterien den für sie günstigsten Lebensraum, den Bodenschlamm. Elektronenmikroskopische Untersuchungen ergaben, daß „magnetotaktische Bakterien“ spezifische Organellen, sogenannte **Magnetosomen,** besitzen. Diese bestehen aus Magnetit (Fe_3O_4) und sind von einer feinen Plasmamembran umschlossen. Magnetosomen werden nur in einem Nährmedium gebildet, das Eisen in einer organischen Komplexverbindung enthält. Magnetiteinschlüsse wurden u. a. auch bei Tauben und bei Bienen nachgewiesen. Das ist deswegen bemerkenswert, weil auch diese Tiere neben einem optischen einen magnetischen Orientierungssinn besitzen. Obwohl sich Tauben vorwiegend am Sonnenstand orientieren, kann man sie unter bestimmten Versuchsbedingungen durch das Anbringen von permanenten Magneten an ihrem Kopf verwirren. An einem fernen Ort aufgelassen, finden nur die nicht mit Magneten versehenen Tiere ohne Schwierigkeiten den heimatlichen Schlag. Die dem künstlichen Magnetfeld ausgesetzten Tiere verlieren zeitweilig die Orientierung.

Elektrische Fische, die wie der Nilhecht schlecht hören und sehen können, verschaffen sich von ihrer Umgebung ein „elektrisches Raumbild“. Mit umgewandelten Muskelzellen senden sie elektrische Impulse hoher Frequenz aus (Abb. 80.2.). Die Tiere nehmen mit in die Haut eingelagerten Sinnesorganen jede Änderung des sie umgebenden elektrischen Feldes wahr (Abb. 80.3.).

4.7. Schmerz

Eine merkwürdige Erscheinung ist der sogenannte **Phantomschmerz:** Personen, denen ein Bein amputiert wurde, empfinden Schmerzen am Knie, am Fuß und an den Zehen, obwohl diese gar nicht mehr vorhanden sind. Offensichtlich laufen – vom Beinstumpf ausgehend – auf unversehrt gebliebenen Nervenbahnen Aktionspotentiale über das Zwischenhirn zur Großhirnrinde. Dort werden sie als Schmerz bewußt.

Beim Phantomschmerz entsteht die über das Rükkenmark zum Gehirn weitergeleitete Erregung sozusagen von selber in den noch vorhandenen Leitungsbahnen. Der Arzt kann das Leiden seines Patienten z. B. lindern, indem er die entsprechende „Schmerzstelle" im Zwischenhirn durch einen feinen Ultraschallstrahl zerstört. „Echter" Schmerz kommt anders zustande: Hier werden spezifische Schmerzrezeptoren gereizt. So gibt es in der Haut und auch in vielen inneren Organen des Menschen zahlreiche freie Nervenendigungen, die Schmerzreize aufnehmen. Dabei spielen in vielen Fällen spezifische Reizstoffe, die **Kinine,** eine besondere Rolle. Sie gehören zu der Gruppe der Polypeptide und haben eine hormonartige Wirkung. Aber auch Hydronium- und Kaliumionen können Schmerzen verursachen.

Die biologische Bedeutung von Schmerz ist, den Organismus vor zerstörenden Einflüssen zu warnen. So werden Verletzungen oder auch nur drohende Schädigungen von Zellen als Schmerz registriert. Nur wenige Krankheiten, z. B. Krebs oder einige Infektionskrankheiten, verursachen zumindest im Anfangsstadium keine Schmerzen.

Schmerzen kann man physikalisch und chemisch bekämpfen. Als physikalische Methoden haben sich – je nach Krankheitsbild – kühlende Umschläge, Wärmezufuhr oder Massagen bewährt. Auch die – noch umstrittene – Akupunktur fällt in diesen Bereich. Bei letzterer werden an bestimmten Körperstellen Nadeln gesetzt (Abb. 81.2.), die zur Unterdrückung des Schmerzgefühls führen. Inzwischen hat man nachgewiesen, daß dadurch im Gehirn schmerzhemmende Stoffe, sogenannte **Endorphine,** freigesetzt werden. Diese körpereigenen Substanzen – Peptide – könnten für die chemische Schmerzbeeinflussung bedeutsam werden. Sie sind ähnlich wirksam wie Morphine und blockieren wie diese Synapsen, über die Schmerzerregungen laufen.

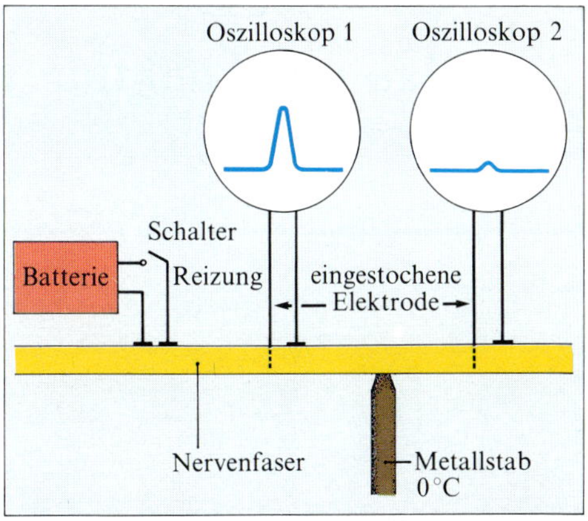

A 81.1. Beschreiben Sie das durch die Abbildung veranschaulichte Experiment, und stellen Sie einen Bezug zur Schmerzbekämpfung her.
Wie kann man den Versuch für eine andere Möglichkeit der Schmerzbekämpfung abwandeln?

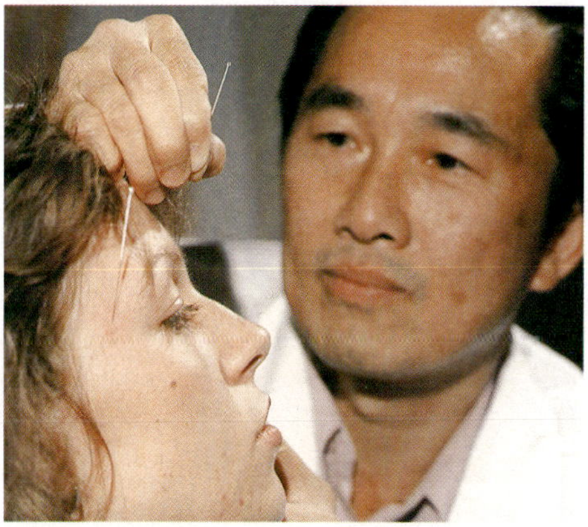

81.2. Akupunktur bei einer Patientin mit Migräne

Met-Enkephalin: Tyr-Gly-Gly-Phe-Met
Leu-Enkephalin: Tyr-Gly-Gly-Phe-Leu
Pentapeptide

Endorphin:
Tyr-Gly-Gly-Phe-Met-Thr-Ser-Glu-Lys-Ser-Gln-Thr-Pro-Leu-Val-Thr

Dynorphin:
Tyr-Gly-Gly-Phe-Met-Thr-Ser-Glu-Lys-Ser-Gln-Thr-Pro-Leu-Val-Thr-Leu-Phe-Lys-Asn-Ala-Ile-Ile-Lys-Asn-Ala-Tyr-Lys-Lys-Gly-Glu

81.3. Aminosäuresequenz einiger menschlicher Endorphine. Die Aminosäuresequenz stimmt in den Anfangsgliedern überein.

5. Bau und Funktion der Nervensysteme

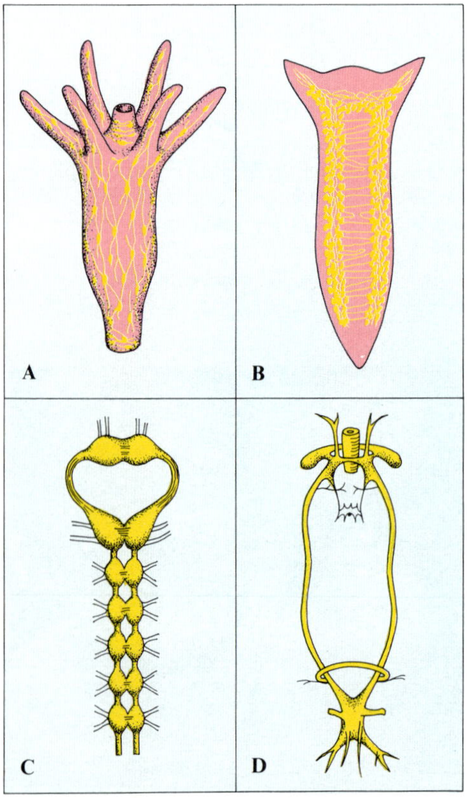

82.1. Entwicklung der Nervensysteme der Wirbellosen: **A** Polyp, **B** Strudelwurm, **C** Ringelwurm, **D** Muschel

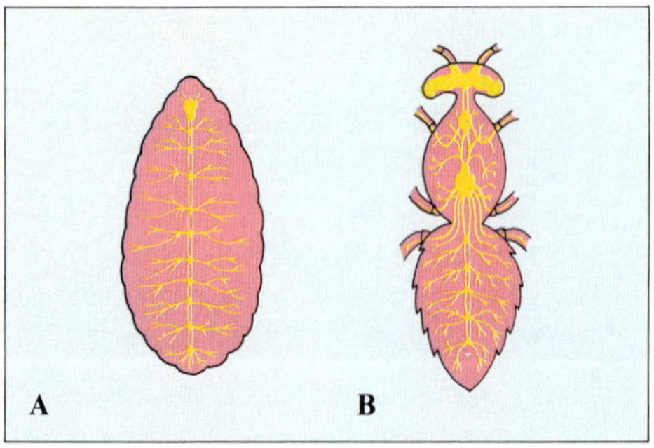

82.2. Nervensystem der Insekten: **A** Bienenlarve, **B** Biene

5.1. Evolution und Struktur der Nervensysteme

Evolution bei Wirbellosen. Präpariert man eine Biene unter dem Stereomikroskop von der Rückenseite her auf, so findet man auf der Bauchseite als weißlichen Strang das **Strickleiternervensystem.** Es ist – wie bei allen Insekten – ein **Bauchmark.** Knotenartige Verdickungen im Brustteil und im Kopf bilden das Zentrum dieses Nervensystems.
Sucht man dagegen in einer Bienenlarve nach dem Nervensystem, so findet man keine Verdickungen. Die Bienenlarve hat ein einfaches Strickleiternervensystem. Dieses unterscheidet sich im Prinzip nicht von dem eines Regenwurms, der zu den Ringelwürmern gehört.
Bienenlarve und Biene zeichnen in der Entwicklung ihrer Nervensysteme die Evolution der Insekten nach, die wahrscheinlich aus ringelwurmartigen Vorfahren entstanden sind. Auch die Nervensysteme der Weichtiere, zu denen die Schnecken gehören, zeigen Anklänge an die Struktur des Strickleiternervensystems der Ringelwürmer.
Möglicherweise sind die Ringelwürmer Nachkommen von einfachen Würmern, die vielleicht den heutigen Strudelwürmern ähnelten. Bei Strudelwürmern findet sich ein **Nervennetz,** das an den Körperseiten strangartige Zellkonzentrationen zeigt. Man kann sich vorstellen, daß das Strickleiternervensystem daraus entstanden ist. – Noch einfacher ist das Nervensystem der Hohltiere aufgebaut, die am Anfang der Entwicklung der Vielzeller stehen. Ein Beispiel dafür ist der Süßwasserpolyp.

So läßt sich die Entwicklung der Nervensysteme von einfachen Strukturen zu komplexen und konzentrierten Systemen ablesen. Einfache Nervennetze befähigen ihre Träger auch nur zu einfachen Reaktionen. Die gehirnartigen Strukturen der hochentwickelten Insekten dagegen bewältigen höchst komplexe Aufgaben, wie wir sie z. B. bei der Zusammenarbeit im Bienenstaat vor uns sehen.

Evolution bei Wirbeltieren. Ein sehr einfach aufgebauter Vorfahr der Wirbeltiere ist das Lanzettfischchen, das z.B. am Grunde der Nordsee lebt. Das Zentrum seines Nervensystems besteht aus einem rohrartigen Nervenstrang auf der Rückenseite, dem **Rückenmark.** Dieses Rückenmark bleibt in der Entwicklung der Wirbeltiere als Zentralstrang des Nervensystems erhalten.

Bei den Wirbellosen kann man im Laufe der Stammesentwicklung eine Tendenz zur Bildung von Zellkonzentrationen erkennen. Diese ermöglichen eine komplexere Informationsverarbeitung. Die gleiche Tendenz läßt sich auch bei den Wirbeltieren finden: Nervenzellen konzentrieren sich im Kopfbereich. Es entstehen Gehirne.

Schon beim Hai, der am Anfang der Entwicklung der Fische steht, finden wir alle Teile des Wirbeltiergehirns: Riechhirn, Zwischenhirn, Mittelhirn, Nachhirn und Kleinhirn. Zwischen diesen Abschnitten besteht eine weitgehende Arbeitsteilung. Wie der Name sagt, dient das Riechhirn z. B. der Auswertung der Geruchseindrücke des Hais. Entsprechend der Bedeutung dieses Sinnes für den Fisch ist es verhältnismäßig groß angelegt.
Das Kleinhirn dient demgegenüber der Bewegungskontrolle und der Orientierung im Raum. Abbildung 83.1. zeigt, daß dieser Hirnteil besonders gut bei Fischen, Vögeln und Säugern ausgebildet ist. Besonders die Vögel brauchen eine sehr gute Bewegungskoordination, wenn sie sich mit großer Geschwindigkeit in drei Dimensionen durch das Geäst der Bäume bewegen. Ein Reptil dagegen, z. B. eine Eidechse, ruht mit dem Bauch auf dem Boden, und seine Beine sind so kurz, daß es kaum je Gleichgewichtsschwierigkeiten bekommt. Sein Kleinhirn ist dementsprechend geringer entwickelt.
Für uns Menschen ist die Entwicklung des Riechhirns der frühen Fische am bedeutungsvollsten: Aus dem Riechhirn entwickelte sich das Vorder- oder Großhirn. Hier ist der Sitz unseres Bewußtseins.

Die Längsschnitte in Abbildung 83.1. zeigen außerdem: In allen Gehirnen finden sich Hohlräume, sogenannte Ventrikel, die mit einem Hohlraum im Rückenmark, dem Rückenmarkskanal, in Verbindung stehen. Diese Hohlräume sind der Rest des Innenraums des Rückenmarksrohrs beim Lanzettfischchen. In der Embryonalentwicklung wird das Nervensystem zuerst als **Neuralrohr** angelegt. Sein Hohlraum bleibt in allen späteren Stadien erhalten.

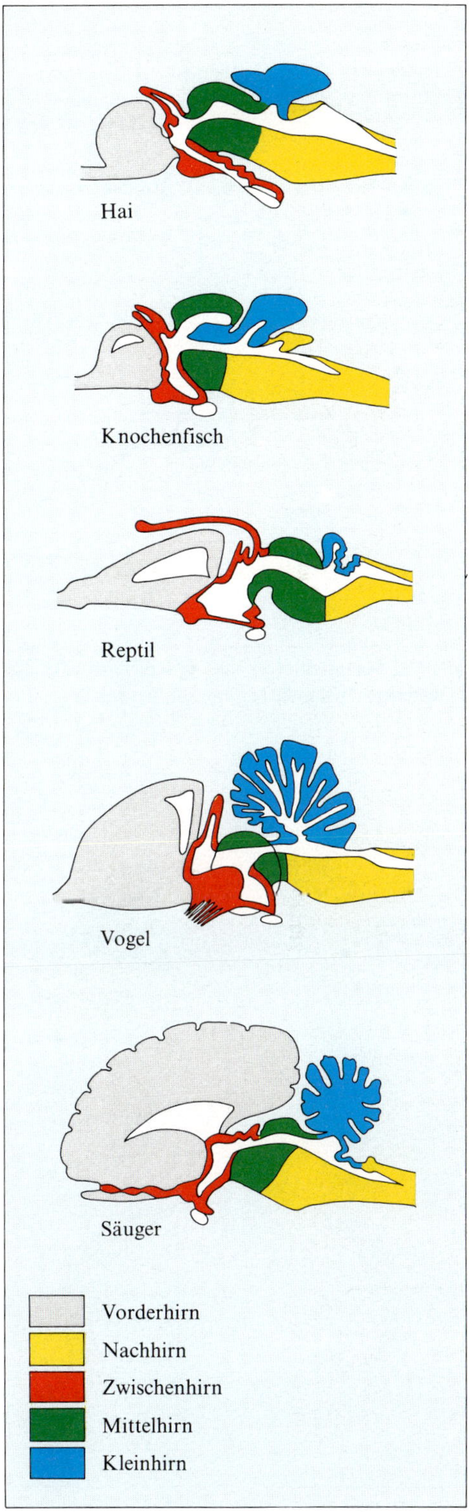

83.1. Entwicklung der Wirbeltiergehirne

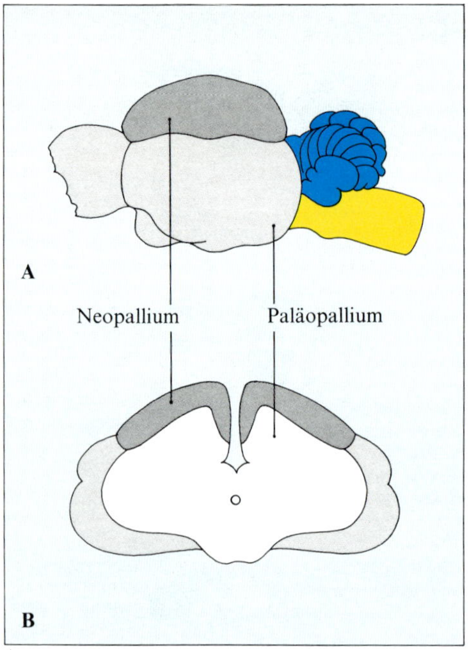

84.1. Seitenansicht (A) und Querschnitt (B) des Igelgehirns (Insektenfresser)

Evolution bei Säugetieren. Die Entwicklung des Großhirns der Säugetiere zeigen die Abbildungen 84.1. bis 85.1. Wir erkennen am Großhirn des Igels zwei unterschiedlich farbige Bereiche, die die Biologen Neopallium (neos – neu, pallium – Mantel) beziehungsweise Paläopallium (paläos – alt) nennen. Im Laufe der Evolution entwickelten sich diese beiden Teile der Hirnrinde unterschiedlich: Das Neopallium, das ursprünglich oben auf dem übrigen Gehirn liegt, wächst um die inneren Hirnteile herum und verdrängt das Paläopallium so weit nach unten, daß es schließlich beim Menschen in der Seitenansicht und im Schnitt nicht mehr sichtbar ist. Unser Riechnerv und das Riechzentrum sind Reste des Paläopalliums. Beim Menschen erfährt die Rinde des Neopalliums eine starke Auffaltung, die eine beträchtliche Oberflächenvergrößerung zur Folge hat. Dadurch finden wesentlich mehr Neuronen auf dieser Oberfläche Platz. Außerdem spielt die Lage der Nervenzellen in der Gehirnrinde für ihre Ernährung eine wichtige Rolle: Die Nervenzellen werden von der Gehirnflüssigkeit mit Sauerstoff und Nährstoffen versorgt. Diese umspült das Gehirn von außen.

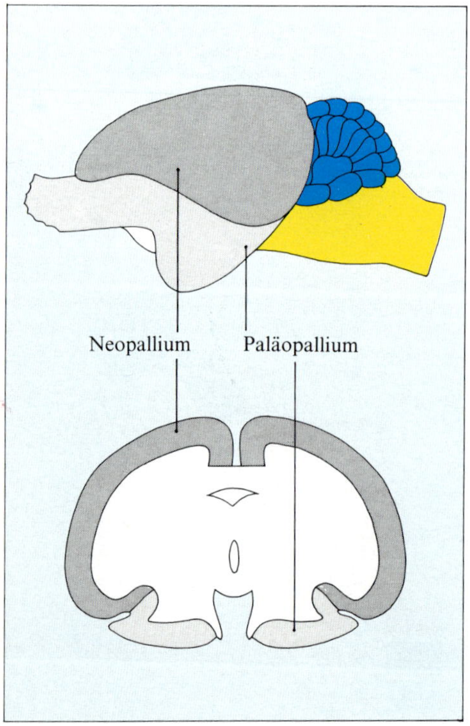

84.2. Gehirn des Spitzhörnchens (Primitiver Primat)

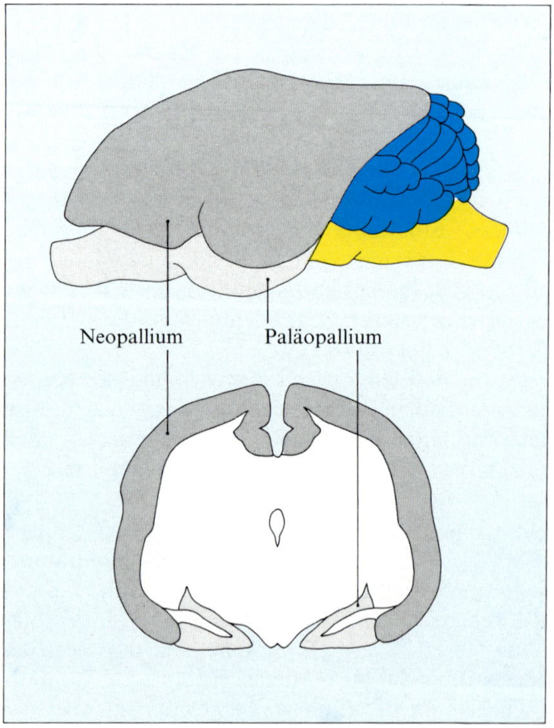

84.3. Gehirn eines Halbaffen (Primat)

Struktur und Einteilung des Nervensystems der Wirbeltiere. Um eine Übersicht über das komplexe Geflecht der Nervengewebe im Körper zu bekommen, hat man das Nervensystem entsprechend den Funktionen seiner Teile folgendermaßen gegliedert: Der Teil des Nervensystems, der das bewußte Erleben, das Gedächtnis, die Auswertung der Meldungen der Sinnesorgane und die Bewegungen der Skelettmuskulatur umfaßt, ist das **Zentralnervensystem (ZNS).** Es besteht aus den Teilen Rückenmark und Gehirn. Demgegenüber dient das **Vegetative Nervensystem** der Steuerung der inneren Organe. Es ist anatomisch nicht so klar zu erkennen wie das Zentralnervensystem. Es besteht aus einer Reihe von Nervensträngen, die teils in konzentrierter Form, teils völlig einzeln den Körper durchziehen (siehe Abschnitt 5.3.).

Diese Nervensysteme sind mit dem übrigen Körper durch Nervenstränge verbunden. Die Fasern, die diese Verbindung herstellen, bilden das **Periphere Nervensystem: Sensorische Bahnen** führen dabei die Informationen von den Sinnesorganen zu den auswertenden Zentren. Die **motorischen Bahnen** leiten dagegen die ausgehenden Informationen an die Muskeln.

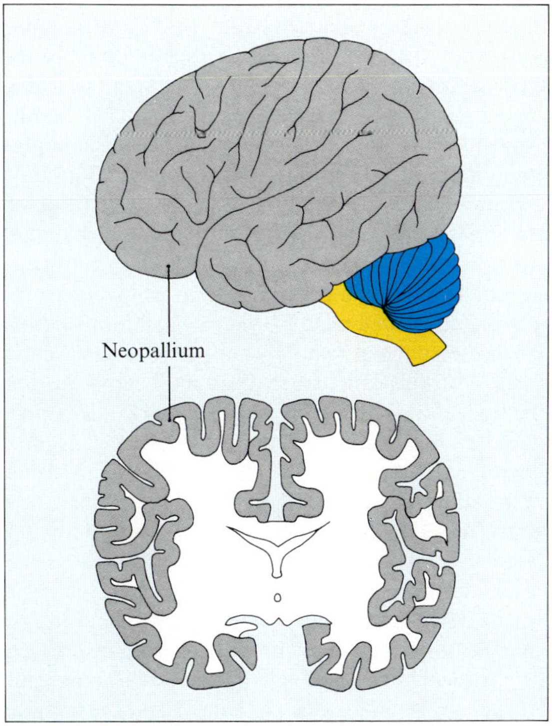

85.1. Gehirn des Menschen (Hochentwickelter Primat)

A 85.2. Vergleich von Leistungsfähigkeit und Struktur von Nervensystemen

A. Wirbellose. Wählen Sie aus den Stämmen der Wirbellosen einige Beispiele aus, und beurteilen Sie diese unter dem Gesichtspunkt ihrer Leistungsfähigkeit. (Beispiel: Ringelwürmer, Vertreter: Regenwurm). Mögliche Fragestellung: Welche Sinnesorgane hat das Tier? Welche Informationen sind ihm damit zugänglich? Welche Handlungen kann das Tier ausführen? Zu welchen Lernleistungen ist das Tier fähig? Verwenden Sie dazu Informationen aus Tierbüchern. Ordnen Sie die Tiere nach ihrer Leistungsfähigkeit, und vergleichen Sie daraufhin die Strukturen ihrer Nervensysteme.

B. Wirbeltiere. Wenden Sie die gleiche Fragestellung auf die Klassen der Wirbeltiere an.

C. Säugetiere. Vergleichen Sie in derselben Weise Igel, Spitzhörnchen, Lemuren und Menschen. Berichten Sie über die Ergebnisse der Vergleiche in Referaten.

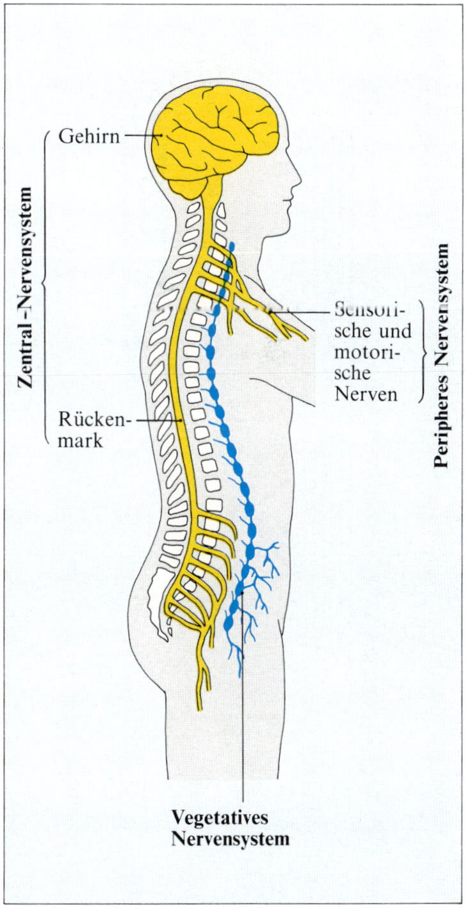

85.3. Gliederung des menschlichen Nervensystems

86.1. Lichtmikroskopisches Bild des Rückenmarks. Man erkennt im Inneren die dunkel gefärbte Graue Substanz, die aus Nervenzellen besteht, während die außenliegende Weiße Substanz ihre Farbe vom Myelin der hier verlaufenden Neuritenbahnen erhält.

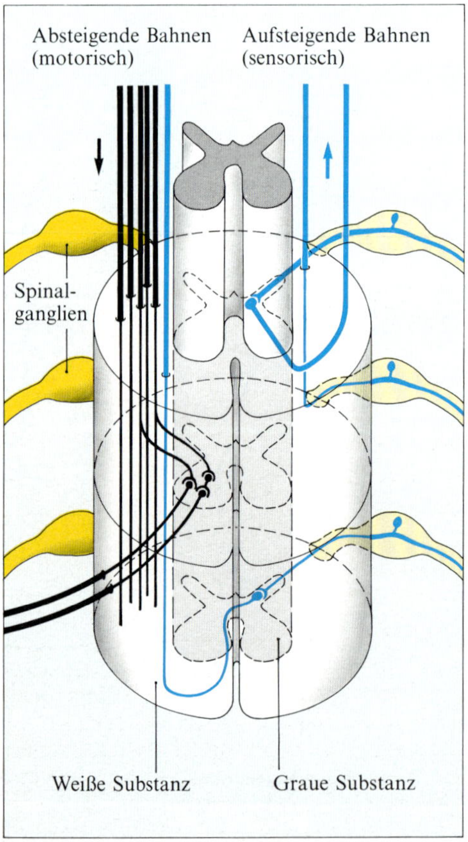

86.2. Rückenmark des Menschen. Es sind die zu- und ableitenden Bahnen im Bereich zweier Wirbel dargestellt.

5.2. Das Zentralnervensystem

5.2.1. Das Rückenmark

Das lichtmikroskopische Bild eines gefärbten Rückenmarksquerschnitts zeigt die Struktur dieses Organs: Im Inneren erkennen wir die schmetterlingsförmige Gestalt der **Grauen Substanz.** Sie besteht zum größten Teil aus Nervenzellkörpern und sieht dunkler aus als die sie umgebende **Weiße Substanz.** Diese besteht ausschließlich aus Neuriten, und zwar einmal aus solchen, die vom Gehirn zu den Muskeln ziehen, den absteigenden Bahnen, und aus solchen, die von den Sinnesorganen zum Gehirn führen, den aufsteigenden Bahnen. Die absteigenden Bahnen verlassen das Rückenmark auf der Vorderseite als **motorische Nerven,** während die **sensorischen Nerven,** die von den Sinnesorganen kommen, auf der Rückenseite in das Rückenmark eintreten. Die Zellkörper von sensorischen Nerven befinden sich außerhalb des Rückenmarks in den Spinalganglien. Das sind knotenförmige Gebilde, die kurz vor dem Eintritt in das Rückenmark liegen.

Die Hauptaufgabe des Rückenmarks ist die Leitung der Informationen zwischen dem Gehirn und den anderen Körperbereichen. Ein Teil der Informationsverarbeitung läuft aber auch schon im Rückenmark selbst ab. Das folgende Experiment soll das zeigen: Eine Versuchsperson sitzt mit locker herabhängenden Unterschenkeln auf der Tischkante. Wenn man mit der Handkante oder einem Gummihammer leicht auf eine Stelle schlägt, die dicht unter der Kniescheibe liegt, so springt der Unterschenkel sofort hoch. Genaue Untersuchungen haben folgendes ergeben: In den Streckmuskeln des Oberschenkels sitzen – wie in allen Muskeln – Dehnungsrezeptoren, die sogenannten Muskelspindeln. Die Sehne dieses Muskels läuft über die Kniescheibe an den oberen Teil des Schienbeins und bewirkt die Streckung des Beins. Durch den Schlag unter die Kniescheibe wird diese Sehne eingedrückt. Der Muskel wird dadurch gedehnt, und die Muskelspindel registriert die Dehnung. Diese Information läuft in Form von Aktionspotentialen über eine sensorische Faser, die in das Hinterhorn der Grauen Substanz eintritt. Hier besteht eine synaptische Verbindung zu einer motorischen Nervenzelle, die im Vorderhorn der Grauen Substanz liegt. Ihr Neurit ist mit dem Muskel verbunden, dessen Muskelspindel gerade gereizt wurde. Durch die Aktionspotentiale der sensorischen Faser wird das motorische Neuron

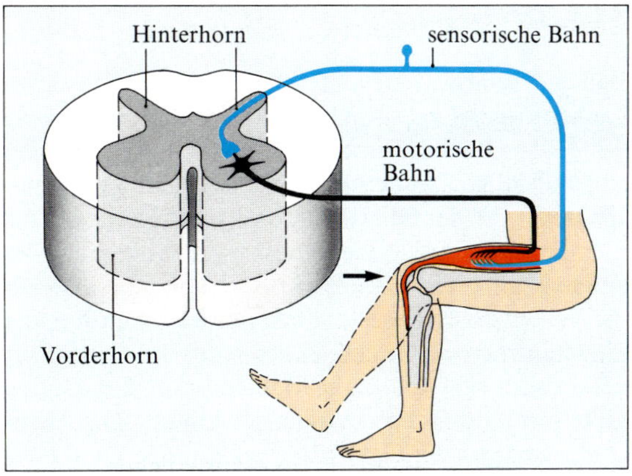

87.1. Reflexbogen des Kniescheibensehnenreflexes

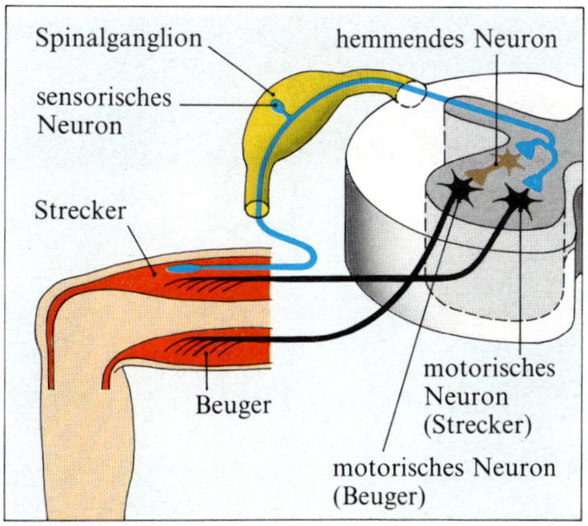

87.2. Hemmung des antagonistischen Muskels im Reflexbogen. Die hemmende Nervenzelle ist schwarz dargestellt.

angeregt, selbst Aktionspotentiale abzugeben, die den Muskel nun zur Kontraktion veranlassen. Die passive Dehnung wird durch diese Schaltung in eine Kontraktion „reflektiert". Deshalb wird diese Reaktion **Reflex** genannt. Der hier dargestellte Reflex ist der „Kniescheibensehnenreflex". Die Nervenschaltung eines Reflexes heißt **Reflexbogen.**

Jeder Muskel im Körper hat einen Antagonisten, einen Gegenspieler. Durch den Kniescheibensehnenreflex wird dieser, der Beuger des Unterschenkels, automatisch gestreckt. Aber auch dieser Muskel hat einen Reflexbogen. Wenn nun der Reflex des Unterschenkelstreckers ausgelöst wird, müßte automatisch auch eine Reaktion des Beugers eintreten. Dies geschieht aber nicht, weil im Rückenmark eine Hemmschaltung liegt: Der Neurit des Dehnungsrezeptors verzweigt sich in der Grauen Substanz und ist durch eine Synapse mit einem hemmenden Neuron verbunden. Dieses sendet, wenn es aktiviert wird, hemmende Aktionspotentiale auf das motorische Neuron des Antagonisten, so daß dessen Reflexreaktion unterbunden wird.

Bei Reflexen dieser Art liegt das Sinnesorgan, das den Reiz aufnimmt, direkt im ausführenden Organ. Man nennt diese Reflexe deshalb **Eigenreflexe.**

Der Klammerreflex der Säuglinge ist z. B. ein Eigenreflex. – Bei anderen Reflexen liegt das Sinnesorgan nicht in unmittelbarer Nähe des kontrahierten Muskels. Abbildung 87.3. zeigt die Reaktion des gesamten Beins, wenn ein Schmerz an der Fußsohle registriert wird. Durch den Reiz werden mehrere Muskeln, auch die des Oberschenkels, aktiviert. Der Reflex ist ein **Fremdreflex.** Husten und Niesen z. B. sind ebenfalls Fremdreflexe.

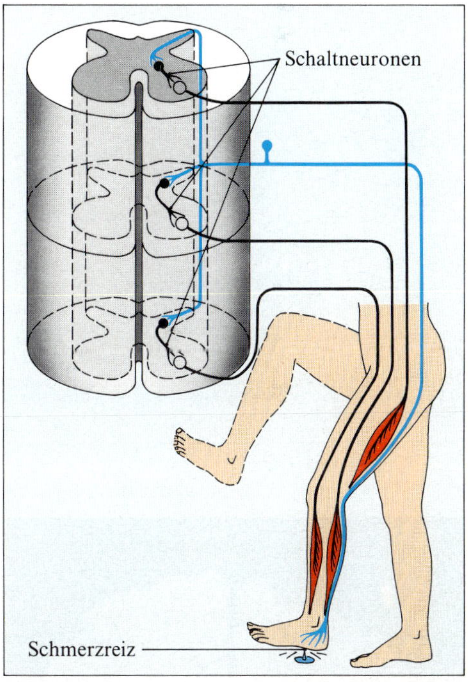

87.3. Fremdreflex. Für die Bewegung des ganzen Beins werden mehrere Muskeln gebraucht. Die dazugehörigen Nerven entspringen verschiedenen Teilen des Rückenmarks. Der Schmerzreiz am Fuß wird aber nur über eine sensorische Bahn zum Rückenmark gemeldet. Über die Weiße Substanz laufen Neuritenverzweigungen in die Rückenmarksbereiche, in denen die motorischen Neuronen der Beinmuskulatur liegen. Sie werden durch die sensorischen Impulse so aktiviert, daß sich das ganze Bein hebt. Das Sinnesorgan liegt nicht im ausführenden Organ. Das ist ein Fremdreflex.

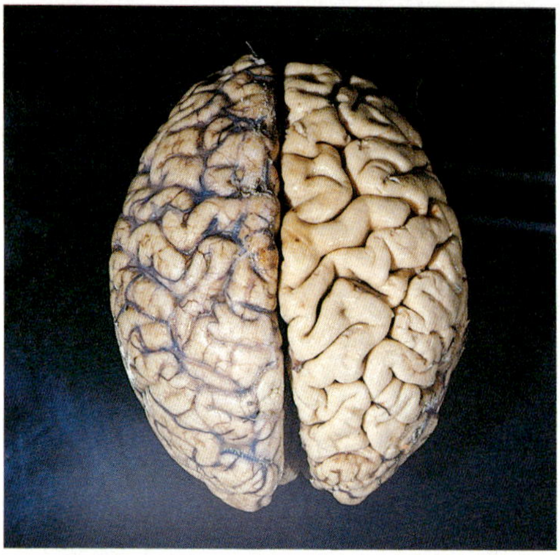

88.1. Gehirn von oben

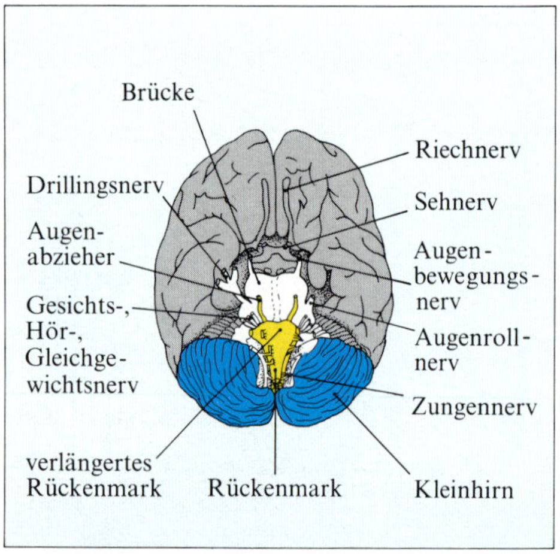

88.2. Gehirn von unten

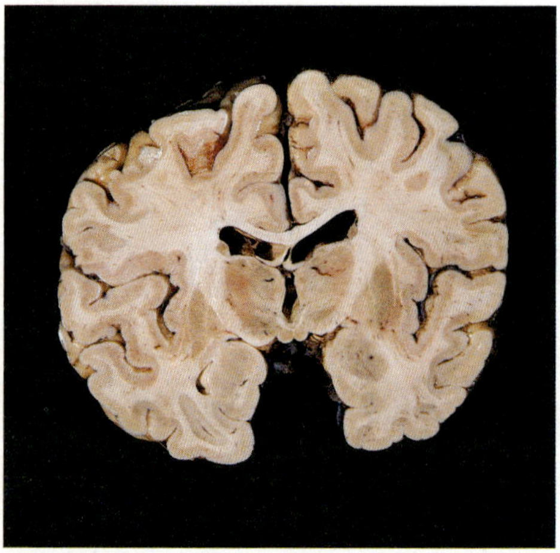

88.3. Gehirn – Frontalschnitt

5.2.2. Das Gehirn

Bau des Gehirns. Betrachtet man ein freipräpariertes Gehirn von außen, so sieht man im wesentlichen zwei Teile, das Großhirn und das Kleinhirn. Beide zeigen eine auffällige Zweiteilung in die sogenannten **Hemisphären.** – An der Oberfläche des **Großhirns** liegen die Nervenzellen. Sie bilden die Graue Substanz, die einige Millimeter dicke Hirnrinde. Die innen liegende Weiße Substanz besteht fast nur aus Neuriten, die die Neuronen verbinden. Im Inneren des Großhirns vereinigen sie sich zum **Balken,** der die beiden Großhirnhälften miteinander verbindet. Die Hirnrinde wird von der Gehirnflüssigkeit umspült, die die Nervenzellen mit Sauerstoff und Nährstoffen versorgt. Aufgrund dieser Versorgungsweise ergab sich in der Evolution für die Nervenzellen ein Selektionsvorteil, die in der Nähe der Oberfläche lagen. Deshalb sind heute die Neuronen in der **Hirnrinde** konzentriert.

Unter dem Balken liegt das **Zwischenhirn.** Sein oberer Teil ist der Thalamus, der untere wird Hypothalamus genannt. Unten am Hypothalamus sitzt die etwa kirschkerngroße **Hypophyse,** eine Hormondrüse, die in direkter Nervenverbindung mit dem Gehirn steht.
Betrachtet man das Gehirn von der Unterseite her, so erkennt man das **Mittelhirn** mit dem darauf folgenden **Nachhirn,** das auch als Verlängertes Rückenmark bezeichnet wird. Hier verlassen mehrere Nervenstränge das Gehirn, die in der Mehrzahl der Versorgung des Gesichts und seiner Sinnesorgane dienen. – Über dem Verlängerten Rückenmark liegt das reich und regelmäßig gefaltete **Kleinhirn.**
Über die Aufgaben der Hirnteile wird in Abschnitt 7.2. ausführlich gesprochen. In grober Vereinfachung seien sie hier kurz skizziert: Das Großhirn ist der Sitz des Gedächtnisses. Hier werden die Informationen der Sinnesorgane ausgewertet und bewußte Reaktionen ausgelöst. Das Zwischenhirn enthält Schaltungen, die die angeborenen Reaktionen steuern. Es prüft die einlaufenden Informationen und leitet sie an bestimmte Hirnrindenteile weiter. Außerdem stellt es die Verbindung zum Vegetativen Nervensystem her. Mittelhirn und Nachhirn sind wichtige Schaltstationen zwischen den Hirnteilen. Von hier aus werden lebenserhaltende Funktionen gesteuert, das Atemzentrum z. B. liegt im Verlängerten Rückenmark. – Bewegungskontrolle und Orientierung im Raum gehen vom Kleinhirn aus. Es arbeitet dabei eng mit der Großhirnrinde zusammen.

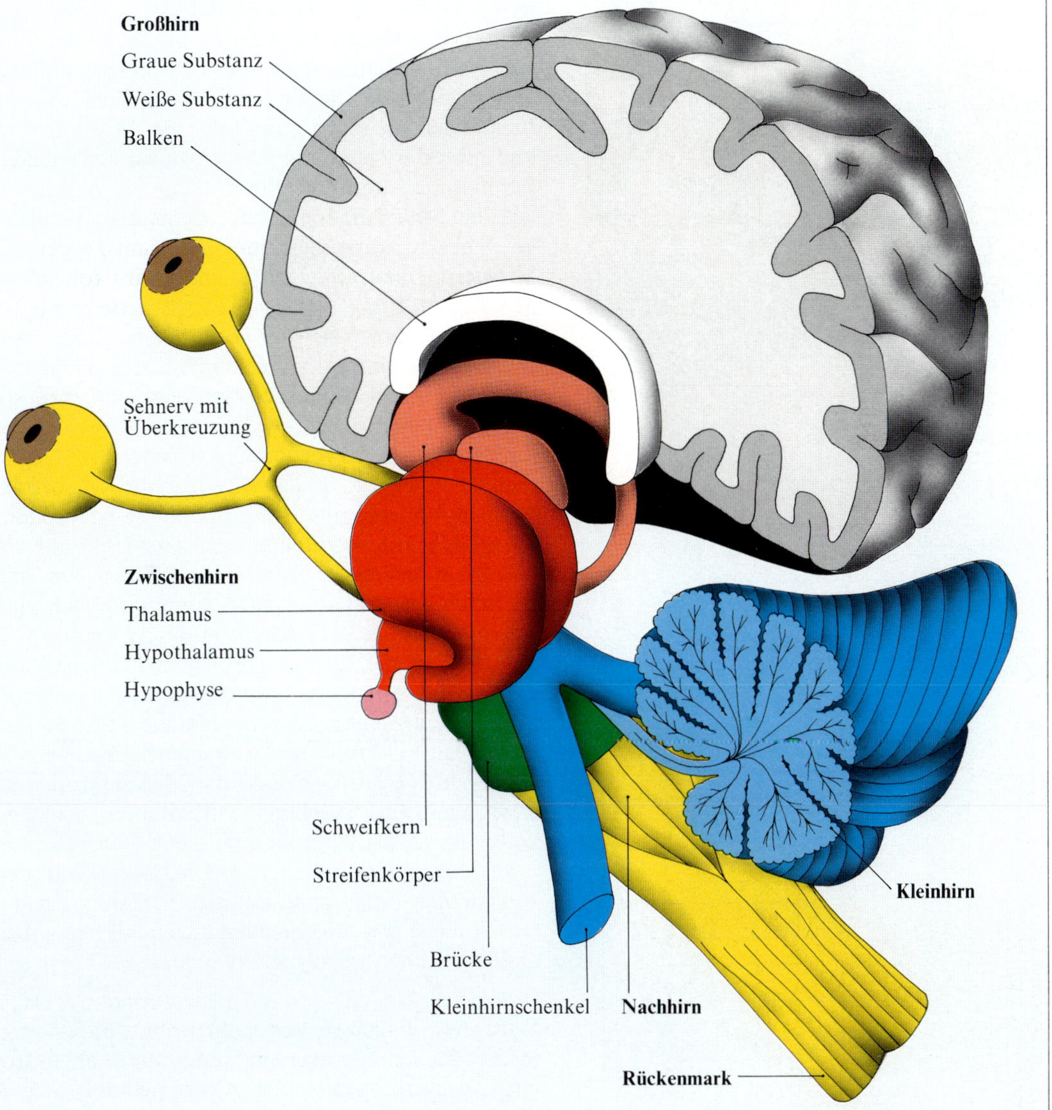

89.1 Bau des menschlichen Gehirns. Die Zeichnung zeigt das Innere des Gehirns von links oben gesehen. Zur besseren Übersichtlichkeit ist die rechte Großhirnhemisphäre leicht abgehoben und nach rechts versetzt. Dadurch werden die Übergangsbereiche zwischen Großhirn und Stammhirn – der Schweifkern und der Streifenkörper – sichtbar. Das Stammhirn umfaßt die Gehirnbereiche, die nicht zum Großhirn oder zum Kleinhirn gehören. – Das Mittelhirn ist auf dieser Zeichnung nicht zu sehen. Es liegt unter dem Thalamus zwischen Hypothalamus und Brücke.

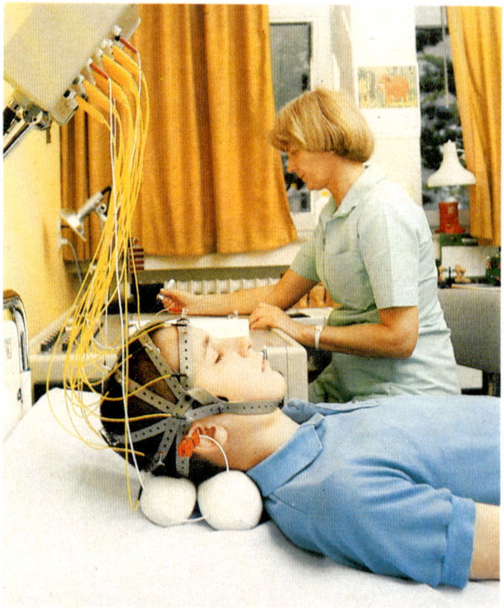

90.1. **Aufnahme eines EEG**

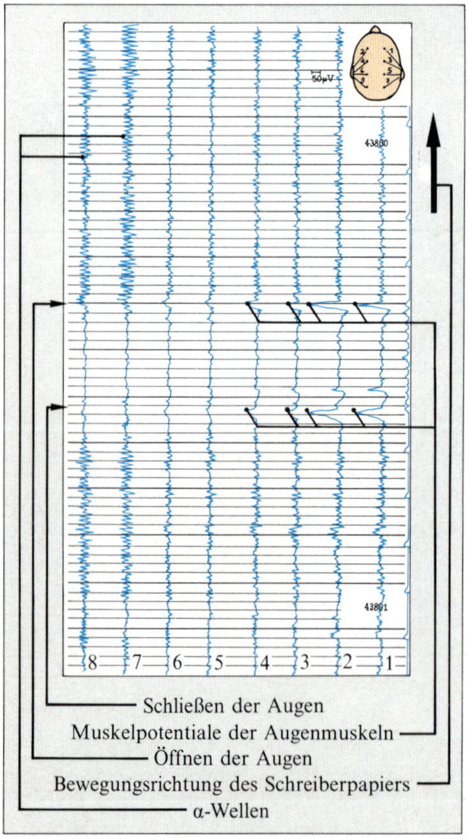

90.2. Normales EEG eines Erwachsenen, Aufzeichnung über einen Mehrkanalschreiber (hier acht Kanäle)

Untersuchungsmethoden: Das Elektroenzephalogramm (EEG). Für die Diagnose verschiedener Krankheiten oder nach Unfällen wird häufig ein Elektroenzephalogramm (EEG) hergestellt. Dazu werden an bestimmten Stellen der Kopfoberfläche Elektroden angebracht, die durch eine leitende Salbe elektrischen Kontakt mit der Kopfhaut haben. Eine Elektrode sitzt dabei an einem beliebigen anderen Körperteil, z. B. am Ohr. Schließt man die Kabel der Elektroden an einen empfindlichen Verstärker an und mißt die Spannung zwischen dem betreffenden Kopfhautteil und der Ohrelektrode, so zeigen sich auf dem Mehrkanalschreiber regelmäßige Ausschläge. Sie sind allerdings nur vorhanden, wenn die Versuchsperson völlig entspannt und mit geschlossenen Augen liegt.

Dieses Ergebnis ist von vorn herein nicht ohne weiteres zu erwarten. Wenn man davon ausgeht, daß im Großhirn 14 Milliarden Nervenzellen liegen, die alle eine spezielle Aufgabe haben, so werden sie bei ihrer Arbeit alle zu verschiedenen Zeiten Aktionspotentiale erzeugen. Jedes Aktionspotential beträgt höchstens 80 mV, und diese Spannung ist zu klein, um durch die Hirnhäute, den Schädel und die Kopfhaut gemessen werden zu können. Im entspannten Zustand aber sind Spannungsschwankungen meßbar. Diese Meßergebnisse sind nur so zu deuten, daß die Gehirnneuronen im Ruhezustand völlig synchron und in gleichem Rhythmus Aktionspotentiale erzeugen. Diese Potentiale addieren sich so, daß die Gesamtspannung ausreicht, die Schädeldecke zu durchdringen und die Meßelektroden zu erreichen. Im wachen, entspannten Zustand „schwingen" die Neuronen mit einer Frequenz von etwa 10 Hz. Hirnwellen dieser Frequenz nennt man **Alphawellen.** Auch in bestimmten Schlafphasen treten ähnliche Synchronschwingungen auf, sie haben dann eine noch geringere Frequenz.

Wird die Versuchsperson aufgefordert, angestrengt nachzudenken oder werden Sinnesorgane angesprochen, so verschwindet der Alpharhythmus augenblicklich und macht einer flachen, unregelmäßigen Linie Platz. Sie ist Ausdruck der individuellen Arbeit aller Nervenzellen, deren Addition nun nicht mehr reicht, um elektrische Felder bis nach außen dringen zu lassen. Man kann sich das Prinzip dieser Vorgänge im Modell mit einer Menschenmenge verdeutlichen, die rhythmisch klatscht. Dann ist jeder Schlag mit den Händen deutlich und laut zu hören. Klatscht dagegen jeder im eigenen Rhythmus, so entsteht ein gleichmäßiges Geräusch, der Beifall „rauscht auf".

Die Bedeutung des EEG liegt darin, daß mit seiner Hilfe Unregelmäßigkeiten in der Gehirnarbeit festgestellt werden können, z. B. Asymmetrien, die eventuell durch einen einseitig liegenden Tumor hervorgerufen werden könnten. Auch der Einfluß bestimmter Drogen wirkt sich im EEG aus. Auf keinen Fall allerdings kann das EEG über charakterliche Eigenschaften oder im Augenblick gedachte Gedanken Auskunft geben, wie vielleicht auf den ersten Blick befürchtet werden könnte.

Auswertung von Meßdaten durch Computer. In den letzten Jahrzehnten haben sich durch den Einsatz von EDV-Anlagen weitere Möglichkeiten eröffnet, „in das Gehirn zu schauen". In einem Verfahren verwendet man dabei schwach radioaktive Substanzen, wie z. B. radioaktiven Traubenzucker oder radioaktives Xenon, die ins Blut gebracht werden und sich dort lösen. Daraufhin wird der Patient oder die Versuchsperson in eine Apparatur gelegt, wie sie in Abbildung 91.1. dargestellt ist: Rund um den Kopf befindet sich eine große Anzahl von Zählrohren. Sie messen die aus dem Kopf in jede Richtung austretende Strahlung. Ein Computerprogramm berechnet aus den Strahlungsintensitäten die räumliche Lage des Strahlungszentrums im Gehirn. Das Ergebnis wird als farbiges Bild auf einer Fernsehröhre sichtbar (Abbildung 91.2.). Die Gebiete, die besonders gut durchblutet sind, strahlen am stärksten und sind deshalb auf dem Bild von ihrer Umgebung abgehoben. So lassen sich schon am gesunden Gehirn die Hirnteile ausmachen, die im Moment der Untersuchung gerade arbeiten. Wenn die Versuchsperson z. B. etwas hört, tritt das Hörzentrum im Bild deutlich hervor.

Ohne Strahlenbelastung arbeitet die „Kernspintomographie". Man macht sich dabei die Tatsache zunutze, daß bestimmte Atomkerne, z. B. Wasserstoffkerne, mit ihren Bewegungen auf Magnetfelder reagieren. Die Reaktion läßt sich messen und ist für jedes Element charakteristisch. Da das Gehirn aus verschiedenen Substanzen in unterschiedlicher Zusammensetzung besteht, ergibt sich für jeden Teil des Gehirns ein spezifisches Bild, das durch ein Computerprogramm wiederum sichtbar gemacht werden kann. Auf diese Weise lassen sich Gewebeveränderungen darstellen, die durch die bisher verwendeten Röntgenmethoden nicht feststellbar waren. Abbildung 91.3. zeigt den Längsschnitt durch einen Kopf, in dem die Hirnteile deutlich sichtbar werden. Der Ventrikelhohlraum im Inneren ist dabei krankhaft vergrößert.

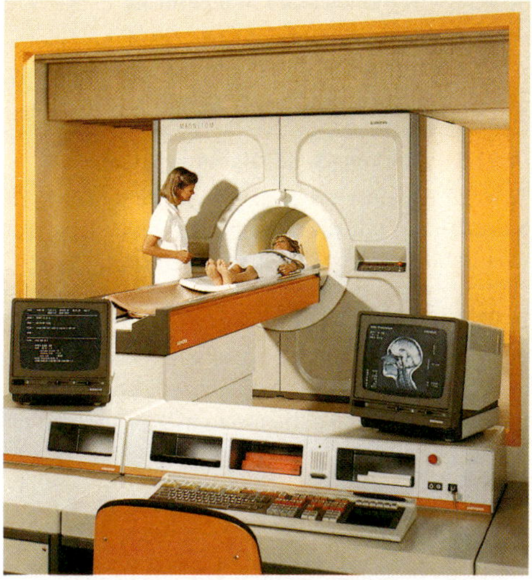

91.1. Gerät zur Aufnahme von Tomogrammen

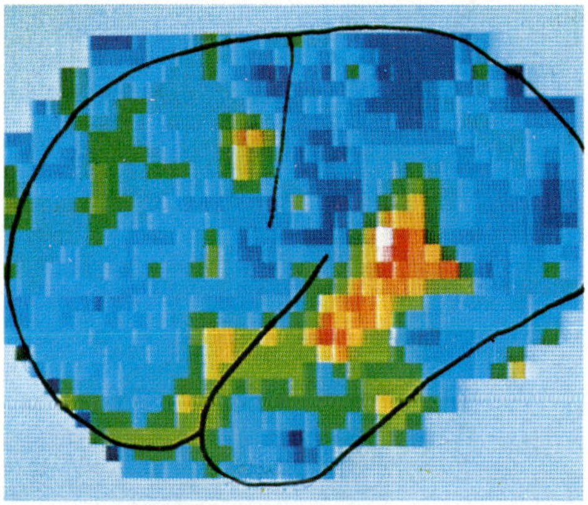

91.2. Durchblutung des Großhirns

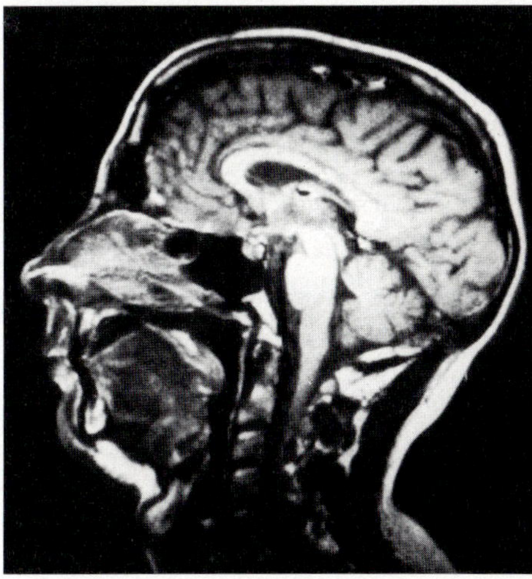

91.3. Kernspintomogramm eines Gehirns

5.3. Das Vegetative Nervensystem

Ein Teil der körperlichen Reaktionen ist mit dem Willen nicht zu beeinflussen. Wir können zum Beispiel nicht unterdrücken, daß wir aus Verlegenheit rot werden. Diese stärkere Hautdurchblutung wird durch das Vegetative Nervensystem gesteuert. Es besteht aus mehreren Einzelnerven, die meist dem Zwischenhirn und dem Mittelhirn entspringen. Auch Bereiche der Weißen Rückenmarkssubstanz gehören dazu. Am deutlichsten ist der sogenannte „Grenzstrang des Sympathicus" zu erkennen. Er liegt beiderseits der Wirbelsäule und besteht aus einer Doppelreihe von Ganglienknoten, die strickleiterartig verbunden sind.

Das Vegetative Nervensystem dient der Steuerung der inneren Organe. Dies geschieht weitgehend ohne den Einfluß des Großhirns. Bei genauerer Untersuchung stellt man fest, daß ein Teil der vegetativen Nerven die Organe anregt, ein anderer hemmt sie dagegen. Auf den ersten Blick ist allerdings nicht ersichtlich, welchem Prinzip diese unterschiedlichen Einflüsse folgen. Von dem anatomisch einheitlichen Grenzstrang z. B. gehen sowohl fördernde als auch hemmende Wirkungen aus. Man findet die Lösung, wenn man die Aufgaben der beeinflußten Organe betrachtet: Wenn z. B. Herz- und Lungentätigkeit angeregt werden, wird die Nieren- und Darmtätigkeit gleichzeitig gehemmt. Bei einer Zusammenschau aller beeinflußten Organe stellt man dann fest: Ein Teil des Vegetativen Nervensystems fördert alle Organe, die der körperlichen und geistigen Aktivität dienen, der andere Teil aktiviert die Teile, deren Tätigkeit die Reserven des Körpers regenerieren. Man nennt den „Aktivierungsteil" des Systems den **Sympathicus,** der „Erholungsteil" ist der **Parasympathicus.** Sie wirken antagonistisch. In Alarmsituationen und bei intensiver Arbeit ist der Sympathicus aktiv. Die arbeitenden Organe werden gut durchblutet, und die Sinnesorgane sind auf höchste Empfindlichkeit eingestellt. Die Verdauungstätigkeit dagegen ruht weitgehend. Im Ruhezustand, z. B. im Schlaf, ist der Parasympathicus tätig. Herz und Kreislauf arbeiten im Spargang, der Blutdruck sinkt, die Aufmerksamkeit läßt nach, „man entspannt sich".

Über den Hypothalamus – einen Teil des Zwischenhirns – stehen beide Systeme mit dem Großhirn in Verbindung. So wird verständlich, wie eine bewußte Wahrnehmung – z. B. die bewußt erlebte Blamage – zu einer Sympathicusreaktion – dem Erröten – führen kann.

A 92.1. Wirkungen des Sympathicus

Werten Sie die Abbildung 93.1. aus. Untersuchen Sie, welche Folgen die Sympathicusaktivität auf die einzelnen Organe hat.

A 92.2. Wirkungen des Parasympathicus

Welche Bedeutung hat die Einwirkung des Parasympathicus auf die einzelnen Organe? Beschreiben Sie die Folgen dieser Wirkungen.

A 92.3. Autogenes Training

Informieren Sie sich bei Personen, die im Autogenen Training geübt sind, über diese Methode. Volkshochschulen z. B. bieten Kurse in Autogenem Training an. Befragen Sie die Dozenten dieser Kurse. Welche körperlichen Wirkungen können durch Autogenes Training erzielt werden?

Warum ist es nicht möglich, die Wirkungen, die durch Autogenes Training hervorgebracht werden, sofort und ungeübt zu erzeugen? Welche Rolle spielt das Training in diesem Zusammenhang? Was wird wahrscheinlich während der Trainingsübungen im Nervensystem ablaufen? Welche gesundheitliche Bedeutung hat Autogenes Training?

A 92.4. Psychosomatische Krankheiten

Psychosomatische Krankheiten sind körperliche Krankheiten, die durch seelische Belastungen hervorgerufen werden. Kreislaufschwierigkeiten z. B. oder Magengeschwüre haben häufig seelische Ursachen.

Versuchen Sie aufgrund der Informationen dieser Seite eine Kausalkette für die Entstehung einer psychosomatischen Störung zu entwerfen. Welche Situationen bergen die Gefahr psychosomatischer Störungen in sich?

Für den Fall, daß sie Aufgabe 92.3. gelöst haben: Welche Bedeutung hat Autogenes Training für die Heilung bzw. Verhinderung psychosomatischer Störungen?

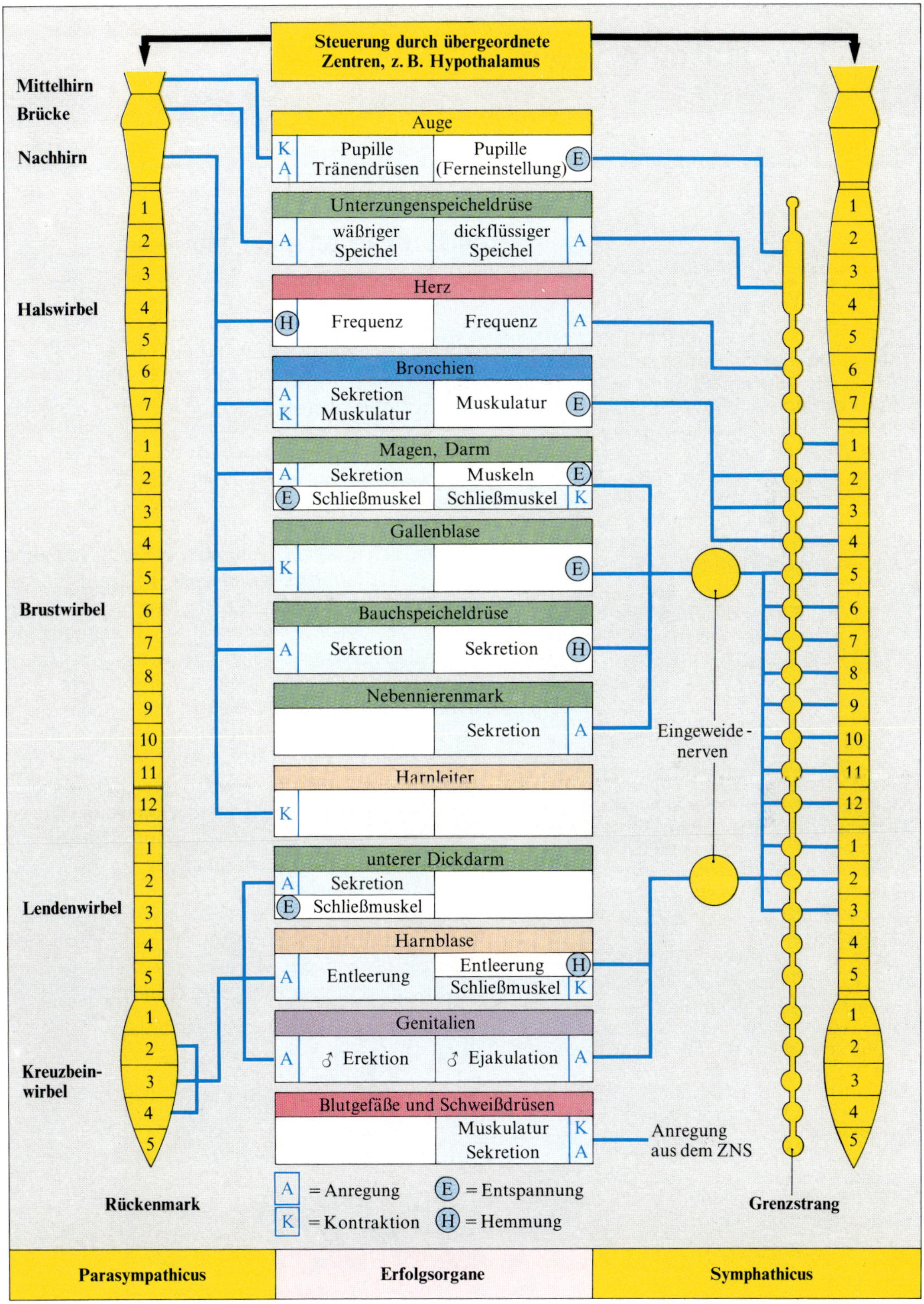

93.1. Wirkungen des Vegetativen Nervensystems

6. Das Hormonsystem

Zwei Jahre lang lebte und arbeitete der britische Forscher einsam auf einem kleinen Eiland. Nur selten unterbrach der Junggeselle sein Robinson-Dasein und fuhr zu seiner Freundin aufs Festland.

Schon bei seinen ersten Wochenend-Trips beobachtete der Forscher einen Nebeneffekt, der seine wissenschaftliche Neugier weckte: Unmittelbar vor und auch während der Besuche schien sein Bart erheblich stärker zu sprießen als während des Aufenthalts auf der Insel.

Fortan führte der Brite gewissenhaft Buch über seinen Bartwuchs. Nach jeder Rasur reinigte er den Scherkopf seines Philishave-Trockenrasierers und wog die Bartausbeute auf einer hochempfindlichen Waage. Gleichzeitig registrierte er täglich das Ausmaß seiner körperlichen Betätigung, die Schlafdauer, psychische Auffälligkeiten wie etwa Nervosität und schließlich seine sexuelle Aktivität. Die Ergebnisse, die der Forscher nun in dem englischen Wissenschaftsmagazin „Nature" veröffentlichte, bestätigten die anfänglichen Beobachtungen des Wissenschaftlers: Der Bartwuchs eines Mannes hängt von seiner sexuellen Erwartung und Aktivität ab.

Um sicherzugehen, daß die Ergebnisse seiner Forschung nicht nur als Zufallsrate gelten konnten, machte der Brite einen Kontrollversuch. Er trank an bestimmten Tagen einen Saft, der einige Milligramm künstlicher Sexualhormone, etwa Androsteron und Testosteron, enthielt. Der Hormonsaft wirkte auf den Bartwuchs des Forschers in gleichem Maße wie die gesteigerte Aktivität seiner Hormondrüsen an einem Festlands-Wochenende.

94.1. Ausschnitt aus einem Artikel des SPIEGEL (Nr. 29/1970)

6.1. Bedeutung der Hormone

Der Zeitschriftenartikel auf dieser Seite demonstriert einige Eigenschaften von Hormonen: Es sind Substanzen, die vom Körper an einer bestimmten Stelle gebildet werden und die eine spezifische Wirkung an einer anderen Stelle des Körpers entfalten. In diesem Beispiel sind es die Sexualhormone, die unter anderem auch den Bartwuchs beeinflussen.
Man kann die Hormone also „Botenstoffe" nennen. Sie übertragen den „Befehl" an ein bestimmtes Organ, sich in einer bestimmten Weise zu verhalten. Die Sexualhormone veranlassen die Haut, das sekundäre Geschlechtsmerkmal „Bart" stark hervortreten zu lassen. Damit sind sie Bestandteil des Informationsverarbeitungssystems des Körpers, in dem sie eine typische „Langzeitrolle" spielen.
Die Arbeitsweise der Nerven ist auf schnelle Informationsübermittlung ausgelegt. Sie erfolgt in Bruchteilen von Sekunden, verbraucht dafür aber auch große Energiemengen. Hormonmoleküle dagegen werden einmal synthetisiert und wirken dann längere Zeit. Die Synthese erfordert zwar auch Energie, die Bilanz ist aber wesentlich günstiger.
So besteht zwischen Nerven- und Hormonsystem eine Arbeitsteilung: Das Nervensystem dient der kurzfristigen Informationsverarbeitung mit hohem Energieaufwand, das Hormonsystem arbeitet langfristig mit geringem Energieverbrauch.

94.2. „Ich habe den begründeten Verdacht, daß zumindest eine Frau an Bord geschmuggelt wurde."

6.2. Bildungsstätten der Hormone

Das Beispiel auf der linken Seite zeigt noch eine weitere Eigenschaft des Hormonsystems: Die Vorfreude des britischen Forschers auf seinen Landurlaub bewirkte eine intensive Hormontätigkeit. Die Vorfreude aber war ein Resultat seiner Gehirntätigkeit, also seines Nervensystems. Folglich muß es eine Verbindung und eine Zusammenarbeit zwischen Nervensystem und Hormonsystem geben.

Diese Verbindung bildet die an der Unterseite des Zwischenhirns gelegene **Hypophyse.** Sie ist eine Drüse, deren Hormone andere Hormondrüsen wie auch Körperorgane direkt beeinflussen. Viele Hormondrüsen sind der Hypophyse regelrecht „untergeordnet", man spricht von einer „Hierarchie" der Hormondrüsen. Die Hypophyse aber empfängt Befehle direkt aus dem Gehirn, zumeist in Form von speziellen Hormonen, die von bestimmten Nervenzellen gebildet werden.

Man kann eine Einteilung der Hormone nach ihren Bildungsstätten vornehmen: Die Hormone, die von speziellen Hormondrüsen hergestellt werden, nennt man **Drüsenhormone.** Da diese Drüsen ihre Produkte nicht nach außen, sondern in die Blutbahn oder die Körperflüssigkeit abgeben, nennt man sie auch **innersekretorische** oder **endokrine Drüsen.**

Die meisten der in diesem Kapitel besprochenen Hormone sind Drüsenhormone.

Die außerhalb von Drüsen im Körper produzierten Hormone nennt man **Gewebshormone.** Dazu gehören die oben erwähnten Hormone, die vom Gehirn ausgehend die Hypophyse beeinflussen. Ihre Bildungsstätten sind die sogenannten Neurosekretorischen Zentren im Gehirn. – Auch die Schleimhäute des Magen-Darm-Bereichs produzieren Hormone, die z. B. die Salzsäure-Produktion des Magens oder die Arbeit der Bauchspeicheldrüse beeinflussen. – An verschiedenen Stellen des Körpers wird das Gewebshormon „Histamin" gebildet. Es steigert die Magensaftsekretion und die örtliche Durchblutung, eine Erscheinung, die bei allergischen Reaktionen als Augenrötung, Hautrötung oder Schleimhautschwellung zu beobachten ist.

Die meisten Hormone sind Proteinmoleküle, einige sind von Aminosäuren abgeleitet, und die Geschlechtshormone bestehen aus mehreren zusammengesetzten Ringmolekülen (Steroidstruktur). Der Begriff „Hormon" ist also eine funktionelle Bezeichnung, die nichts mit der chemischen Struktur zu tun hat.

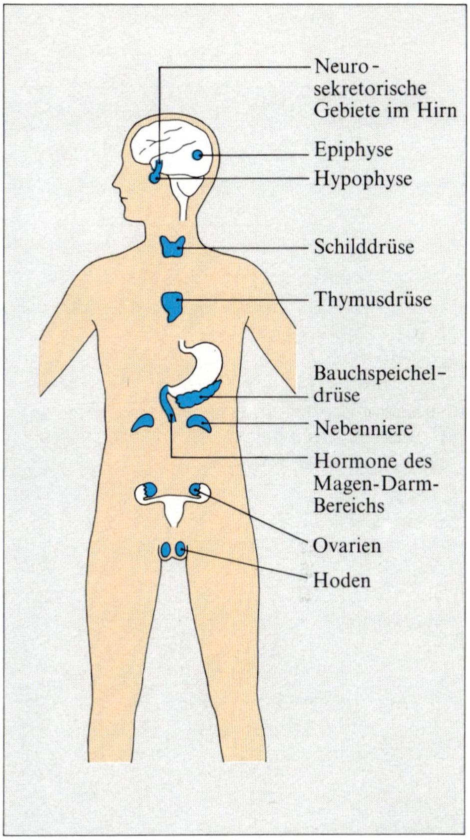

95.1. Die Lage der wichtigsten endokrinen Drüsen im menschlichen Körper

Hormon	Wirkung
Somatotropes Hormon STH	Wachstumsförderung, Gesamtstoffwechsel
Adrenocorticotropes Hormon ACTH	Hormonbildung der Nebenniere, Stoffwechsel
Thyreotropes Hormon TSH	Schilddrüsenfunktion
Follikel-stimulierendes Hormon FSH	Follikelwachstum, Spermienbildung
Luteinisierungshormon LH	Bildung von Sexualhormonen, Gelbkörperbildung
Prolaktin PRL (Luteotropes Hormon LT)	Michproduktion
Oxytocin	Uteruskontraktion

95.2. Hormone der Hypophyse (Auswahl)

Drüse		Hormon	Struktur	Funktion		Wesentliche Förderung durch	Wesentliche Hemmung durch
				physiologisch	morphogenetisch		
Schilddrüse		Thyroxin	Jod-haltige Aminosäure	Gesamtstoffwechsel, Sympathicus-Förderung, Grundumsatz	Wachstum und Entwicklung in der Jugend	TSH Thyreotropes Hormon Sympathicus, Kohlenhydrate	Parasympathicus, Jodmangel
		Calcitonin	Polypeptid	Ca^{2+} Spiegel-Senkung	Einbau von Ca^{2+} und PO_4^{3-} in die Knochen		Parathormon
Nebenschilddrüse		Parathormon	Polypeptid	Ca^{2+} Spiegel-Hebung			Calcitonin
Bauchspeicheldrüse (Langerhanssche Inseln)	A-Zellen	Glucagon	Polypeptid	Hebung des Blutzuckerspiegels		niedriger Blutzuckerspiegel	
	B-Zellen	Insulin	Polypeptid	Senkung des Blutzuckerspiegels		hoher Blutzuckerspiegel	
Nebennierenmark		Adrenalin und Noradrenalin	von Aminosäure abgeleitet	Förderung des Sympathicus, Hemmung der Verdauung, Hebung des Blutzuckerspiegels, Alarm-Reaktionen		Sympathicus	Parasympathicus
Nebennierenrinde		ca. 40 verschiedene Hormone (Corticoide)	Steroide	Gesamtstoffwechsel (Mineral- und Wasserhaushalt, Eiweiß- und Kohlenhydratstoffwechsel		ACTH Adrenocorticotropes Hormon	
Hoden		Testosteron und Verwandte (Androgene)	Steroide	Eiweißstoffwechsel	Ausbildung der männlichen Geschlechtsmerkmale, Spermiogenese	FSH Follikelstimulierendes Hormon	
Ovarien: Follikel		Östradiol und Verwandte (Östrogene)	Steroide	Ablauf der Genitalzyklen	Ausbildung der weiblichen Geschlechtsmerkmale, Veränderung der Uterusschleimhaut	FSH Follikelstimulierendes Hormon	
Gelbkörper		Progesteron und Verwandte (Gestagene)	Steroide	Erhaltung der Schwangerschaft, Steigerung der Körpertemperatur	Aufbau der Uterusschleimhaut Aufbau der Milchdrüsen	LH Luteinisierungshormon	
Epiphyse		Melatonin	Indolabkömmling	Steuerung des Schlaf-Wach-Rhythmus		Tag-Nacht-Wechsel	

96.1. Die wichtigsten menschlichen Hormone (Hypophyse siehe Abb. 95.2.)

6.3. Wirkungsmechanismen der Hormone

6.3.1. Der c-AMP-Mechanismus

Die Hormone werden ins Blut abgegeben und kreisen dann in der Blutbahn, bis sie zersetzt und ausgeschieden werden. Sie sind also im Körper allgegenwärtig. Daraus ergibt sich das Problem, wie die Wirkung, die sie hervorrufen sollen, an dem speziellen Empfängerorgan, und nur an diesem, eintritt. Woher „weiß" also das Hormon, welchem Organ es seine Botschaft überbringen soll?

Auf der Oberfläche der Zellen der Empfängerorgane sitzen hochspezialisierte **Rezeptormoleküle.** Das sind Moleküle, deren Struktur wahrscheinlich der Hormonstruktur in der Art eines Negativs entspricht. Ähnliche Vorstellungen bestehen hinsichtlich der Wirkungsweise von Enzymen und der Transmitter an Synapsen. Die Rezeptormoleküle kommen nur in sehr geringen Mengen vor (ca. 10^2 bis 10^4 Moleküle pro Zelle), so daß ihre Strukturaufklärung mit großen Schwierigkeiten verbunden ist. Wir wollen nun die Wirkungsweise des Adrenalins betrachten, wie sie in Abb. 97.1. dargestellt ist. Das Hormon wird über die Blutbahn an die Leberzellen gebracht, wo es an deren Oberfläche auf spezielle Adrenalin-Rezeptoren trifft. Mit diesen Rezeptormolekülen verbindet es sich. In unmittelbarer Nachbarschaft des Rezeptors sitzt in der Membran an der Innenseite ein Enzymmolekül, das durch die Hormon-Rezeptor-Reaktion aktiviert wird. Das Enzym heißt **Adenylcyclase** und hat die Fähigkeit, ATP in **c-AMP** (cyclisches Adenosinmonophosphat) umzuwandeln. Das c-AMP aktiviert nun seinerseits ein in der Zelle vorhandenes Enzym, das den Glycogen-Abbau bewirkt. Das Enzym, das den Glycogen-Aufbau bewirkt, wird dagegen gehemmt. So entsteht Traubenzucker, der die Zelle verläßt und vom Blut in den Körper transportiert wird.

Das Hormon kann man als „ersten Boten" bezeichnen. Es dringt nicht in die Zelle ein, sondern setzt durch seine Ankunft an der Zellmembran einen „zweiten Boten" (second messenger) frei, der seinerseits die der Aufgabe entsprechenden Eigenschaften der Zelle aktiviert und die spezifische Zellantwort in Gang setzt. Neben dem Adrenalin arbeiten die meisten Peptid-Hormone nach dem c-AMP-Mechanismus. Sie werden vorzugsweise im Fett-, Protein- und Glucosestoffwechsel sowie bei Zellteilungs- und Differenzierungsvorgängen wirksam.

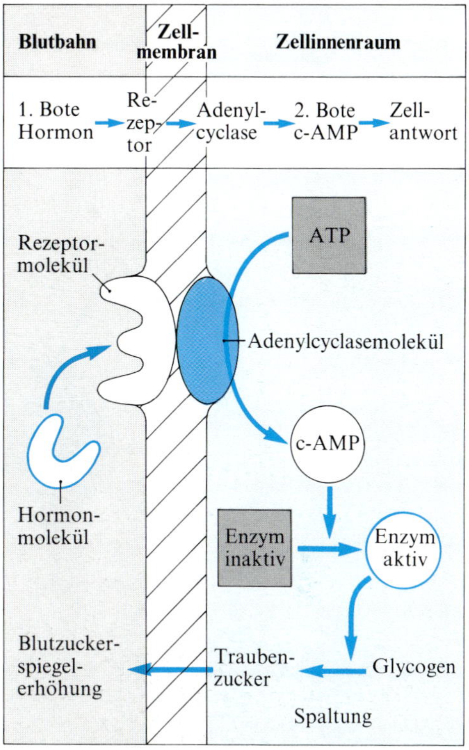

97.1. Vereinfachtes Schema der Wirkungsweise von Adrenalin bei der Freisetzung von Glucose aus der Leber

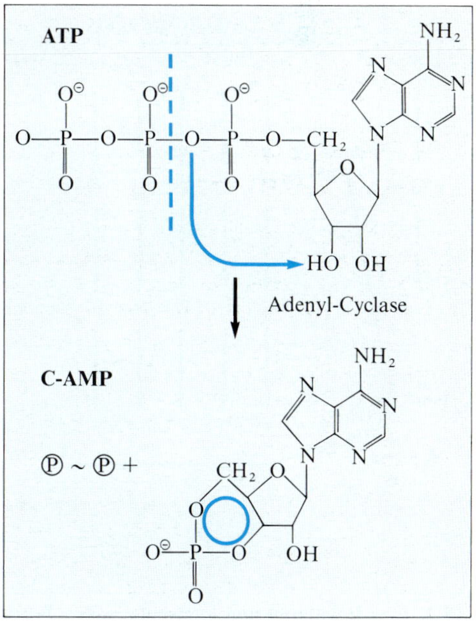

97.2. Umwandlung von ATP in c-AMP

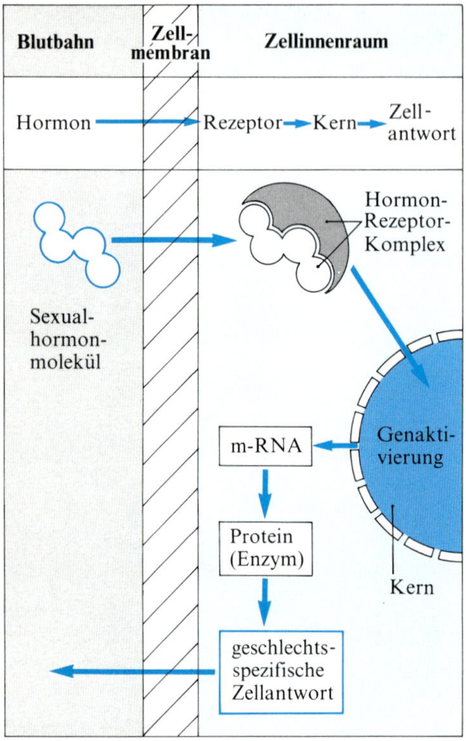

98.1. Vereinfachtes Schema der Wirkung von Sexualhormonen

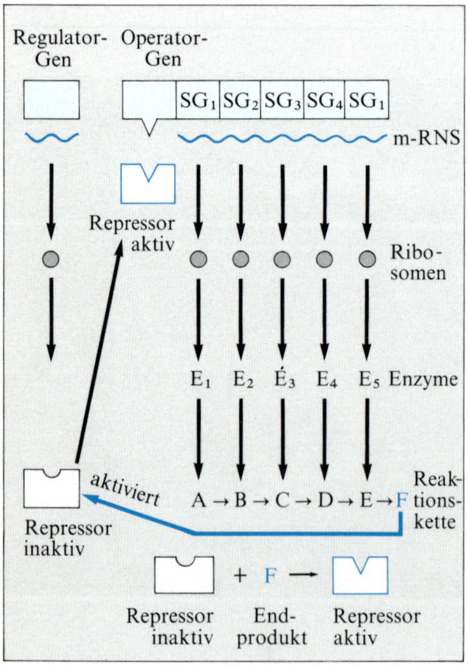

98.2. Gen-Regulationsmechanismus von Jacob und Monod

6.3.2. Der Gen-Aktivierungsmechanismus

Viele entwicklungsphysiologische Prozesse werden durch Hormone gesteuert. Wir kennen Metamorphose-Hormone bei Wirbellosen und Amphibien. In der menschlichen Entwicklung wird die Ausbildung der Geschlechtsmerkmale durch die Sexualhormone gesteuert. In allen Fällen sind die Formbildungsprozesse genetisch festgelegt, so daß der Schluß naheliegt, daß die zuständigen Erbanlagen durch die Hormonwirkung aufgerufen und in Tätigkeit gesetzt werden. Tatsächlich findet man bei Tieren, die Riesenchromosomen besitzen, Übereinstimmungen zwischen dem Vorhandensein bestimmter Hormone und der Ausbildung von Puff-Mustern, die auf die Tätigkeit bestimmter Gene hinweisen. Weiterhin lassen sich radioaktiv markierte Hormonmoleküle in Zellkernen nachweisen.

Sexualhormone sind sogenannte Steroidhormone, d. h., ihre Moleküle bestehen aus mehreren verbundenen Kohlenwasserstoffringen. Sie sind in der Lage, die Zellmembran direkt zu durchdringen und in die Zelle einzutreten. In bestimmten Zellen – den Adressaten für das Hormon – sind aufgrund der genetischen Konstitution dieser Zellen bestimmte Rezeptormoleküle vorhanden. Mit diesen verbinden sich die Hormonmoleküle. Nur der Hormon-Rezeptor-Komplex ist aber in der Lage, in den Zellkern einzudringen.

Über die Wirkung der Hormone im Zellkern kann man nur Vermutungen anstellen. Einen Hinweis gibt jedoch die Theorie von Jacob und Monod über die Genaktivierung bei Bakterien. In Abb. 98.2. ist der Gen-Aktivierungsmechanismus am Beispiel der Endprodukt-Hemmung dargestellt: Die Kette der Strukturgene enthält die Informationen über die Synthese von bestimmten Enzymen für eine chemische Reaktionskette (A bis F). Wenn das Endprodukt der Reaktionskette (F) mit einem in der Zelle vorhandenen Proteinmolekül, dem Repressor, reagiert, kann dieser Molekülkomplex mit dem Operatorgen reagieren. Dadurch wird verhindert, daß weitere Strukturgene abgelesen werden, und die Synthese von F hört auf. Diese „Endprodukthemmung“ wurde für Bakterienarten nachgewiesen. Man kann sich nun vorstellen, daß in den menschlichen Zellen ähnliche Prozesse ablaufen wie bei Bakterien. Der Hormon-Rezeptor-Komplex wirkt inaktivierend auf die Repressoren der angesprochenen Gene ein. Dadurch können diese Gene transkribiert werden, und die Synthese der zellspezifischen Proteine oder Enzyme kann einsetzen.

6.3.3. Hormone und Vegetatives Nervensystem

Die Hormonmengen im Körper sind so klein, daß schon geringfügige Abweichungen zu Störungen führen können. Es ist deshalb notwendig, daß die Tätigkeit der Drüsen einer genauen Kontrolle unterworfen ist. Dies geschieht dadurch, daß immer mehrere Systeme gleichzeitig auf eine Drüse einwirken, die in Hemmung und Förderung aufeinander abgestimmt sind. Abb. 99.1. zeigt einen Ausschnitt der Beziehungen zwischen einigen Hormondrüsen und die Einflüsse, die das Nervensystem ausübt.

Die Zentrale in diesem System ist das Zwischenhirn. Hier laufen Nachrichten über die Umwelt vom Großhirn und vom Zustand des Körpers über die Innenrezeptoren ein. Es steuert auf dieser Grundlage Sympathicus und Parasympathicus sowie über Neurohormone die Hypophyse. Die Hypophyse beeinflußt über sogenannte glandotrope Hormone die ihr untergeordneten Drüsen (glandula – lat. Drüse, trepo – wenden). Einige der Drüsenhormone wirken auf die Hypophyse zurück, so daß Rückkopplungskreise entstehen. Gleichzeitig werden die Drüsen durch das Vegetative Nervensystem nach dem „Zweizügel-Prinzip" gefördert oder gehemmt, wobei auch hier Rückkopplungsmechanismen auftreten.

A 99.2. Hierarchie des Hormonsystems

Erarbeiten Sie aus den Tabellen 95.2. und 96.1. Zusammenhänge zwischen der Hypophyse und anderen Hormondrüsen. Welche Wirkungen übt die Hypophyse direkt auf Zielorgane aus, und welche Einflüsse gelten anderen Hormondrüsen?

A 99.3. Zusammenarbeit von Hormondrüsen und Vegetativem Nervensystem

Untersuchen Sie die Beziehungen, die in Abb. 99.1. dargestellt sind. Welche Aufgaben haben die Hormondrüsen, und unter welchen Umständen werden sie gehemmt bzw. gefördert? Ziehen Sie für die Untersuchung auch die Informationen heran, die Kapitel 5.2. über das Vegetative Nervensystem liefert.

A 99.4. Wirkungsmechanismen der Hormone

Untersuchen Sie aufgrund der Spalte „Hormonstruktur" in Tabelle 96.1., wo der Gen-Aktivierungsmechanismus und der c-AMP-Mechanismus im menschlichen Körper vorkommen.

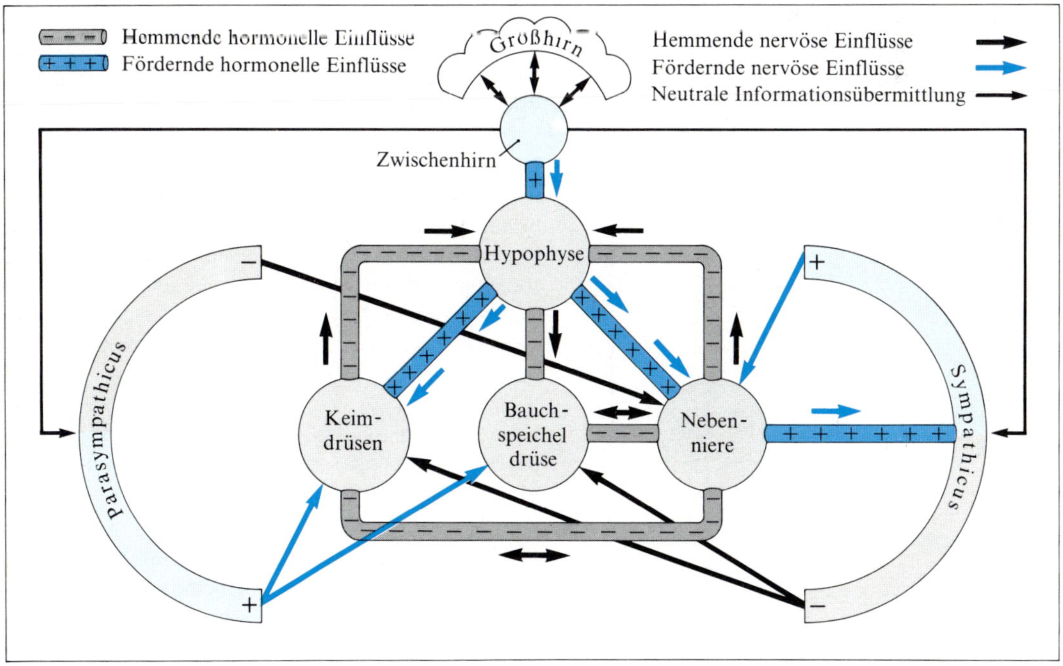

99.1. Zusammenarbeit von Hormondrüsen und Vegetativem Nervensystem (stark vereinfachtes Schema)

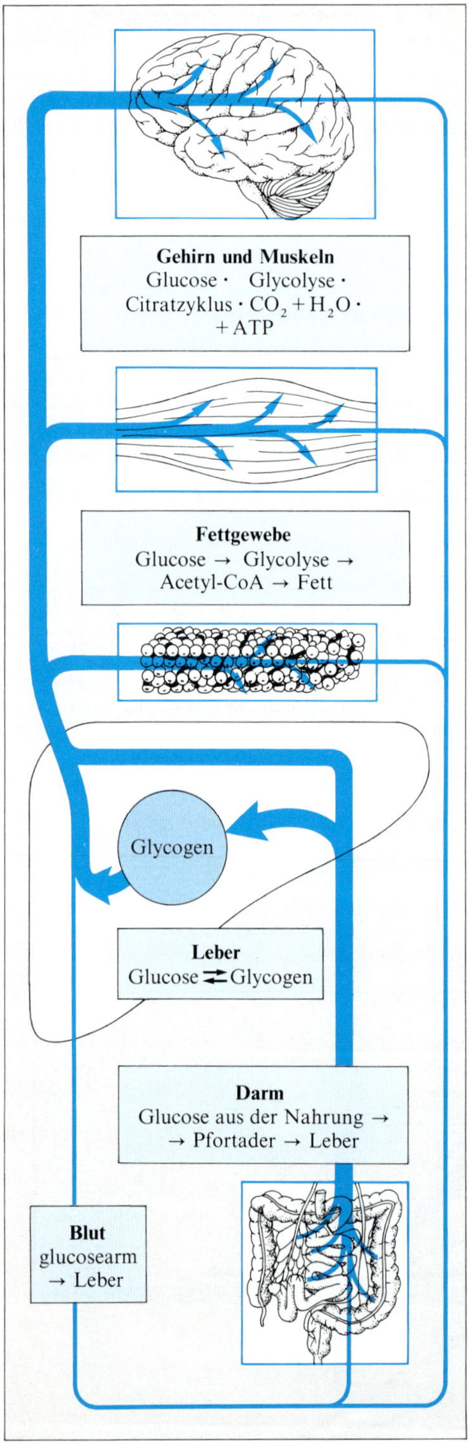

100.1. Vereinfachtes Schema des Glucosestoffwechsels. Die unterschiedliche Strichstärke der Blutbahnen deutet die Höhe der Glucose-Konzentration an.

6.3.4. Die Regelung des Blutzuckerspiegels

Bei Erschöpfungszuständen kann man die Erfahrung machen, daß die Zufuhr von Traubenzucker zu einer schnellen Erholung führt. Die Traubenzuckermoleküle werden sofort ins Blut übernommen und an die Verbrauchsorgane geführt, wo sie die Leistungsfähigkeit wieder auf den Normalwert bringen. Besonders das Gehirn, das sich ausschließlich von Glucose „ernährt", ist davon betroffen. Bei Glucosemangel tritt alsbald Ermüdung ein, im Extremfall sogar Bewußtlosigkeit.

Natürlich würde ein Butterbrot den gleichen Effekt wie die Traubenzuckertablette haben, aber die Zeit zwischen der Einnahme und dem Eintritt der Wirkung wäre wesentlich länger. Das Brot muß nämlich erst den gesamten Verdauungstrakt durchlaufen, damit die Stärke in Disaccharide und schließlich Glucose zerlegt werden kann. Aus dem Dünndarm werden die Zuckermoleküle ins Blut übernommen und durch die Pfortader in die Leber gebracht. Je nach Blutzuckerkonzentration werden die Traubenzuckermoleküle hier entweder zu großmolekularem Glycogen – einer Form der Stärke – zusammengefügt und eingelagert, oder der Zucker wandert weiter an die Verbraucher. Das können die Muskeln sein oder das Gehirn, aber auch die anderen inneren Organe verbrauchen Glucose als Energiespender. Die Energie der Glucose wird über die Abbauwege der Glycolyse, des Citratzyklus und der Atmungskette freigesetzt, wobei Kohlenstoffdioxid, Wasser und ATP gebildet werden.

Kurzfristiger Glucoseüberschuß wird durch Glycogenbildung kompensiert. Ein länger anhaltendes hohes Traubenzuckerangebot führt dagegen zur Synthese von Fett. Es ist ein sehr effektiver Energiespeicher und wird im Fettgewebe abgelagert. – Bei Glucosemangel kann Glucose aus Glycogen wieder freigesetzt werden. Bei langem Hungern werden die Fettreserven angegriffen, wobei allerdings die Spaltstücke sofort in Form von Acetyl-CoA in den Citratzyklus eingehen. Auch aus Aminosäuren kann bei Bedarf Glucose synthetisiert werden, um z. B. den Energiebedarf des Gehirns zu decken.

Der Normalwert der Blutzuckerkonzentration, bei dem alle Organe optimal arbeiten, liegt bei etwa 0,5 mM/l. Wird dieser Wert durch Nahrungszufuhr überschritten, so reagieren auf diesen Reiz die sogenannten B-Zellen in den „Langerhansschen Inseln"

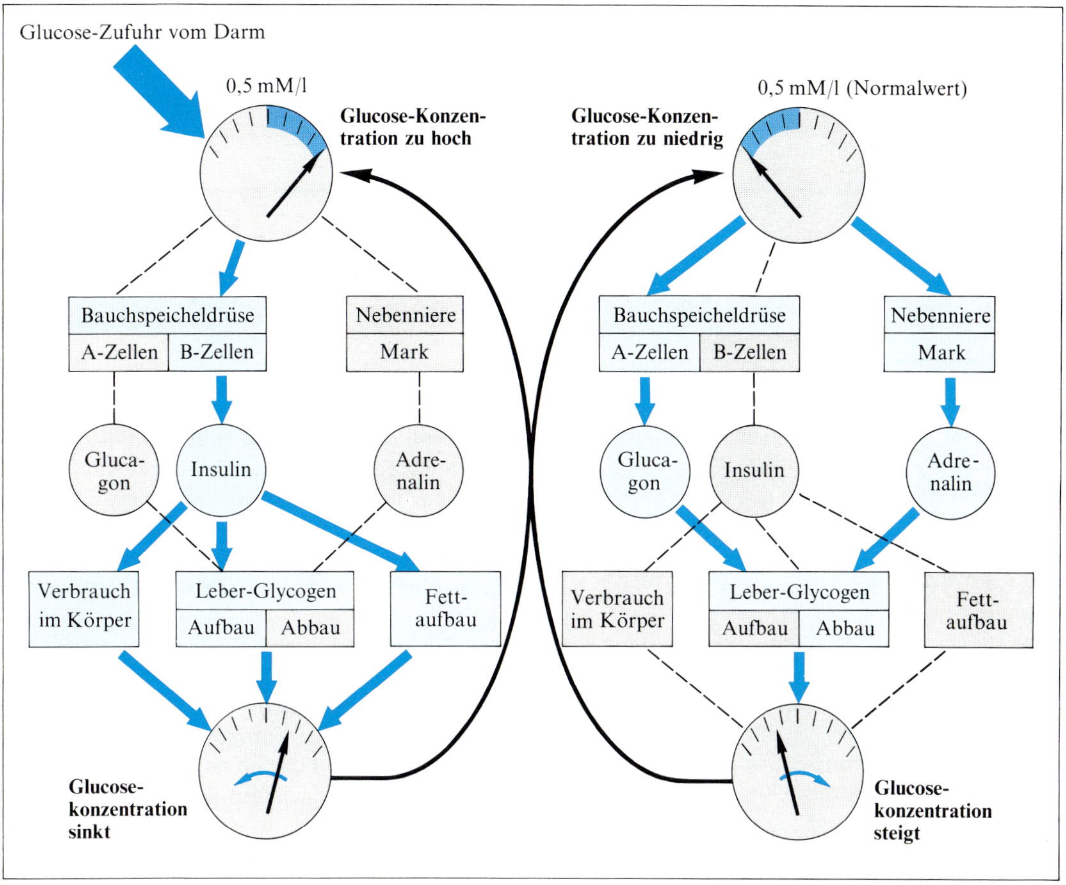

101.1. Regelung des Blutzuckerspiegels

der Bauchspeicheldrüse. Sie produzieren das Hormon **Insulin,** das sie ins Blut abgeben. Insulin fördert den Aufbau von Glycogen in der Leber. Außerdem erhöht es die Durchlässigkeit der Zellmembranen für Glucose, so daß die Körperzellen mehr verbrauchen können. Schließlich wird auch die Fettsynthese durch Insulin gefördert (siehe Abb. 100.1.). Auf diese Weise wird der Blutzuckerspiegel gesenkt.

Sinkt die Glucosekonzentration dagegen unter den Normalwert, so werden gleich zwei Systeme aktiviert: Der Sympathicus veranlaßt die Nebenniere zur Ausschüttung von **Adrenalin,** und von den A-Zellen der Bauchspeicheldrüse wird das Hormon **Glucagon** ins Blut abgegeben. Beide Hormone bewirken die Umwandlung von Glycogen in Glucose, so daß alsbald wieder genug Energie zur Verfügung steht. Man bezeichnet das Gesamtsystem als einen **Regelkreis,** da seine Wirkung darauf gerichtet ist, einen bestimmten Sollwert, hier die Blutzuckerkonzentration von 0,5 mM/l, konstant zu halten.

Wirkung	Insulin	Glucagon	Adrenalin
Verbrauch	Förd.	Hemm.	Förderg.
Glycolyse	Förd.	Hemm.	Förderg.
Glycogen	Bildg.	Abbau	Abbau
Fett	Bildg.	Abbau	Abbau

101.2. Wirkungen der Hormone, die den Blutzuckerspiegel beeinflussen

A 101.3. Die Zuckerkrankheit

Zuckerkrankheit beruht auf einem Mangel an Insulin. Untersuchen Sie anhand der Abbildungen 100.1. und 101.1. die Wirkungen, die eintreten, wenn zu wenig Insulin im Blut ist. Informieren Sie sich darüber, welche Folgen zu hohe Blutzuckerwerte haben können. Welche Maßnahmen werden zur Behandlung der Zuckerkrankheit unternommen?

7. Informationsverarbeitung

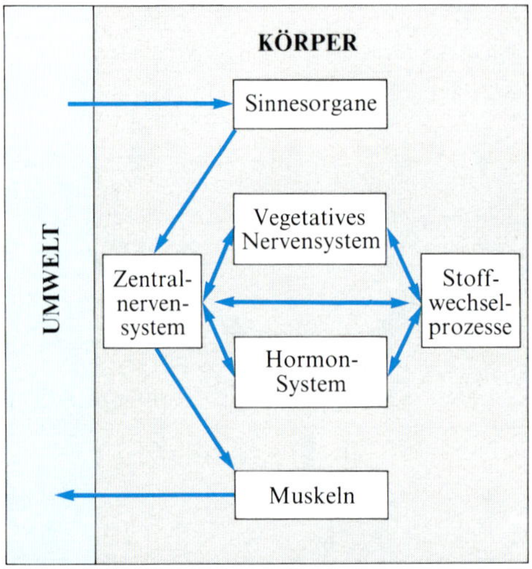

102.1. Informationswege im Körper

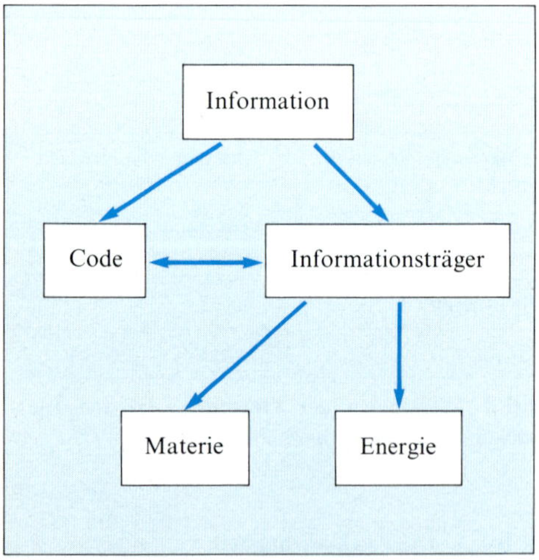

102.2. Struktur des Begriffs „Information"

A 102.3. **Informationswege im Körper.** Betrachten Sie die Abbildung 102.1. Welche Informationen liefert die Umwelt dem Körper? Welche Reaktionen werden im Körper durch diese Informationen ausgelöst? Welche Informationen kann der Körper wieder an die Umwelt abgeben?

7.1. Informationstheorie

7.1.1. Was ist Information?

Wir sehen mit den Augen, wir hören mit den Ohren, unsere Sinnesorgane liefern uns in jedem Augenblick Nachrichten aus unserer Umwelt. Wir verstehen das, was andere Menschen sagen, und auch von Tieren können wir Botschaften bekommen. Denken wir nur daran, wie deutlich sich z. B. ein Dackel ausdrücken kann.

Nachrichten, Botschaften, Sinngehalte oder Zustandsmeldungen nennen wir **Informationen** und wissen, was damit gemeint ist. Dennoch ist es schwierig, den Begriff „Information" mit einem Satz zu definieren. Wir sind darauf angewiesen, wesentliche Merkmale zusammenzutragen, die den Begriff charakterisieren.

Zunächst fällt auf, daß Information nicht „an sich" existieren kann, sondern immer an ein Medium gebunden ist: Sprache existiert nur in Form von Schall oder Schrift, die Musik auf einem Tonband ist in Form unterschiedlich magnetisierter Bereiche des Bandes festgehalten. Information bedarf also immer eines **Informationsträgers.**

Papier ist ein solcher Informationsträger. Ein einfaches, weißes Blatt Papier enthält aber keine Information. Erst die Schrift bringt die Information auf das Blatt – gleichgültig, ob es sich um Farbe handelt oder um die Einprägungen der Blindenschrift. In jedem Fall wird das Papier strukturiert, und diese Struktur enthält die Information.

Sehen wir aber auf dem Papier chinesische Schrift, so werden diese Zeichen für uns keine Informationen enthalten, denn wir verstehen sie nicht. Es ist also auch notwendig, daß wir über die Gesetzmäßigkeiten der Strukturierung Bescheid wissen. Ein System solcher Strukturgesetzmäßigkeiten nennt man einen **Code.** Er ist zwischen Sender und Empfänger der Information vereinbart und beschreibt die Verwendung bestimmter Zeichen und ihre Zuordnung zu bestimmten Sinngehalten.

7.1.2. Informationsträger

Es fällt nicht schwer, Informationsträger in unserer Umgebung zu finden. Papier, Stein, Kunststoffe, Metall, also alle Arten fester Stoffe dienen dazu, Codestrukturen zu tragen. Schon vor dem Menschen gab es in der Natur **Materie** als Informationsträger: Farb- und Formsymbole sind Signale der Art- und Partnererkennung. Selbst bis in den molekularen Bereich hinein wird Formung von Materie für die Informationsverarbeitung genutzt. Die Erbinformationen sind auf DNA-Molekülen fixiert, die durch ihre Strukturen ein regelrechtes Alphabet bilden. Hormone erfüllen ihre Aufgabe als Boten und Auslöser von Reaktionen nur, weil ihre Molekülform von bestimmten Rezeptoren sicher erkannt wird.

Da man Materie transportieren kann, ist durch sie auch Information transportierbar. Dank der Dauerhaftigkeit der Materie kann Information auf ihr aber auch gespeichert werden. Prinzipiell besteht eigentlich zwischen **Informationstransport** und **Informationsspeicherung** kein Unterschied. Nimmt man die Zeit als vierte Dimension an, so ist Speicherung nichts anderes als Transport durch die Zeit. Ob durch den Raum oder durch die Zeit transportiert – an der Information ändert sich dadurch nichts.

Wenn wir aber etwas sehen, nehmen unsere Augen keinesfalls Materie als Informationsträger auf. Die Information wird hier vielmehr mit Hilfe von elektromagnetischen Wellen, also in Form von **Energie** übermittelt. Energie als Informationsträger begegnet uns auch an anderen Stellen: Radiowellen und Schallwellen sind aus unserem Leben nicht wegzudenken. Wellen haben eine Frequenz, d.h. pro Zeiteinheit tritt immer eine bestimmte Zahl von Schwingungen auf. Die Wellenhöhe heißt Amplitude. – Die Information kann nun auf Wellen auf zweierlei Weisen verschlüsselt werden. Wird wie beim Mittelwellenrundfunk die Amplitude der Trägerwelle strukturiert, so spricht man von *Amplitudenmodulation.* Da die Wellenhöhe aber von vielfältigen Störungen beeinflußt werden kann, ist die Informationsübermittlung in dieser Form sehr anfällig. Im Ultrakurzwellenbereich verwendet man deshalb die sogenannte *Frequenzmodulation.* Hier wird die Information verschlüsselt, indem bei gleicher Amplitude unterschiedlich viele Wellen pro Zeiteinheit gesendet werden. Wenn die Amplitude jetzt gestört wird, bleibt doch die Frequenzänderung gleich, und die Nachricht wird so sicher wie möglich übermittelt.

103.1. Informationsträger Stein. Die Hieroglyphen auf dieser Maya-Stele aus Yukatan zeigen ein Datum aus dem Maya-Kalender.

A 103.2. **Moleküle als Informationsträger bei Lebewesen.** Stellen Sie eine Liste von Stoffen zusammen, die von oder in Lebewesen als Informationsträger eingesetzt werden. Ziehen Sie die Kapitel dieses Buches heran, in denen von solchen Stoffen die Rede ist. Berücksichtigen Sie auch Sexuallockstoffe oder Reviermarkierungsstoffe von Tieren. Erklären Sie, wie die Informationen am Bestimmungsort entschlüsselt werden.

A 103.3. **Aktionspotentiale als Informationsträger.** Wie werden Informationen mit Hilfe von Aktionspotentialen verschlüsselt? Welcher Art von Modulation entspricht das Verfahren der Nervenzellen im Vergleich mit der Anwendung von Rundfunkwellen? Warum wird an den Nerven dieses Verfahren angewendet?

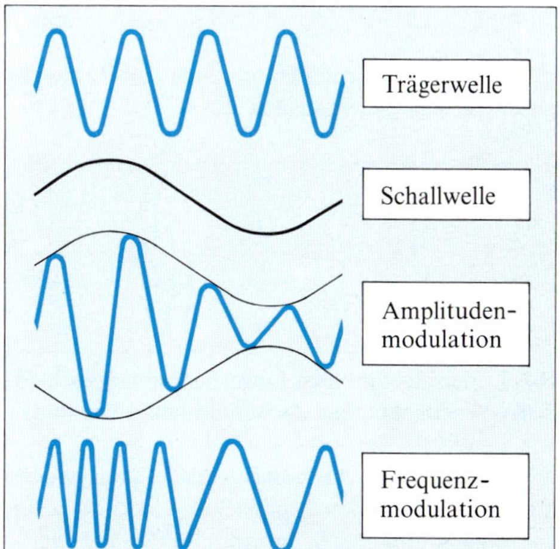

103.4. Energie als Informationsträger. Die Information der Schallwelle wird durch verschiedene Modulationsarten der Trägerwelle aufgeprägt.

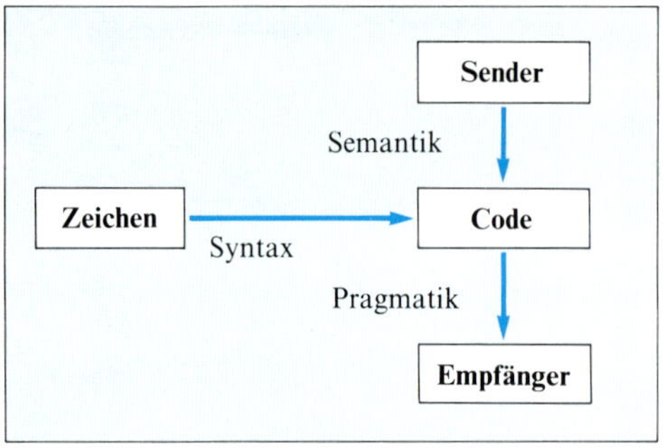

104.1. Struktur der Kommunikation zwischen Sender und Empfänger

Indisch-arabische Ziffern		Römische Ziffern		Maya-Zahlensystem	
1	11	I	XI	•	• — —
2	12	II	XII	••	•• — —
3	13	III	XIII	•••	••• — —
4	14	IV	XIV	••••	•••• — —
5	15	V	XV	—	— — —
6	16	VI	XVI	• —	• — — —
7	17	VII	XVII	•• —	•• — — —
8	18	VIII	XVIII	••• —	••• — — —
9	19	IX	XIX	•••• —	•••• — — —
10	20	X	XX	— —	• [illegible]

104.2. Beispiele für die Darstellung von Zahlen in verschiedenen Codesystemen

A	**0**
B	**10**
C	**110**
D	**111**

104.3. Beispiel für einen Code, der bei unterschiedlicher Wortlänge ohne Zwischenraum auskommt

A 104.4. **Beispiele für verschiedene Codesysteme.** Untersuchen Sie den genetischen Code in bezug auf seine Syntax, die Semantik und den pragmatischen Aspekt.
Untersuchen Sie unter diesen Gesichtspunkten auch Hormone und die Informationsleitung durch Nerven.

7.1.3. Codierung

Der Text dieser Seite und insgesamt dieses Buches ist in deutscher Sprache abgefaßt und in lateinischen Buchstaben geschrieben. Mit dieser Aussage sind schon zwei Codesysteme erfaßt: die deutsche Sprache und die lateinische Schrift. Mit deutscher Sprache ist ein bestimmter Wortschatz gemeint, dessen Elemente nur nach ganz bestimmten grammatikalischen Regeln kombiniert werden dürfen. Die lateinische Schrift besteht aus einem Vorrat bestimmter Schriftzeichen, deren Form feststeht und die nicht beliebig abgewandelt werden dürfen. Diese Regeln, die ein Codesystem beschreiben, bilden die **Syntax** des Codes. Syntaktische Aussagen betreffen nur rein formale Eigenschaften des Codesystems, wie den Zeichenvorrat und die Kombinationsregeln für die Zeichen. Rechtschreiberegeln sind z. B. syntaktische Vorschriften für die Anwendung der lateinischen Buchstaben in der deutschen Sprache. Daran wird deutlich, daß sehr häufig mehrere Codesysteme miteinander verknüpft werden, um Botschaften zu übermitteln. Voraussetzung ist aber immer, daß Sender und Empfänger der Botschaft die syntaktischen Regeln des Codes beherrschen.

Wenn wir einen deutschen Text in lateinischen Buchstaben lesen, werden wir ihn in den meisten Fällen auch verstehen. Das bedeutet, wir ordnen den Zeichen des Codes bestimmte Sinngehalte zu und erhalten den Inhalt der Nachricht. Alles, was den Inhalt einer Information betrifft, wird als **Semantik** bezeichnet. Die Zuordnung bestimmter Sinngehalte zu den Wörtern der deutschen Sprache ist also der semantische Aspekt dieser Betrachtung. Man kann nun den Text, den man liest, mangels Interesse achtlos beiseite legen, man kann ihn gelangweilt zur Kenntnis nehmen, oder man wird dadurch so gefesselt, daß man anschließend nicht umhin kann, geeignete Konsequenzen zu ziehen. Diese Wirkungen, die eine Information beim Empfänger hervorruft, bezeichnet man als **Pragmatik.** In der Werbung z. B. spielt der pragmatische Aspekt einer Information eine ganz besonders große Rolle.

Wenn also eine Heckenrose blüht, so verwendet sie – syntaktisch betrachtet – ein ganz bestimmtes Repertoire an Farben und Formen in der Blüte. Sie bringt – semantisch – zum Ausdruck, daß hier Nektar vorhanden ist. Ob sie mit ihrer „Reklame“ Erfolg hat und tatsächlich Insekten herbeikommen, die die Blüte bestäuben, ist die pragmatische Frage, die nur in der Praxis beantwortet werden kann.

7.1.4. Informationsmessung

Die Nachricht „Gänseblümchen wachsen auf Wiesen“ ist nicht dazu geeignet, besonderes Interesse hervorzurufen. Die Tatsache ist allgemein bekannt. Wenn man sie mitgeteilt bekommt, erhält man nur wenig zusätzliche Information. Auf die Frage „Wo wächst das Gegenblättrige Milzkraut?“ dagegen werden nur wenige eine Antwort geben können. Die unscheinbare Pflanze ist nicht so bekannt wie das Gänseblümchen, Aussagen über ihr Vorkommen und ihre Eigenschaften sind deshalb neu. Derjenige, der die Neuigkeiten erfährt, weiß nachher wesentlich mehr als vorher, sein Informationsschatz ist größer geworden.

Eine Nachricht hat also einen um so höheren Informationsgehalt, je weniger der Adressat über den Sachverhalt weiß. Um in den Besitz der Information zu kommen, muß der „Neugierige“ Fragen stellen, und je fremder ihm die Information ist, desto mehr Fragen muß er stellen, bis er alles erfahren hat. Viele Fragen zu einem unbekannten Sachverhalt deuten also auf einen hohen Informationsgehalt hin. Auf diesem Prinzip beruhen die Methoden der Informationsmessung. Um die Informationsmenge auch in Zahlen ausdrücken zu können, benötigt man eine kleinste **Informationseinheit,** ein Informationsquant, mit dem man rechnen kann. Dieses Quant ist die einfachste Antwortform auf eine Frage: die Alternative Ja – Nein. Die Fragen, die zur Erlangung der Information gestellt werden, müssen so formuliert sein, daß sie mit Ja oder Nein beantwortbar sind. Aus der Zweieralternative leitet sich die Bezeichnung für das Informationsquant ab: binary digit wurde verkürzt zu **bit.** Ein bit ist also die Menge an Information, die sich durch eine Ja-Nein-Entscheidung erfragen läßt. Am einfachsten kann man das zeigen an der Bestimmung einer beliebigen Karte eines Skatspiels. Jede Karte ist mit 5 Fragen eindeutig bestimmbar. Eine Karte in diesem Spiel hat also den Informationsgehalt von 5 bit. Dabei ist allerdings Voraussetzung, daß jede Karte – wie es ja beim Skatspiel der Fall ist – gleich häufig vorkommt.

Abbildung 105.2. zeigt, wie sich die Zahl fünf für das Skatspiel mathematisch ableiten läßt: Das Spiel hat 32 Karten. Das Frageschema läßt zwei Antworten zu. 2 hoch 5 aber ist 32. Die fünf ist also der Zweierlogarithmus (Logarithmus dualis, ld) von 32. Der **Informationsgehalt (Iz)** eines Zeichens in einer Gruppe von Zeichen, die gleichhäufig vorkommen, ist also gleich dem Logarithmus dualis der Zeichenzahl.

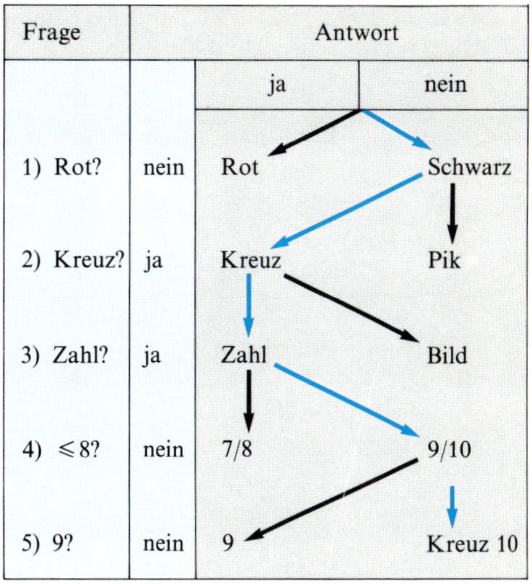

105.1. Fragenschema zur Bestimmung der Skatkarte Kreuz 10

$$2^f = n \qquad 2^5 = 32$$
$$f = {}^2\log n \qquad 5 = {}^2\log 32$$
$$f = \mathrm{ld}\, n \qquad 5 = \mathrm{ld}\, 32$$

105.2. Berechnung der Mindestfragenzahl f bei einem Zeichenvorrat von n gleich häufigen Zeichen (Zahlenbeispiel Skatspiel)

$$I_z = \mathrm{ld}\, n \text{ bit}$$

105.3. Informationsgehalt pro Zeichen bei n gleich häufigen Zeichen

$$\mathrm{ld}\, n = \frac{\lg n}{\lg 2}$$

105.4. Berechnung des Logarithmus dualis (ld) aus dekadischen Logarithmen

A 105.5. Informationsgehalt einer Rommé-Karte. Wie viele Fragen braucht man mindestens, um eine Karte des Rommé-Spiels eindeutig zu bestimmen (Kartenzahl – 52)?

A 105.6. Informationsgehalt des Genetischen Codes. Welchen Informationsgehalt hat eine Base des Genetischen Codes?

Zeichengruppe ABACDABA

Fragenschema:

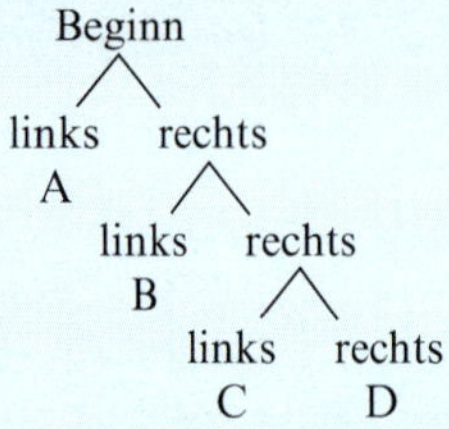

Zahl der Fragen:

A: 1 Frage (1 bit)
B: 2 Fragen (2 bit)
C: 3 Fragen (3 bit)
D: 3 Fragen (3 bit)

Berechnung der relativen Häufigkeit (H_{rel}) eines Zeichens auf der Basis der Auftrittswahrscheinlichkeit:

$$H_{rel} = \frac{\text{absol. Häufigkeit } (H_{abs})}{\text{Zahl aller Zeichen } (n)}$$

$$H_{rel}A = \tfrac{4}{8} = \tfrac{1}{2} = 2^{-1}$$
$$H_{rel}B = \tfrac{2}{8} = \tfrac{1}{4} = 2^{-2}$$
$$H_{rel}C = \tfrac{1}{8} = \tfrac{1}{8} = 2^{-3}$$
$$H_{rel}D = \tfrac{1}{8} = \tfrac{1}{8} = 2^{-3}$$

oder:

Zeichen	$\frac{1}{H_{rel}}$
A	2^1
B	2^2
C	2^3
D	2^3

Daraus ergibt sich:

$$I_Z = \text{ld} \frac{1}{H_{rel}} \text{ bit}$$

106.1. Berechnung des Informationsgehalts (Iz) eines Zeichens bei unterschiedlicher Auftrittswahrscheinlichkeit der Zeichen

A 106.2. **Berechnung des Informationsgehalts.** Prüfen Sie nach, ob die Formel für die Berechnung von Iz auch für das Skatspiel zutrifft.

Die Gruppe ABACDABA ist ein Beispiel für das unterschiedlich häufige Auftreten eines Zeichens. Sie hat keinen Sinngehalt, da hier der semantische Aspekt außer acht gelassen werden soll, um die folgende Betrachtung so einfach wie möglich zu halten. Das Frageschema in Abb. 106.1. ist so angeordnet, daß die Fragen schnellstmöglich zum Ziel führen. Dabei ergibt sich, daß die häufigeren Zeichen schneller erfragt werden als die selteneren. Der Informationsgehalt eines Zeichens ist also von seiner Häufigkeit bzw. von der daraus ableitbaren Auftrittswahrscheinlichkeit abhängig. Bei geeigneter Umformung, wie sie in Abb. 106.1. durchgeführt ist, ergibt sich, daß der Informationsgehalt eines Zeichens umgekehrt proportional zu seiner Auftrittswahrscheinlichkeit ist.

Dieser Zusammenhang läßt sich im täglichen Leben leicht nachprüfen: Ein roter Fleck in einer einheitlich weiß beschneiten Landschaft fällt auf. Seine Auftrittswahrscheinlichkeit ist gering, sein Informationsgehalt hoch. Die einzelne Schneeflocke hat demgegenüber für sich allein einen verschwindend kleinen Informationsgehalt, da sie in einer unübersehbaren Zahl gleicher Exemplare vorkommt. Gleiches gilt für den abgelenkten Schüler in einer großen Gruppe Aufmerksamer, der sofort auffällt, da sein Verhalten vom Normalen, dem mit großer Wahrscheinlichkeit Auftretenden, abweicht. – Das äußerst wichtige Stoppschild der Straßenverkehrsordnung hat die ungewohnte achteckige Form, um es aus der Menge der runden und dreieckigen Verkehrsschilder durch einen höheren Informationsgehalt hervorzuheben.

Entsprechendes gilt für die Informationsübermittlung in der Natur: Die seltene Farbkombination Schwarz-Gelb hat einen hohen Informationsgehalt und gilt deshalb als Warnsignal (Feuersalamander, Wespe). – Bei den Blütenpflanzen entstand in der Kreidezeit die Verwendung von leuchtenden Farben zur Hervorhebung der Blüte aus dem einförmigen Grün der Umgebung, um damit Insekten für die Bestäubung anzulocken. – Auch die bunten Farbsymbole der Korallenfische sind, da sie spezifische Eigenschaften und Muster haben, stark aussagekräftig. – Umgekehrt sind viele Tiere durch die Färbung ihrer Körperfläche getarnt. Die Auftrittswahrscheinlichkeit ihrer Färbung ist in der ebenso gefärbten Umgebung sehr groß. Ihr Informationsgehalt ist möglichst klein, so daß sie von ihren Freßfeinden nicht wahrgenommen werden können.

7.1.5. Redundanz

Eine Botschaft oder Nachricht läßt sich kurz und knapp mit wenigen Worten, aber auch breit und weitschweifig in einem ausführlichen Text darstellen und übermitteln. Dieser Satz ist ein Beispiel dafür, denn er könnte ohne Verlust an Sinn auch heißen: Eine Nachricht läßt sich kurz oder weitschweifig übermitteln. Die „Weitschweifigkeit" oder „Kürze" einer Zeichengruppe heißt **Redundanz (R).** In einem stark redundanten Text sind Wiederholungen enthalten, die Botschaft läßt sich bei geeigneter andersgearteter Codierung ohne Verlust mit weniger Zeichen übermitteln.

In Abb. 107.1. sind die mathematischen Beziehungen dargestellt, die eine Berechnung der Redundanz R erlauben. Multipliziert man den Wert von R, der immer zwischen Null und Eins liegt, mit 100, so läßt sich die Redundanz als Prozentzahl angeben, die den Überschuß an Codierungsaufwand bezeichnet: Ein zu 0% redundanter Text ist ohne Verstümmelung nicht weiter zu verkürzen. Telegramme sind nur schwach redundant. Ein verstümmeltes Telegramm wird sinnlos, der Inhalt ist verfälscht. Wäre der Text redundanter, so ließen sich Fehler erkennen und aus dem Zusammenhang rekonstruieren. Redundanz trägt also zur **Sicherheit der Informationsübermittlung** bei. Andererseits ist ein zu 100% redundanter Text sinnlos, denn er enthält gar keine Information. Das wäre bei einer langen Kette gleichartiger Zeichen der Fall.

In der Natur wird die Redundanz ebenfalls zur Vergrößerung der Sicherheit bei der Informationsübermittlung eingesetzt. So ist der rote Schnabelfleck der Möwen das Signal für die Möwenküken, von den Eltern durch Picken an den Schnabel Futter zu erbetteln. Aber auch die Form des Schnabels allein wirkt instinktauslösend, so daß beide Symbole zusammen zu einer sicheren Informationsübermittlung führen. Die Signale zur Auslösung von Instinkten enthalten also eine Zentralinformation, die unter Verzicht auf Beiwerk durchaus wirksam ist. Die Informationsübermittlung wird aber verstärkt und gesichert durch mehrfache Ausformung von Schlüsselreizen für das gleiche Verhalten. Jedes einzelne Merkmal allein dargeboten hat eine zwar geringere, aber qualitativ gleiche auslösende Wirkung. Man spricht von der **Reizsummenregel,** da sich die Wirkungen der Einzelauslöser addieren. Sie ist ein Beispiel für Redundanz, durch die die Übermittlung einer Information auf alle Fälle optimal gesichert wird.

$I_{Z_i} = \text{ld} \frac{1}{H_{rel_i}}$	Informationsgehalt eines Zeichens
$I_G = \sum_{i=1}^{i=n} \bar{I}$	Informationsgehalt einer Zeichengruppe mit n verschiedenhäufigen Zeichen
$\bar{I}_Z = \frac{I_G}{n}$	Mittlerer Informationsgehalt pro Zeichen in einer Gruppe mit n verschiedenhäufigen Zeichen
$I_{max} = \text{ld}\, n$	Maximal möglicher mittlerer Informationsgehalt pro Zeichen, wenn alle Zeichen gleich häufig in der Gruppe vertreten wären
$R = \frac{I_{max} - \bar{I}_Z}{I_{max}}$	Der Zähler gibt die Differenz zwischen der maximal in dieser Gruppe möglichen und der tatsächlich erreichten Informationsmenge an. Der Bruch sagt aus, welcher Anteil am Gesamtaufwand überflüssig ist. Das ist die Redundanz.

Daraus ergibt sich:

$$R = 1 - \frac{\bar{I}_Z}{I_{max}}$$

$$\boxed{R = 1 - \frac{\bar{I}_Z}{\text{ld}\, n}}$$

107.1. Berechnung der Redundanz

A 107.2. **Redundanz von Texten.** 1) Versuchen Sie, in deutschen Texten durch Weglassen von Buchstaben festzustellen, wann der Inhalt unrekonstruierbar verstümmelt ist.

2) Bilden Sie Zweiergruppen. Eine Person hat einen Text, die andere Person fragt. Als Antworten sind nur Ja oder Nein zugelassen. Die fragende Person versucht nun, Buchstabe für Buchstabe den Text zu erfragen. Jede Frage entspricht einem bit Information. Versuchen Sie, die Informationsgehalte unterschiedlicher Texte zu ermitteln. Berechnen Sie den mittleren Informationsgehalt pro Wort und pro Buchstabe des Textes. Vergleichen Sie die Werte verschiedener Texte und setzen Sie sie in Beziehung zu ihrem Inhalt.

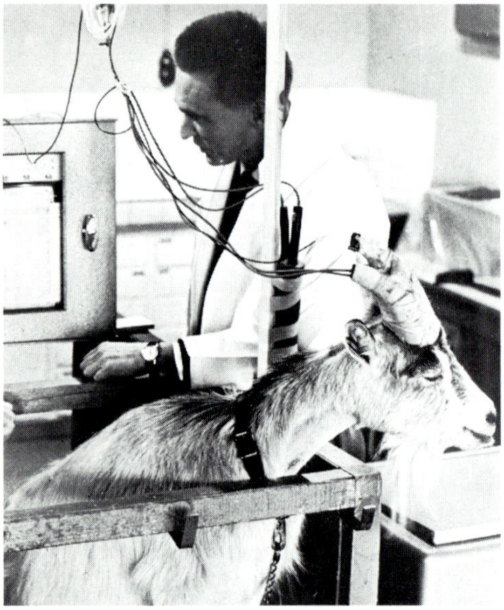

108.1. Reizung bestimmter Hirnpartien durch einoperierte Elektroden. Durch schwache elektrische Impulse können auf diese Weise bestimmte Verhaltensweisen ausgelöst werden.

7.2. Das Gehirn

7.2.1. Fähigkeiten des Großhirns

Die Ziege, die in Abb. 108.1. aus ihrem Gatter schaut, trägt – hier nur an den Zuleitungen erkennbar – feine Elektroden im Gehirn, die ihr eingesetzt wurden, um die Funktionen des Großhirns zu untersuchen. Das Tier spürt keinen Schmerz bei dieser Prozedur, da das Gehirn bei Operationen schmerzfrei ist.

Die Einpflanzung von Mikroelektroden ist eine von vielen Methoden, die Arbeit des Gehirns zu untersuchen. Sowohl durch die Ableitung von Impulsen, die im Gehirn entstehen, als auch durch die Reizung bestimmter Gehirnpartien durch schwache elektrische Ströme lassen sich Aufschlüsse über die Funktionen einzelner Hirnteile gewinnen. Auch Hirnverletzungen bzw. mit Krankheiten in Zusammenhang stehende Operationen sind aufschlußreich, wenn durch die Beschädigung bestimmter Hirnteile in den Handlungen oder den Empfindungen der betreffen-

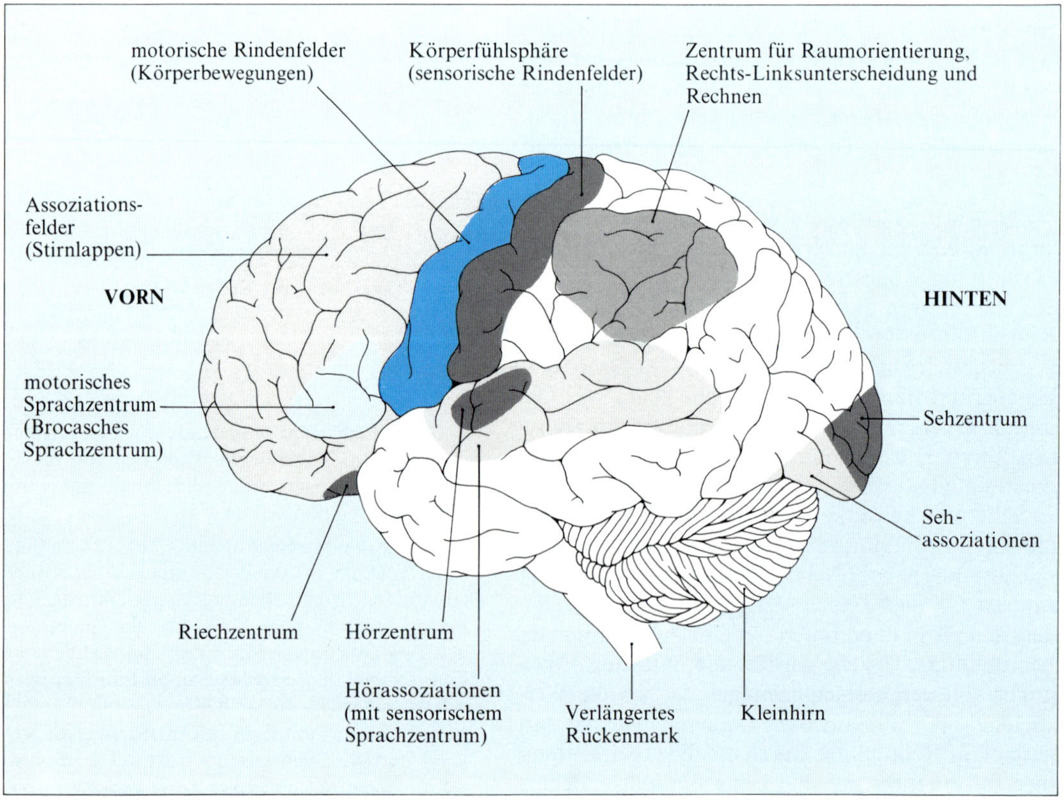

108.2. Die Felder der linken Großhirnhemisphäre

den Person bestimmte Ausfälle auftreten. – Weitere moderne Untersuchungsmethoden sind schon in Kapitel 5.2.2. (Das Gehirn) geschildert worden, wobei hier besonders die Verwendung radioaktiver Substanzen sowie die Kernspintomographie von Bedeutung sind.

Mit Hilfe dieser Methoden ist es gelungen, eine „Landkarte" der Großhirnrinde zusammenzustellen, die zeigt, wo bestimmte Fähigkeiten lokalisiert sind. Abb. 108.2. stellt eine Auswahl dieser Rindenbezirke dar. Man unterscheidet dabei sensorische und motorische Bereiche. Besonders interessant sind dabei die beiden Hirnwindungen, die von der Mitte der Schläfe zum Scheitel ziehen. Abb. 109.1. zeigt den Verlauf von zwei Schnitten, die in Abb. 109.2. in Einzelheiten gezeichnet sind. Es wird deutlich, daß einzelne Körperpartien sowohl im sensorischen als auch im motorischen Bereich ganz unterschiedlich stark repräsentiert sind. Besonders die Hand und die Lippen spielen eine hervorragende Rolle, während z.B. der Rücken bezüglich dieser Funktionen nur wenig Platz im Gehirn beansprucht.

Bei der Suche nach der Lokalisation bestimmter Hirnfunktionen fiel es auf, daß Stirnhirnverletzungen kaum sensorische oder motorische Funktionsausfälle zur Folge hatten. Man spricht beim Stirnhirn von den „stummen" Zonen des Gehirns. Dieser Hirnbereich ist der entwicklungsgeschichtlich jüngste Abschnitt des Gehirns und besonders charakteristisch für den Menschen. Man nimmt an, daß diese Hirnteile sozusagen „zur freien Verfügung stehen". Sie heißen **Assoziationsfelder.** Die Gebiete dagegen, denen bestimmte Funktionen zugeordnet werden können, werden **Projektionsfelder** genannt.

Die Großhirnhemisphären. Prinzipiell ist das Gehirn symmetrisch aufgebaut. Abb. 108.2. könnte ebenso die rechte Hemispäre darstellen. Man fand aber heraus, daß die rechte Hirnseite für die linke Körperseite zuständig ist und umgekehrt. Die rechte Hand wird also von der linken Hirnhälfte aus gesteuert. Nun findet man in allen Kulturen etwa 95% Rechtshänder und etwa 5% Linkshänder. Auch das motorische Sprachzentrum liegt in der linken Hirnhälfte. Demzufolge war man ursprünglich der Meinung, die linke Hirnhälfte sei „dominant". Auf alle Fälle schienen die Hemisphären bezüglich ihrer Aufgaben nicht voll gleichberechtigt zu sein. – Dies wurde besonders deutlich, als man Epileptiker untersuchte, denen zur Linderung ihrer Leiden der Balken durchtrennt worden war. Die Menschen wirkten nach der

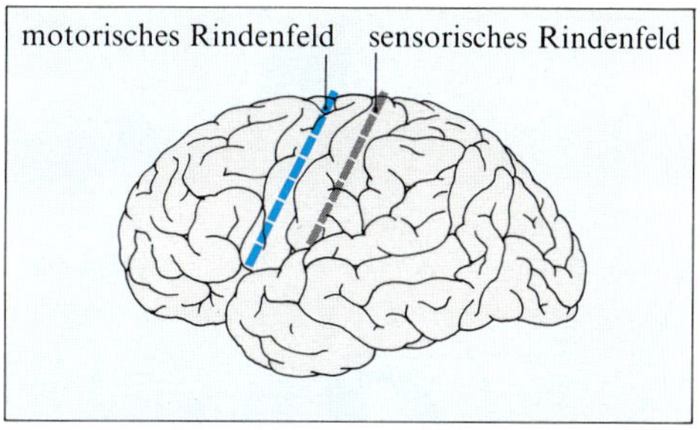

109.1. Lage der folgenden Hirnquerschnitte durch die linke Hemisphäre

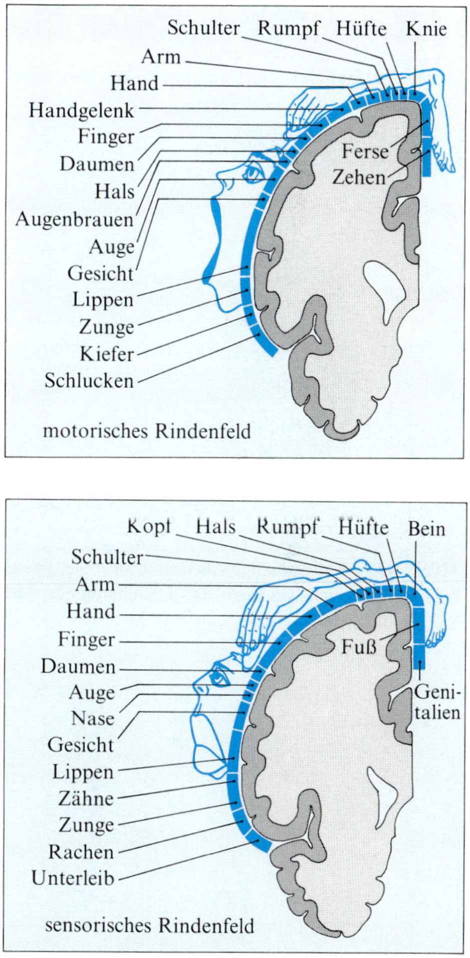

109.2. Zuordnung bestimmter Fähigkeiten zur Fläche zweier Hirnwindungen

A 109.3. **„Sensomotorischer Homunculus".** Untersuchen Sie Abb. 109.2. näher. Bringen Sie die Körperteile in eine Reihenfolge entsprechend ihrer Repräsentation auf der Großhirnrinde. Welche Bedeutung hat diese Reihenfolge?

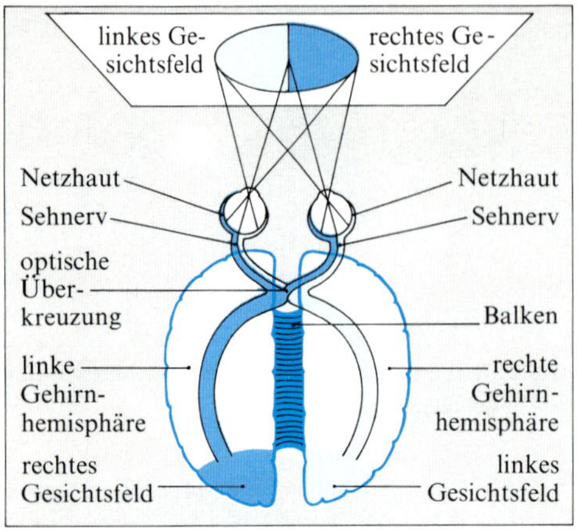

110.1. Verlauf der Nervenbahnen von den Netzhauthälften zu den Sehfeldern

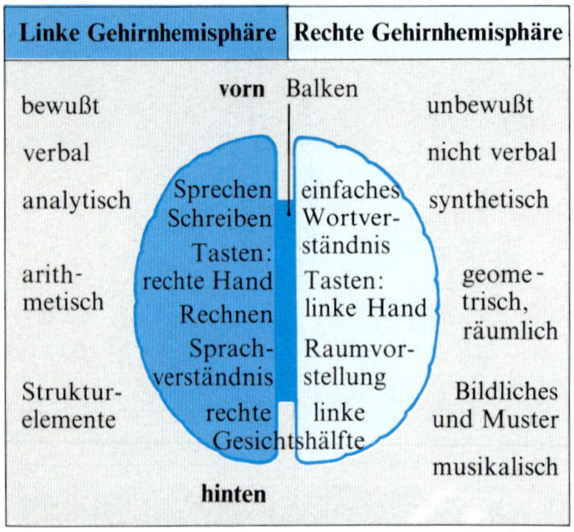

110.2. Die wichtigsten Funktionen der Großhirnhemisphären, wie sie nach der Durchtrennung des Balkens sichtbar werden

Operation völlig normal. Durch eine Versuchsanordnung, wie sie Abb. 110.3. zeigt, ließ sich die Wirkung der Balkendurchtrennung aber nachweisen.

Man setzt dabei die Versuchsperson vor eine Projektionswand, auf die von hinten Bilder projiziert werden. Wenn die Person einen Punkt in der Mitte des Bildschirms fixiert, gelangt die rechte Bildhälfte auf die linken Netzhautbereiche. Die Information darüber wird in das Sehzentrum der rechten Hirnhälfte gemeldet und umgekehrt (siehe Abb. 110.1.). Hinter dem Bildschirm liegen, ohne daß die Versuchsperson es sehen kann, für die Hände erreichbare Gegenstände.

Werden verschiedene Bilder gleichzeitig auf die rechte und die linke Hälfte des Gesichtsfelds projiziert, so kann die Versuchsperson das Bild des linken Gesichtsfeldes nicht benennen, ja sie bestreitet sogar, dort etwas gesehen zu haben.

Soll sie aber mit der linken Hand durch Betasten feststellen, welcher Gegenstand projiziert wurde, so wählt sie das in der linken Bildhälfte gesehene Objekt.

Projiziert man das Wort ERICH so, daß links ER und rechts ICH steht, so spricht die Versuchsperson das Wort ICH, während die linke Hand aus ertastbaren Buchstaben das Wort ER zusammensetzt.

Die linke Hirnhälfte, in der das Sprachzentrum liegt, erfährt also, wenn der Balken durchtrennt ist, nichts über die Wahrnehmungen der rechten Hälfte und kann sie deshalb nicht benennen. Die beiden Hirnhälften führen ein Eigenleben. Im Normalfall aber tauschen sie über den Balken ihre Informationen aus und bilden so eine funktionsfähige Einheit.

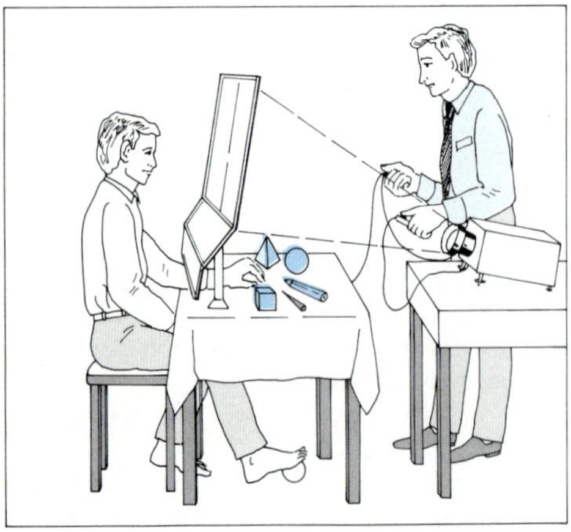

110.3. Untersuchungsmethode bei Patienten mit durchtrenntem Balken

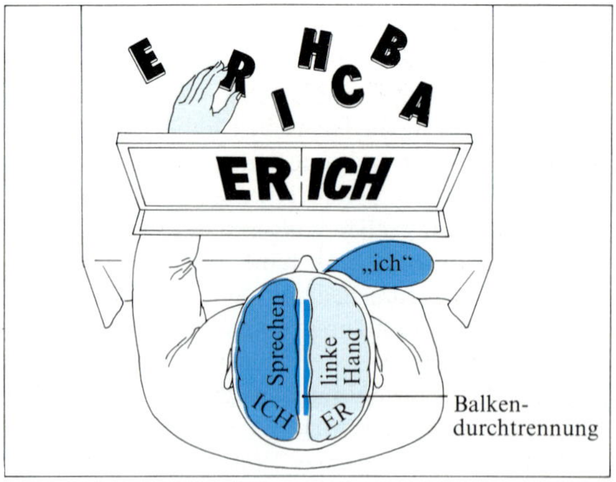

110.4. Ergebnis eines Experiments nach Durchtrennung des Balkens

7.2.2. Fähigkeiten des Kleinhirns

Die Arbeit des Kleinhirns dient der Kontrolle der Bewegungen des Körpers. Man denkt bei „Bewegungskontrolle“ natürlich in erster Linie an Gehen, Greifen oder ähnliche Handlungen. Eine genauere Betrachtung aber zeigt, daß die gesamte Informationsabgabe beim Menschen über Muskelbewegungen erfolgt. Sprechen ist nicht möglich ohne die Mitwirkung der Muskeln des Brustkorbs, des Kehlkopfs und der Mundregion. Mimik, Gestik und „Körpersprache“ sind ohne Beteiligung der Muskeln undenkbar. Andere Informationsabgabesysteme aber stehen dem Menschen nicht zur Verfügung. Dementsprechend hat die Bewegungskontrolle durch das Kleinhirn eine weit höhere Bedeutung, als man auf den ersten Blick annimmt.

Wie aber in den letzten Abschnitten dargestellt wurde, gibt es motorische Bereiche in der Großhirnrinde, die ebenfalls der Bewegungssteuerung dienen. Sie arbeiten in einem komplexen Wirkungsgefüge mit dem Kleinhirn zusammen. Die Mechanismen wurden von dem australischen Neurophysiologen John Eccles untersucht, der für seine Arbeiten am Nervensystem im Jahr 1963 den Nobelpreis erhielt. Das Schema in Abb. 111.1. ist eine Vereinfachung der Ecclesschen Untersuchungsergebnisse. Es enthält für alle dargestellten Bahnen anatomisch und experimentell gesicherte Befunde.

Der Entschluß zu einer Bewegung wird meist bewußt gefaßt, so daß dazu wahrscheinlich Zellen der Assoziationsfelder (1) aktiv werden. Sie aktivieren die motorischen Zentren der vorderen Zentralwindung (2), die in den Abb. 108.2. und 109.2. ausführlich dargestellt wurden. Die hier liegenden Neuronen – die **Pyramidenzellen** – senden Aktionspotentiale (3) über das Rückenmark bis in die Muskeln des Körpers. Die Teile der weißen Substanz des Rückenmarks, in denen die Axone der Pyramidenzellen verlaufen, heißen **Pyramidenbahnen.**

Die Axone verzweigen sich und senden zunächst Ausläufer ins Zwischenhirn (4). Von hier aus laufen Nervenbahnen (5) zurück zu den Pyramidenzellen, mit denen sie synaptisch verbunden sind. Jedes Aktionspotential, das von den Pyramidenzellen ausgeht, kehrt also zu diesen zurück und löst dort ein neues aus. Es besteht ein Kreis positiver Rückkopplung. Er würde sich selbst bis an die Grenze der Leistungsfähigkeit verstärken, ähnlich wie wir es von Verstärkeranlagen kennen, die unerträglich zu pfeifen beginnen, wenn das Mikrophon in die Nähe des Lautsprechers kommt. Eine differenzierte Bewe-

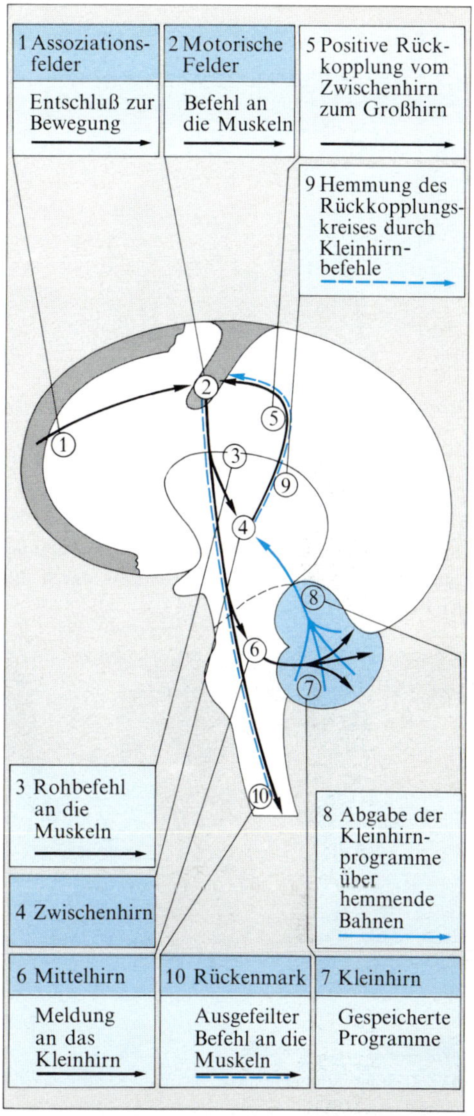

111.1. Zusammenarbeit von Großhirn und Kleinhirn. Der Entschluß zur Bewegung wird in den Assoziationsfeldern ① gefaßt. Die motorischen Rindenfelder ② senden entsprechend dem Entschluß Aktionspotentiale ③ an die von der Handlung betroffenen Muskeln. Eine Kopie dieser Befehle gelangt ins Zwischenhirn ④ und wird als positive Rückkopplung ⑤ in die motorischen Rindenfelder zurückgeschickt. Eine weitere Kopie des Rohbefehls ③ läuft ⑥ ins Kleinhirn ⑦. Die hier gespeicherten Programme ⑧ werden als hemmende Impulse an das Zwischenhirn ④ abgegeben und beeinflussen die Rückkopplungsschleife ⑤ negativ ⑨. Durch die so veränderte Rückkopplungsschleife wird aus dem Rohbefehl an die Muskeln ein ausgefeilter Befehl ⑩.

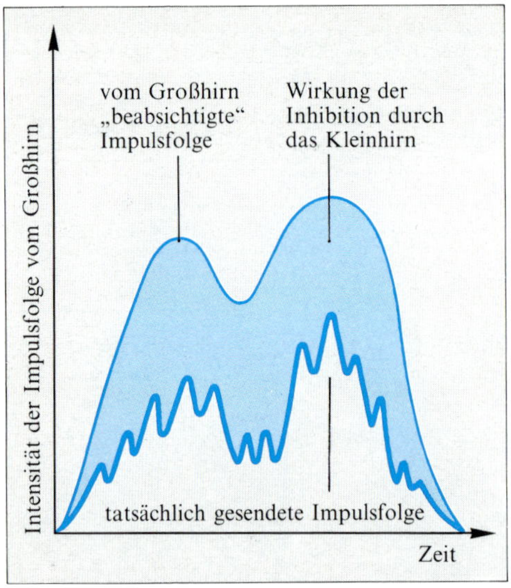

112.1. Hypothetische Darstellung der Bearbeitung von Bewegungsbefehlen des Großhirns durch das Kleinhirn

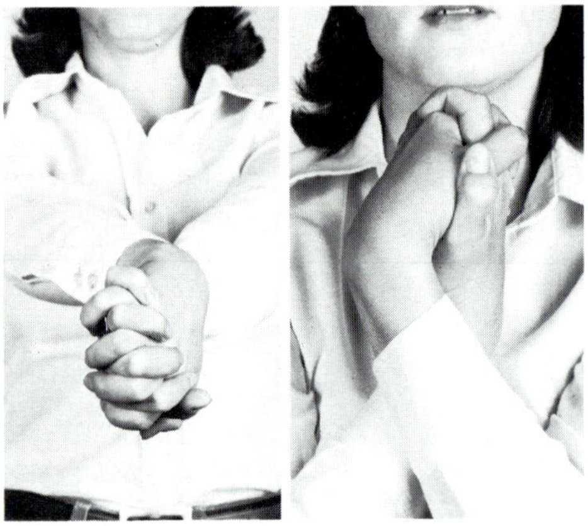

112.2. Fingerzeigeversuch

A 112.3. **Fingerzeigeversuch.** Verschränken Sie die Finger wie in Abb. 112.2. links gezeigt. Drehen Sie dann die Arme so zur Brust, wie es Abb. 112.2. rechts zeigt. Bewegen Sie zuerst einige Finger bewußt (z. B. rechter Zeigefinger!, linker Ringfinger!). Lassen Sie dann von einer anderen Person auf bestimmte Finger zeigen, und bewegen Sie diese (nur zeigen, nicht berühren!). Erklären Sie die Schwierigkeiten des Versuchs.

A 112.4. **Bewegungskontrolle.** Erinnern Sie sich daran, wie Sie bestimmte Fähigkeiten erlernten (Tanzen, Schwimmen, Radfahren, eine Fremdsprache). Schildern Sie die Schwierigkeiten, und versuchen Sie, diese auf der Basis dieses Kapitels zu erklären.

gungssteuerung wäre auf dieser Basis nicht möglich.
– Im Mittelhirn verzweigen sich die Axone der Pyramidenzellen nochmals (6) und senden ihre Informationen auch an das Kleinhirn (7). Das Kleinhirn aber enthält für alle angeborenen und erlernten Bewegungsabläufe festgelegte Programme (8), die der Feinsteuerung der Bewegung dienen. Sie werden durch die einlaufenden Aktionspotentiale aufgerufen und auf die sogenannten **Purkinjezellen** geschaltet. Purkinjezellen sind die einzigen Neuronen, deren Axone das Kleinhirn verlassen. Außerdem sind sie hemmende Neuronen, so daß sich die erstaunliche Feststellung ergibt, daß alle Informationen, die das Kleinhirn verlassen, sozusagen „negative" Informationen sind. Das ist aber höchst sinnvoll, denn diese hemmenden Axone sind nun mit dem oben erwähnten Rückkopplungskreis verbunden, den sie entsprechend dem aufgeschalteten Kleinhirnprogramm negativ beeinflussen (9). Die Pyramidenzellen senden nun Folgen von Aktionspotentialen an die Muskeln (10), die den im Kleinhirn für diese Bewegung gespeicherten Programmen entsprechen.

Die Pyramidenzellen senden also ursprünglich eine dauernd ansteigende, undifferenzierte AP-Folge (Abb. 112.1. obere Kurve), aus der durch den hemmenden Einfluß der Purkinjezellen die spezifische und differenzierte Impulsfolge entsteht (Abb. 112.1. untere Kurve).

Von allein kann das Kleinhirn also nichts in Gang setzen, denn es sendet ja ausschließlich hemmende Impulse. Es übt aber die Kontrolle über alle motorischen Großhirnaktivitäten aus und trägt durch seine Informationen zu ihrer Gestaltung bei. ECCLES hat die auffällige Tatsache, daß das Kleinhirn nur „negative" Informationen liefert, so interpretiert: „Ich möchte darauf hinweisen, daß Analoges in der Bildhauerei geschieht. Man geht von einem Steinblock aus und erhält die gewünschte Figur, indem man mit dem Meißel Stein „wegnimmt".

Der Sinn dieses komplizierten Zusammenhangs liegt in einer beträchtlichen Arbeitserleichterung für das Großhirn. Wie der Fingerzeigeversuch deutlich macht, ist das Großhirn bei manchen Bewegungen überfordert. Hier werden Bewegungen verlangt, die im täglichen Leben nicht vorkommen und deshalb Schwierigkeiten bereiten. Die Verzögerungen in der Reaktionszeit in dem Versuch sind ein Hinweis auf die Umständlichkeit, mit der das Großhirn eine Lösung für das Problem suchen muß. Normalerweise hat es solche Bemühungen nicht nötig, denn es hat im Kleinhirn einen Ausführungsgehilfen für die „groben Arbeiten".

Computer als Modell für die Kleinhirnarbeit

Mit einem Taschenrechner, der nur die vier Grundrechenarten enthält, kann man nach Näherungsformeln Winkelfunktionen berechnen. Abb. 113.1. gibt die Anleitung dazu. Rechnet man nach diesem Rezept, so kommt man bald zu einem genauen Funktionswert; die Arbeit ist jedoch mühsam und teilweise fehlerhaft. Aufwendiger gestaltete Taschenrechner haben Tasten, mit denen Winkelfunktionen auf Knopfdruck abrufbar sind. Die Tatsache, daß zwischen Knopfdruck und Ergebnis eine gewisse Zeit verstreicht, zeigt aber, daß der Rechner in dieser Zeit arbeitet, d.h., er ermittelt den Funktionswert auch nach dem Rezept, das wir oben angewandt haben. Dafür hat er ein festverdrahtetes Programm der Näherungsformel, das durch den Tastendruck abgerufen wird. Auch bei der freien Programmierung von Rechnern gibt es die Möglichkeit, häufig wiederkehrende Programmteile als sogenannte „Subroutine" zu gestalten. Sie wird nur einmal programmiert und dort, wo sie gebraucht wird, nur noch aufgerufen (z.B. GOSUB-Befehl in BASIC). Dadurch werden Fehler beim Programmieren vermieden und Zeit und Speicherplatz gespart.

Der Vergleich mit dem Kleinhirn liegt nahe. Muß das Großhirn eine Aufgabe allein bewältigen, so dauert das lange und kann Fehler enthalten. Hat das Kleinhirn aber das Programm, so braucht das Großhirn nur die entsprechende „Taste" zu drükken. Instinktive Bewegungen sind dabei schon „fest verdrahtet", d.h., die Neuronenverknüpfungen sind durch die Erbinformation von vornherein festgelegt. Für neu zu lernende Fähigkeiten wird vom Großhirn eine Subroutine programmiert und im Kleinhirn gespeichert. Der Programmierungsprozeß ist dabei genauso mühsam wie bei einer EDV-Anlage: Hier wie dort sind viele Testläufe (Training!) und Verbesserungen nötig, bis das Programm einwandfrei läuft.

Eccles hat wiederholt auf die Parallelen zwischen Computer und Kleinhirn hingewiesen, die sich auch in der regelmäßigen Struktur des zellulären Aufbaus der Kleinhirnrinde zeigen. Die „Leitungen" im Kleinhirn verlaufen bemerkenswert rechtwinklig zueinander. Auch die Kernspeicher einiger elektronischer Rechenanlagen bilden solche Netze, in denen Spalten- und Zeilendrähte in bestimmter Verschaltung die Grundlage für das Codesystem der Anlage bilden. Ob sich die Ähnlichkeiten auch bis in die Einzelheiten erstrecken, bleibt bisher noch ungeklärt, denn über die genauen Arbeitsmethoden der Zellen ist noch wenig bekannt.

Näherungsformel:

$$\sin\alpha = \frac{x}{1!} - \frac{x^3}{3!} + \frac{x^5}{5!} - \frac{x^7}{7!} + \frac{x^9}{9!} \cdots \frac{x^\infty}{\infty!}$$

Hinweis:

$5! = 1 \cdot 2 \cdot 3 \cdot 4 \cdot 5$ (5 Fakultät)

$x = \widehat{\alpha}$ (= Bogenmaß)

$$\widehat{\alpha} = \frac{\alpha^\circ \cdot \pi}{180}$$

Rechengang (α sei 30°):

Flußdiagramm:

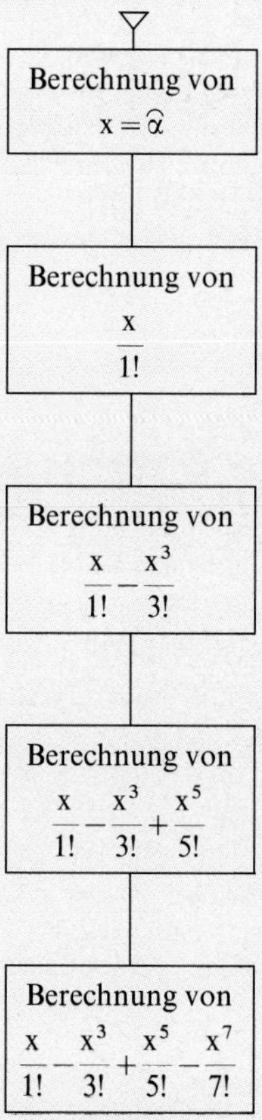

Durchführung:

$$\widehat{30^\circ} = \frac{30 \times \pi}{180} = 0{,}5235987$$

$$\frac{0{,}523...}{1} = 0{,}523...$$

$$0{,}523\cdots - \frac{0{,}523^3...}{6}$$
$= 0{,}523... - 0{,}0239245$
$= 0{,}4996742$

$$0{,}499\cdots + \frac{0{,}523^5...}{120}$$
$= 0{,}499\cdots + 0{,}0003279$
$= 0{,}5000021$

$$0{,}5000021 - \frac{0{,}523^7...}{5040}$$
$= 0{,}5000021 - 0{,}0000021$
$\sin 30^\circ = 0{,}5$

113.1. Berechnung von sin 30° mit Hilfe der vier Grundrechenarten

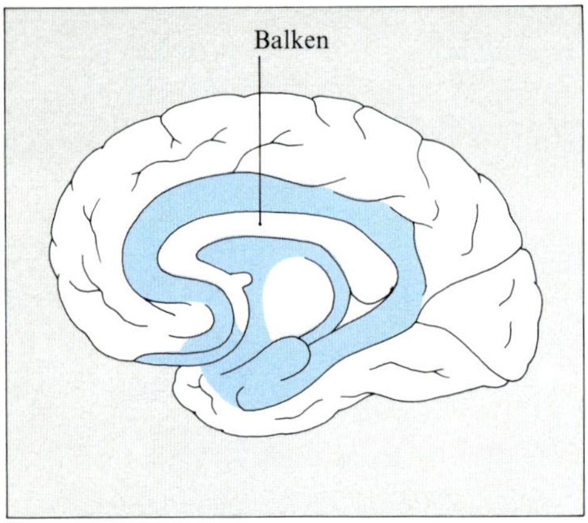

114.1. Die Hirnbereiche des Limbischen Systems

A 114.2. **Angst.** Stellen Sie sich in etwa 1,5 m Abstand vor einen starken, zuverlässigen Klassenkameraden und wenden Sie ihm den Rücken zu. Lassen Sie sich mit ausgebreiteten Armen und gerade gehaltenem Körper nach hinten fallen. Ihr Versuchspartner soll Sie kurz über dem Boden auffangen. Zur Sicherheit sollte eine weiche Bodenmatte aus der Sportabteilung der Schule untergelegt werden. Schildern und analysieren Sie die Gefühle während des Versuchs.

A 114.3. **Menschliche Instinktreaktionen.** Suchen Sie nach Schlüsselreizen, die Auslöser für menschliche Instinktreaktionen sind. Stellen Sie fest, in welchem Maße diese Symbole in der Werbung verwendet werden, und untersuchen Sie den Wirkungsmechanismus der Werbeaussage anhand Ihrer Kenntnisse über die Funktionen des Stammhirns.
Ihre Fragestellung könnte z. B. sein:
Welche Einzelheiten zeigt das Plakat bzw. das Inserat? Sind in der Darstellung instinktive Auslöser enthalten? In welchen Gehirnteilen werden die Informationen der Werbung verarbeitet, und wie beeinflussen sie sich gegenseitig? Welchen Zweck verfolgen die werbenden Firmen mit dieser Methode?

A 114.4. **Sozialverhalten.** Auch die Befriedigung durch das Zugehörigkeitsgefühl zu einer Gruppe ist eine tiefverwurzelte, genetisch festgelegte Reaktion. Untersuchen Sie, an welchen Stellen dieses Gefühl gezielt ausgenutzt wird. Welche Vorteile und Gefahren ergeben sich aus dieser Tatsache?

7.2.3. Das Stammhirn

Das Großhirn entstand – wie in Kapitel 5 beschrieben – aus dem Neopallium und überwucherte die anderen Hirnteile fast vollkommen. Der ältere Teil des Gehirns, der nicht zum Großhirn und nicht zum Kleinhirn gehört, wird deshalb als **Stammhirn** bezeichnet.
Bei den ersten Wirbeltieren wurden Reize durch festgelegte Reflexbögen im Stammhirn mit Handlungen beantwortet. Zusätzlich gab es genetisch festgelegte Stammhirnprogramme, die durch Schlüsselreize aufgerufen wurden und in unwandelbarer Struktur abliefen. Es sind die **Instinkte.**
Außer den Instinktprogrammen bildeten sich im Stammhirn Wertungssysteme, die günstige von ungünstigen Umweltbedingungen unterscheiden konnten. Für Nahrungsaufnahme und Vermehrung entstand als „Prämie" das Lustprinzip, der Angriff wurde von Wut begleitet, und die Flucht war mit Angst verbunden. Man bezeichnet diese Situationsbewertungen als **Gefühle.** Ihr Selektionswert in der Evolution muß groß gewesen sein, denn in der Entwicklungsreihe der Tiere nimmt diese Fähigkeit von Stufe zu Stufe zu.

Bei der Entwicklung des Großhirns bildeten sich Bezirke, die fortschreitend die Fähigkeit bekamen, zu den angeborenen Handlungsabläufen situationsabhängig neue zu entwerfen. Dadurch nahm das Lern- und Verknüpfungsvermögen zu. Die in der Nähe des Stammhirns liegenden Teile blieben dabei stärker genetisch festgelegt als die entfernter liegenden. Diese Übergangszonen zwischen Stammhirn und Großhirn heißen **Limbisches System** (limbus – lat. Saum). Es bildet einen Bereich der funktionellen Überschneidung zwischen den beiden Teilen.

Das Stammhirn überprüft die einlaufenden Informationen auf ihre Bedeutung. Reflexe und Instinkte werden in Gang gebracht. Im limbischen System erfolgen die gefühlsmäßige Tönung und die weitere instinktive Ausgestaltung der Reaktion. Die Großhirnrinde schließlich verarbeitet die so vorbereitete Information je nach Entwicklungshöhe des Tieres mehr oder weniger intellektuell und bewußt. Beim Menschen überwiegt der letzte Schritt bei weitem. Die Unüberwindlichkeit aber von Lust und Unlust, Wut und Angst und die Unfehlbarkeit, mit der wir auf instinktive Schlüsselreize ansprechen (Kindchenschema!), zeigt uns, welche Macht die stammesgeschichtlich alten Hirnteile dem Großhirn gegenüber noch besitzen.

7.2.4. Schlaf und Traum

Wenn man Menschen längere Zeit am Schlafen hindert, brechen sie zusammen. Weckt man sie immer dann auf, wenn sie zu träumen beginnen, zeigen sie nach einiger Zeit so schwere Persönlichkeitsstörungen, daß solche Experimente nie lange durchgeführt werden können. Tiere, die man gezielt am Träumen hindert, gehen zugrunde.

Schlafen ist offensichtlich eine lebenswichtige Tätigkeit. Was aber während des Schlafens geschieht, liegt bis heute noch buchstäblich „im Dunkeln". Im Schlaf erfolgt nämlich nicht nur eine Erholung und Regeneration der Reserven, wie man aus der Ruhigstellung des Körpers in diesem Zustand schließen könnte. Wie vielmehr verschiedene Untersuchungen zeigen, findet besonders im Gehirn während des Schlafens eine höchst intensive Tätigkeit statt.

Man hat das Schlafen mit Hilfe unterschiedlicher Methoden untersucht. Bei Testschläfern leitete man elektrische Spannungsschwankungen von verschiedenen Organen ab. Das Gehirn liefert dabei das Elektroenzephalogramm (EEG), die Muskeln das Elektromyogramm (EMG), das Herz das Elektrokardiogramm (EKG), und die Bewegungen des Augapfels werden durch das Elektrookulogramm (EOG) gemessen. Die Schlaftiefe ergibt sich aus der Stärke eines genormten Reizes, der nötig ist, um einen Schlafer zu wecken.

Zunächst fiel bei den Untersuchungen auf, daß die Schläfer in gewissen Zeitabständen ihre Augen unter den geschlossenen Lidern lebhaft bewegten. Weckte man sie zu diesen Zeiten auf, so berichteten sie, daß sie soeben lebhaft geträumt hätten. Weckte man sie, wenn keine Augenbewegungen stattfanden, so hatten sie nicht geträumt. Man nennt diese Traumphasen des Schlafs nach der schnellen Augenbewegung (rapid-eye-movement) REM-Schlaf. Während des REM-Schlafs zeigt das EEG die typische flache Kurve des tätigen Gehirns (siehe Abb. 90.2. Mitte). Während des Träumens finden – im Gegensatz zur landläufigen Meinung – nur wenige Körperbewegungen statt. Nur die Augenbewegung steht in Zusammenhang mit dem Traum, der Schläfer verfolgt die Objekte, die er „sieht". Die Dauer eines Traums erstreckt sich über etwa acht bis dreißig Minuten. Man vermutet, daß ein Traum ungefähr ebensoviel Zeit beansprucht, wie das tatsächlich ablaufende Ereignis. – Da schlafende Tiere ebenfalls

Dem Delirium nahe

„Auf dem Kennedy Airport taumelte ich aus dem Düsenklipper", beschrieb der amerikanische Journalist PAUL J. C. FRIEDLANDER seine Ankunft in New York nach einer dreiwöchigen Flugreise um die Welt. Ein Teil seines Körpers sei noch auf die Uhrzeit in Neu-Delhi eingestellt gewesen, ein anderer auf die in Moskau, während weitere Teile noch nach Big Ben in London funktionierten. „Die restlichen Körperorgane", erinnerte sich FRIEDLANDER, „waren dem Delirium nahe" (DER SPIEGEL Nr. 14, 1970, S. 196).
Nicht in so dramatischer Form wie in diesem Zitat, aber doch recht unangenehm erleben Geschäftsreisende oder Touristen die Schwierigkeiten der Zeitumstellung bei Ost-West-Flügen. Die Störungen entstehen dadurch, daß der Körper einen eigenen Rhythmus besitzt, der der Tagesperiodik von 24 Stunden entspricht. Versuche mit freiwilligen Versuchspersonen, die in einem Bunker ohne jeglichen Kontakt zur Außenwelt eingeschlossen wurden, ergaben, daß sich ohne äußere Reize ein Schlaf-Wach-Rhythmus von 25 Stunden +/− 56 Minuten einpendelt. Man hat verschiedene Körpersysteme mit der Steuerung dieser Rhythmen in Verbindung gebracht. Haussperlinge z. B. verlieren ihren Tagesrhythmus, wenn man ihnen die Zirbeldrüse (auch Epiphyse genannt) entfernt. Es könnte sein, daß die Periodik, mit der in dieser Drüse bestimmte Enzyme produziert werden, den Tagesrhythmus bestimmt. Da man weiß, daß die Epiphyse auch auf Lichtreize reagiert, wird der Einfluß äußerer Bedingungen auf die Tagesperiodik deutlich. So ist es erklärlich, daß sich der Rhythmus nach etwa 2–3 Tagen am Reiseziel wieder einpendelt.
Unser Tagesrhythmus, man spricht auch vom „circadianen Rhythmus", bedingt durch die Einstellung der Körpertemperatur, des Blutdrucks, der Konzentration bestimmter Stoffe im Blut und anderer Faktoren die Leistungsfähigkeit des Körpers. Wenn dem Körper dann durch äußere Einflüsse plötzlich Anforderungen gestellt werden, auf die er zur Zeit nicht vorbereitet ist, gerät er in Schwierigkeiten. Die Erlebnisse des oben genannten Journalisten zeigen dies deutlich. Dies gilt aber auch für Menschen, die im Schichtdienst tätig sind. Häufig treten hier Gesundheitsschäden auf, da diese Belastung fast lebenslänglich auftritt.

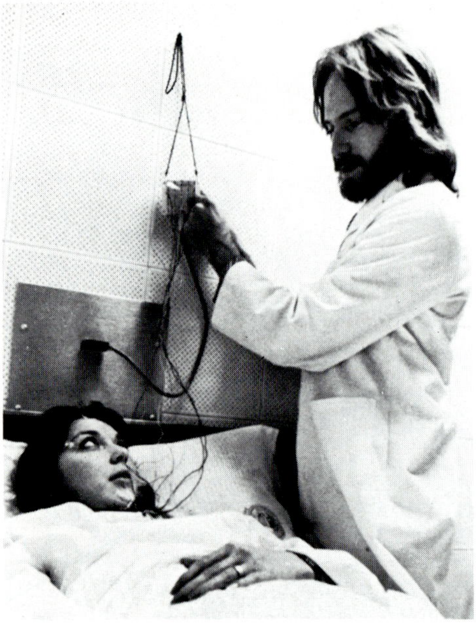

116.1. Versuchsanordnung zur Messung von Vorgängen im Schlaf. Die Meßwerte werden über aufgesetzte Elektroden von der Körperoberfläche abgenommen und elektronisch verstärkt. Ein Mehrkanalschreiber zeichnet alle Schwankungen während des gesamten Schlafs auf.

A 116.2. **Schlafstörungen.** Welche Möglichkeiten kennen Sie, Schlafstörungen und Einschlafstörungen zu beheben?

A 116.3. **Schlafmittel.** Eine Reihe von synthetischen Schlafmitteln stellt zwar den Körper ruhig, unterbindet aber die REM-Phasen. Welche Folgen können eintreten, wenn ein Mensch nur noch mit Schlafmitteln dieser Art schlafen kann?

deutliche REM-Phasen haben, liegt der Schluß nahe, daß auch sie träumen. Selbst Neugeborene zeigen im EEG typische Schlafmuster, die durch REM-Perioden unterbrochen sind.

Die Beziehung der Träume zur Realität ist jedem bekannt. Berühmte Beispiele aus der Literatur weisen darauf hin. KÉKULE soll die Struktur des Benzolrings im Traum gesehen haben. Die Traumdeutung des biblischen Josef für den Pharao führte zur Ausarbeitung eines der ersten langfristigen Wirtschaftspläne (sieben fette und sieben magere Jahre). Offensichtlich erfolgt im Traum eine Aufarbeitung früher eingegangener Informationen. Was dabei tatsächlich geschieht, ist aber bis heute weitgehend unbekannt. Es ist auch die Vermutung geäußert worden, daß in der Art von Testschaltungen verschiedene Gehirnbezirke einfach zusammengekoppelt würden, so daß Informationen, die sonst nichts miteinander zu tun haben, in einen losen Zusammenhang träten, woraus sich eventuell die wirren Traumbilder erklären ließen, die zuweilen auftreten.

Ausschlaggebend für das Schlafgeschehen ist eine Region des Mittel- und Nachhirns, die wegen der netzartigen Struktur der Nervenzellverknüpfungen **Formatio reticularis** genannt wird. Von hier aus gehen fördernde und hemmende Impulse in verschiedene Hirnregionen, die z. B. dafür sorgen, daß der Muskeltonus in den Tiefschlafphasen sinkt und dadurch eine völlige Entspannung eintritt. Auch die Körpertemperatur sinkt während des Schlafs. Deshalb müssen wir uns, auch wenn es beim Einschlafen warm genug ist, später zudecken, weil wir frieren.

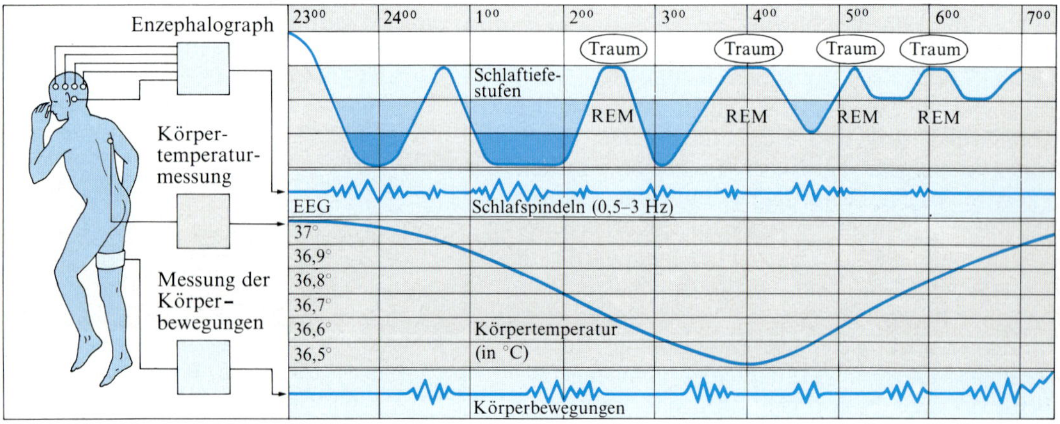

116.4. Schematische Darstellung der Schlafzyklen

7.2.5. Erkrankungen des Nervensystems

Allgemeine Störungen. Da das Nervensystem mit den anderen Organsystemen in engem Zusammenhang steht,wirken sich deren Erkrankungen meist auch auf die Funktion der Nerven aus. Kopfschmerzen und Benommenheit sind oft nur Symptome für Störungen anderer Organe. Nach Dauerstreß z. B. zeigen die Reaktionen der inneren Organe, daß das Vegetative Nervensystem aus dem Gleichgewicht geraten ist (vegetative Dystonie).
Eine harmlose, aber unangenehme Störung ist die Reisekrankheit (Seekrankheit), die durch die ungewohnte Dauerreizung des Gleichgewichtssinns hervorgerufen wird. Die Wetterfühligkeit ist eine Erscheinung, die zwar weit verbreitet, in ihren Wirkungsmechanismen aber bisher noch ungeklärt ist. – Unter den Infektionskrankheiten sei wegen ihrer Bedeutung die Tollwut hervorgehoben, die als Viruskrankheit das gesamte ZNS ergreift und – wenn sie einmal ausgebrochen ist – zum Tode führt. Sie wird durch Blut und Speichel befallener Tiere übertragen und muß bei Verdacht einer Infektion sofort durch eine Schutzimpfung bekämpft werden.

Störungen der Leitungsbahnen. Infektionen, Vergiftungen oder Überbeanspruchung können zu Nervenschmerzen (Neuralgien) führen. Sie können an den Gesichtsnerven (Trigeminusneuralgie) oder an den Hüftnerven (Ischias) auftreten. Teilweise entstehen sie dadurch, daß die Nerven durch eine Verschiebung der Bandscheiben beeinträchtigt werden (Hexenschuß). Werden die Nerven vollkommen abgeklemmt, sind Lähmungserscheinungen die Folge, im Extremfall bei Beschädigung der Wirbelsäule die Querschnittslähmung.
Unklar ist bis heute die Ursache der Multiplen Sklerose, bei der die Myelinscheiden in Gehirn und Rückenmark zerstört werden. Seh-, Sprach- und Bewegungsstörungen sowie Lähmungen charakterisieren die Krankheit.

Hirnverletzungen. Als Folge von Unfällen tritt häufig die Gehirnerschütterung auf. Bewußtlosigkeit und nachfolgende Kopfschmerzen zeigen an, daß das Gefüge des Gehirns durch den Stoß schwer gestört ist. Deswegen ist eine strenge Bettruhe für den Patienten unbedingt nötig, damit die Regeneration langsam und koordiniert erfolgen kann. Dauernde mechanische Belastungen, wie sie bei einigen Sportarten auftreten, können Spätfolgen nach sich ziehen, die den eigentlichen Zweck dieses Sports fraglich

Wissenschaft	Fachgebiet
Neurologie	Ursachen, Verlauf und Behandlung von Nervenkrankheiten
Neurochirurgie	Chirurgische Eingriffe an Gehirn, Rückenmark und Nervenbahnen
Psychologie	Grundlagen des menschlichen Erlebens und Verhaltens (Entwicklungspsychologie, Jugendpsychologie, Lernpsychologie, Sozialpsychologie, Kulturpsychologie usw.)
Psychiatrie	Ursachen und Verlauf seelischer Erkrankungen, Behandlung durch medikamentöse und seelische Beeinflussung (Psychotherapie)
Psychosomatik	Zusammenspiel psychischer und organischer Faktoren im Krankheitsgeschehen
Psychopharmakologie	Beeinflussung seelischer und geistiger Störungen durch Arzneimittel
Gerontologie	Körperliche, seelische und soziale Veränderungen des Menschen im Verlauf des Alterns

117.1. Wissenschaften, die sich mit den Erkrankungen des Nervensystems befassen

A 117.2. **Tollwut.** Tollwut ist eine für Kinder und Spaziergänger gefährliche Krankheit. Jeder sollte über die Verbreitung und das Vorkommen dieser Krankheit unterrichtet sein. Informieren Sie sich deshalb bei den Gesundheitsbehörden oder der Forstverwaltung Ihres Wohngebietes über den aktuellen Stand der Tollwutverbreitung, und sprechen Sie im Kurs darüber. Stellen Sie auch fest, wo sich die nächste Stelle befindet, in der Tollwutschutzimpfungen vorgenommen werden. Sie sollten auch in Ihrem Urlaubsgebiet über diese Dinge unterrichtet sein. Die Kenntnisse können unter Umständen lebensrettend sein!

118.1. Kopftreffer bei einem Berufsboxer. Messungen ergaben, daß ein Schlag die Kraft von etwa 10 Zentnern erreicht. Jeder Schlag bewirkt eine leichte Gehirnerschütterung

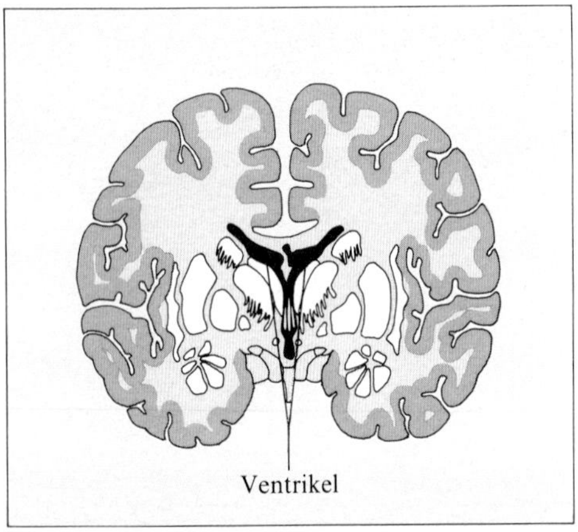

118.2. Querschnitt durch ein gesundes Gehirn

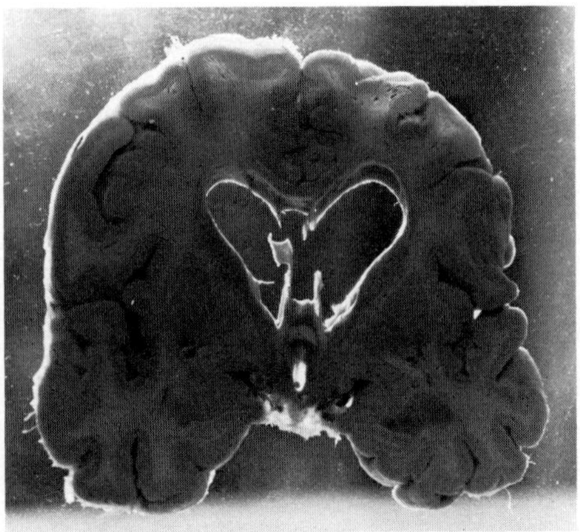

118.3. Querschnitt durch das Gehirn eines Boxers. Die Trennwand zwischen den Ventrikeln ist zerstört, die Zahl der Gehirnzellen stark vermindert

werden lassen. Die Beschleunigungen, denen das Gehirn beim Boxen und bei Kopfbällen ausgesetzt ist, können zum Teil erhebliche Schädigungen hervorrufen.

Lokale Beeinträchtigungen der Gehirnfunktionen ergeben sich bei Verletzungen, Blutungen und Tumoren. Dabei ist es für die Krankheit ausschlaggebend, an welcher Stelle die Störung auftritt. Beeinträchtigungen des Stammhirns können die sensorischen und motorischen Funktionen völlig unbeeinflußt lassen, der Patient leidet aber unter Ermüdbarkeit und mangelnder Aufmerksamkeit, sein Gefühlsleben ist verändert und der geordnete Gedankenfluß gestört. Anders ist es bei Veränderungen an den hinteren Hemisphärenteilen: Aufmerksamkeit und Konzentration sind voll erhalten. Informationsfluß und -speicherung aber zeigen Behinderungen, so daß der Patient Schwierigkeiten beim Erkennen und in der Raumorientierung hat.

Psychosen. Psychosen sind geistige und seelische Störungen, deren Ursachen wahrscheinlich in physiologischen oder anatomischen Störungen des Gehirns liegen. Man spricht deshalb häufig von „endogenen Psychosen“, um anzudeuten, daß keine äußeren Faktoren beteiligt sind. Nach der Symptomatik unterscheidet man zwei Formenkreise:

1. Die zyklothymen Psychosen, die auch als manisch-depressive Erkrankungen bezeichnet werden. Die wichtigsten Symptome sind tiefe Traurigkeit, Verstimmung und Niedergeschlagenheit, für die der Kranke trotz intensiver Suche keine Ursache findet. Spiegelbildlich dazu treten Perioden unmotivierter Heiterkeit und Betriebsamkeit auf (manische Stadien).

2. Schizophrene Psychosen: Sie sind durch Denkstörungen, Verhaltensstörungen und Sinnestäuschungen charakterisiert. Da der Sinnzusammenhang mit dem Umweltgeschehen fehlt, steht der Laie dem Krankheitsbild ratlos gegenüber, er kann die Reaktionen des Kranken nicht nachvollziehen. Der Volksmund spricht dann von „Verrücktheit“. Auch die Wahnvorstellungen gehören in diese Gruppe (paranoide Schizophrenie).

Genetisch bedingte Störungen. Untersuchungen an Zwillingen deuten darauf hin, daß ein Teil der Psychosen erblich bedingt ist. Das hat wohl mit dazu beigetragen, auch beim Fehlen organischer Defekte von „endogen“ bedingten Erkrankungen zu sprechen. Ähnliche Befunde ergeben sich beim Studium der Epilepsie, einer Anfallskrankheit, die durch plötzlich eintretende Muskelkrämpfe und Bewußtlosigkeit charakterisiert ist. Auch bei den Intelligenzdefekten, die man summarisch als „Schwachsinn" zusammenfaßt, lassen sich oft genetische Ursachen feststellen. So beruht die Phenylketonurie auf einer Störung des Aminosäurestoffwechsels, die – wenn sie nicht erkannt wird – zu schweren Defekten des Nervensystems führt. Eine frühzeitige Spezialdiät kann die Symptome der Krankheit jedoch verhindern.

Eine Chromosomenanomalie bewirkt die Erscheinung des Mongolismus (Trisomie 21). Die Auftretenswahrscheinlichkeit dieser angeborenen Krankheit steigt proportional zum Alter der Eltern an.

Neurosen. Neurosen sind seelische und Verhaltensanomalien, die keine organischen Ursachen haben, sondern auf fehlgeleiteten und falsch oder unvollkommen verarbeiteten Informationen beruhen. Zu den Neurosen gehören regelmäßig wiederkehrende Angstzustände, Angst vor Dunkelheit, bestimmten Tieren, freien Plätzen (Platzangst), engen Räumen (Klaustrophobie). Auch Prüfungsangst kann neurotische Züge tragen.
Unter Umständen drückt sich das neurotische Leiden in körperlichen Symptomen aus, wobei das betroffene Organ am Anfang keine Schäden zeigt (Migräne, Schmerzzustände, Lähmungen, Stottern, Bettnässen). Hält der neurotische Zustand längere Zeit an, ist es möglich, daß das organische Leiden chronisch wird und zu faßbaren Schädigungen führt. Da Neurosen keine organischen Gründe haben, ist die Therapie darauf gerichtet, die Ordnung der Informationen wieder herzustellen. Das wird in Einzelgesprächen, Gruppengesprächen, Verhaltenstraining und auch durch Hypnose versucht. Dabei soll die Ursache der Störung gefunden und vom Patienten durch neuerliche Verarbeitung bewältigt werden. Man kann annehmen, daß ein großer Teil der organischen Erkrankungen in unserer Zeit seine Ursache in neurotischen Störungen findet. Hohe Besiedelungsdichte, Anforderungen in Beruf und Gesellschaft sowie die Änderungen der sozialen Verhaltensnormen sind nur einige der Faktoren, die seelische Schwierigkeiten und damit mögliche Störungen verursachen können. Wird der Rauschmittelgenuß als Ausweg aus den Schwierigkeiten gewählt, entsteht eine Rückkopplung, die die Krankheit noch verstärkt.

119.1. Fußballer beim Kopfball

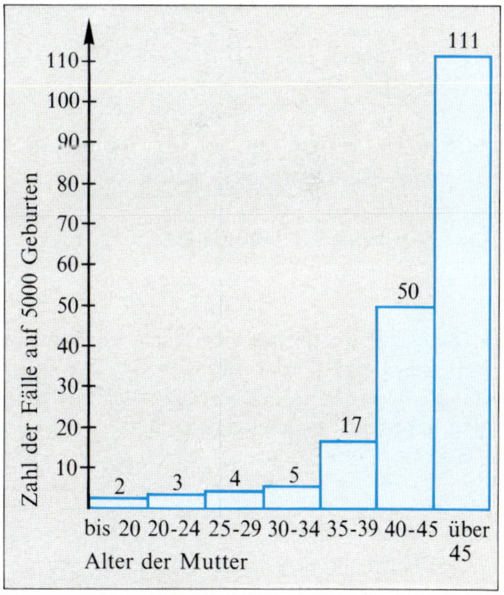

119.2. Abhängigkeit der Häufigkeit von Geburten mongoloider Kinder vom Alter der Eltern

A 119.3. **Psychosomatische Störungen.** Durch seelische Belastungen können organische Schäden auftreten. Konstruieren Sie aufgrund Ihrer Kenntnisse der Funktionen von Vegetativem und Zentralnervensystem den Wirkungsmechanismus der psychosomatischen Störungen.

Externspeicher	Nur Mensch
↑	
Behalten komplexer Zusammenhänge	Vögel, Säuger, bes. Mensch
↑	
Nachahmung	Vögel, Säuger
↑	
Gewöhnung	Wirbeltiere
↑	
Prägung	Bes. bei Vögeln
↑	
Einfache Inf.-Verknüpfung. Bedingter Reflex	Fast alle Tiere
↑	
Speicherung komplexer Informationen auf DNA in Zellkernen	Eukaryonten, bei Pflanzen einzige Art der Informationsspeicherung
↑	
Speicherung einfacher Informationen auf DNA-Molekülen	Bakterien
↑	
Entstehung des Lebens	

120.1. Evolution der Informationsspeicherung

A 120.2. **Informationsspeicherung.** Stellen Sie zur Abb. 120.1. Beispiele zusammen. Welche Informationen werden gespeichert, und welche Bedeutung haben sie für das Lebewesen?

7.3. Informationsspeicherung

7.3.1. Evolution der Informationsspeicherung

Der Begriff „Informationsspeicherung" ist uns in den letzten Jahren durch die EDV-Anlagen geläufig geworden. Magnetplatten, Magnetbänder, aber auch Karteien oder einfach nur Geschriebenes dienen der Aufbewahrung von Daten, die zu jeder Zeit abgerufen und verwertet werden können.
Aber auch die Tatsache, daß z.B. aus einem Veilchensamen eine Pflanze sprießt, die genau wie ein Veilchen aussieht, ja ein Veilchen ist, beruht darauf, daß in dem Samen die Informationen über den Bau eines Veilchens gespeichert sind.
Die ersten Informationsspeicher bei Lebewesen sind wahrscheinlich einzelne **Moleküle** gewesen. Ob dafür Proteine oder Nucleinsäuren in Frage kommen, läßt sich nicht entscheiden. Auf alle Fälle enthalten Bakterien schon diese Stoffe und steuern damit ihren Stoffwechsel. Bei höher entwickelten Lebewesen finden wir die Nucleinsäuren in den Zellkernen, wo sie ein hochkomplexes System gespeicherter Informationen enthalten. Durch Mutation und Selektion sind in den Zellkernen während der Evolution die mannigfaltigsten „Kenntnisse" über Bau und Funktion von Lebewesen angesammelt worden. Die Evolution ist sozusagen ein grandioser „Lernprozeß auf molekularer Ebene".
Pflanzen kommen im wesentlichen mit molekularer Informationsspeicherung aus. Bei den Tieren dagegen entstanden **Nervensysteme,** die es ermöglichten, auf Umwelteinflüsse sehr schnell zu reagieren. Wenn die Reaktionen angeboren sind, sprechen wir im einfachen Fall von „unbedingten Reflexen".
Kompliziertere angeborene Reaktionen werden unter dem Begriff „Instinkt" zusammengefaßt. Hier ist die Information sozusagen als „festverdrahtete Schaltung" gespeichert, ähnlich wie z.B. eine Winkelfunktion in einem Taschenrechner. Der angeborene Auslösemechanismus (AAM) z.B. enthält die Informationen über den Schlüsselreiz, durch die er aktiviert wird.
Abb. 120.1. zeigt, wie der Weg von einfachen Informationsverknüpfungen zum hochentwickelten Lernvermögen des Menschen verläuft. Der bisherige Endpunkt der Entwicklung der Informationsspeicher ist danach die Fähigkeit des Menschen, außerhalb seines Körpers Informationen zu speichern, d.h. sogenannte „Externspeicher" anzulegen. Die ersten Zeilen dieser Seite zählen einige von ihnen auf.

7.3.2. Lernvorgänge bei Mensch und Tier

Ein junger Hund untersucht mit sichtlicher Neugier einen zusammengerollten Igel. Nach mehrfachen vergeblichen, schmerzhaften Versuchen, den Igel aufzurollen, gibt er auf. In Zukunft wird er, so hat er gelernt, keine Igel mehr berühren.
Lernen ist eine Form der Auseinandersetzung mit der Umwelt, die – im Gegensatz zum starr festgelegten Instinktverhalten – eine besonders schnelle und situationsbezogene Anpassung ermöglicht. Bei den höher entwickelten Wirbeltieren ist diese Fähigkeit besonders in der Jugend stark entwickelt und nimmt mit zunehmendem Alter ab. Das erwachsene Tier muß sein Verhaltensrepertoire beherrschen, um überleben zu können. Das Jungtier aber erforscht seine Umwelt, es ist neugierig. In diesem Sinne ist die Jugendphase des Menschen bis ins hohe Alter verlängert. Man könnte die **Neugier** als eine Art „Lerntrieb" bezeichnen. Wird der Trieb befriedigt, ist das mit positiven Emotionen verbunden. Die Entstehung von Gefühlen wurde in Zusammenhang mit dem Zwischenhirn schon besprochen. Daraus wird deutlich, welche wichtige Bedeutung **Interesse** und **Motivation** als fördernde Faktoren für den Lernvorgang haben.

Das Zusammenspiel von Stammhirn und Großhirn, in dem die Lernvorgänge wahrscheinlich ablaufen, gilt aber auch für die lernhemmenden Einflüsse. Der über das Stammhirn gesteuerte Antagonismus von Sympathicus und Parasympathicus sowie die Hormontätigkeit zeigen eine fein abgestimmte Anpassung an die jeweilige Situation. Diesen Mechanismen unterliegen auch die Lernvorgänge. **Streß** und Motivation schließen einander aus, denn in Alarmsituationen ist Neugier unzweckmäßig.
Natürlich prägen sich unangenehme Erlebnisse ein. Gefährliche Situationen müssen in Zukunft vermieden werden. Für das Lernen im Sinne von Schule und Ausbildung ist dieser Mechanismus aber ungeeignet. Wenn der Streß nämlich vom Lernen selbst ausgeht, wendet sich die Methode gegen sich selbst – Lernblokaden und Schulmüdigkeit sind die Folgen.
Ähnliche Vorgänge spielen sich bei der Anwendung von Belohnung und Bestrafung beim Lernen ab. Die emotionale Färbung dieser Erlebnisse ist ausschlaggebend für den Lernerfolg. Die Belohnung kann dabei ganz einfach in Form des Erfolgserlebnisses nach dem geglückten Lösen einer Aufgabe bestehen, aber auch das Lob eines anderen Menschen erfüllt diese Funktion.

Die Skinnerbox

Der Versuchsraum, der von dem amerikanischen Psychologen SKINNER entwickelt wurde, dient dem Studium des Lernverhaltens. Das Tier wird in den Käfig gesetzt und entdeckt durch Probieren, daß beim Drükken eines bestimmten Hebels Futter in den Napf fällt. Der Anreiz durch die Belohnung führt zur Wiederholung des Verhaltens. Bleibt das Futter aus, probiert das Tier andere Hebel im Käfig aus. Es hat am Erfolg gelernt, daß „Hebeldrücken" Nahrungsquellen erschließt.

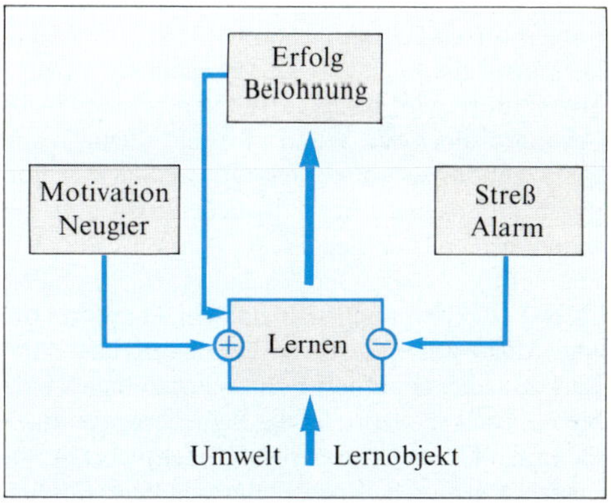

121.1. Lernfördernde und lernhemmende Faktoren

A 121.2. **Lernen in der Schule.** Untersuchen Sie Ihr eigenes Lernverhalten und versuchen Sie festzustellen, warum Ihnen bestimmte Lerninhalte besser oder schlechter zugänglich sind. Welche Rolle spielt z. B. die Persönlichkeit des Lehrers in diesem Zusammenhang?

A 121.3. **Werbepsychologie.** Welchen Effekt haben Preisausschreiben, Verlosungen, Geschenke usw. in der Werbung?

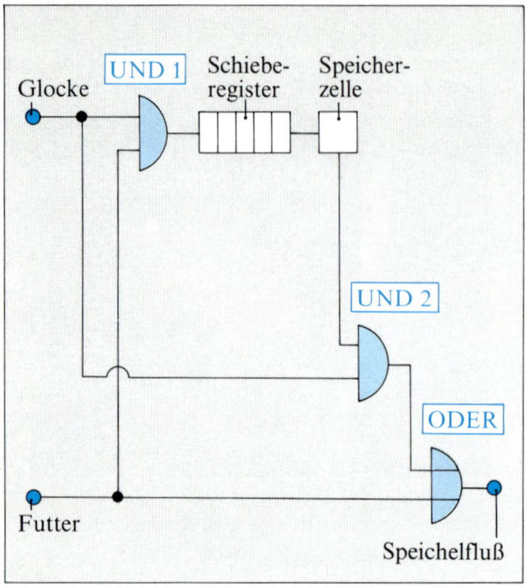

122.1. Schaltplan für ein elektromechanisches Modell des bedingten Reflexes (PAWLOWscher Hund) Sieht ein Hund Nahrung, arbeiten seine Speicheldrüsen. Hört er eine Glocke, reagieren die Drüsen nicht. Wird häufig beim Füttern geläutet, reagieren nach einiger Zeit die Drüsen allein auf den Glockenton. Ein bedingter Reflex hat sich gebildet.
Die Schalter des Modells, die mit „UND“ bezeichnet sind, leiten nur Strom weiter, wenn beide Zuleitungen unter Strom stehen. Der ODER-Schalter leitet weiter, wenn eine oder beide Zuleitungen Strom führen.
Wenn nur die mit „Glocke“ bezeichnete Leitung Strom führt, wird dieser Strom von beiden UND-Schaltern blockiert. Wenn „Futter“ allein Strom führt, geht dieser durch den ODER-Schalter hindurch und aktiviert den „Speichelfluß“ (z. B. ein Lämpchen, das aufleuchtet). Werden „Glocke“ und „Futter“ aktiviert, schaltet der Schalter „UND 1“ durch und rückt ein Schieberegister um eine Stelle weiter (z. B. ein mechanisches Zählwerk, das bei einer bestimmten Zahl einen weiteren Kontakt schließt). Ist das Schieberegister nach mehreren Doppelimpulsen gefüllt, aktiviert es eine Speicherzelle (z. B. einen Dauerschalter), die nun permanent Strom auf den Schalter „UND 2“ liefert. Wenn jetzt die Glocke allein läutet, wird über „UND 2“ und „ODER“ Strom an den „Speichelfluß“ geliefert. Der bedingte Reflex ist entstanden.

A 122.2. **Computer-Modell des PAWLOWschen Hundes.** Versuchen Sie, ein Computer-Modell des Pawlowschen Hundes, z. B. in BASIC, zu schreiben. Verwenden Sie Zahlen als Reize bzw. Zahlenkombinationen als Reizkombinationen (s. Anhang).

7.3.3. Gedächtnismodelle

Im Altertum verglich man das Gedächtnis mit einer wachsartigen Masse, in die wie mit einem Stempel Abdrücke eingeprägt werden. Mit dieser Modellvorstellung erklärte ARISTOTELES die ungenaue Merkfähigkeit des Kindes, da die „Gedächtnissubstanz“ noch weich sei und leichter zerfließe, während im Alter eine Verhärtung eintritt, die das Lernen erschwert. Dieses Modell ist insofern nicht so abwegig, als man heute Eigenschaften von Töpferton (Kaolinit) kennt, die sich durchaus als „Lernen“ bezeichnen lassen. Drückt man in Ton eine Delle und glättet die Stelle anschließend, so tritt die Einbuchtung beim Scharfbrennen wieder hervor, und zwar um so deutlicher, je häufiger das Eindellen und Glätten wiederholt wurde. Die Erklärung liegt in der Veränderung der Mikrostruktur der Kaolinitkristalle.
Als man im Mittelalter herausgefunden hatte, daß das Gehirn der Sitz des Gedächtnisses ist, lokalisierte man es in einem der Ventrikel und stellte sich die Seele und das Gedächtnis als eine Art „Hauch“ vor, der in den Ventrikeln existiere.
In unserer Zeit ist es gelungen, verschiedene Funktionen des Gehirns bestimmten Bereichen dieses Organs zuzuordnen. Es gibt die sensorischen und die motorischen Felder sowie die Assoziationsfelder. Bis heute ist es jedoch nicht gelungen, einzelne Gedächtnisinhalte genau zu lokalisieren, und auch über die Wirkungsmechanismen der Speicherung existieren unterschiedliche Vorstellungen. So sind es deshalb immer noch verschiedene Modelle, mit denen man versucht, etwas Licht in die Wirkungsweise der Informationsspeicherung zu bringen.

Eine der einfachsten Formen des Lernens, der **bedingte Reflex,** läßt sich verhältnismäßig einfach modellieren. Abb. 122.1. und Aufgabe 122.2. liefern Vorschläge dazu. Dieser Lernprozeß besteht in der Verknüpfung von Informationen. Man nennt dieses Lernen assoziatives Lernen. Auch die „Lernmatrix“ ist ein Modell für assoziatives Lernen.
Das Lernen aus Versuch und Irrtum läßt sich mit Computer-Programmen simulieren. Es gibt Programme für Spiele, in denen Verlustzüge gespeichert und in Zukunft vermieden werden. Aber auch das ist im Grunde assoziatives Lernen, denn der Zug wird dem Verlust zugeordnet und dann nicht mehr ausgeführt.

Für komplexere Lernvorgänge, wie sie im Gehirn des Menschen z. B. beim „Begreifen“ ablaufen, gibt es

Die Lernmatrix

Eine Küvette, in die zwei Elektroden ragen, enthält eine Silbersalzlösung. Fließt ein Gleichstrom durch die Küvette, scheidet sich Silber an der Kathode ab. Je länger der Strom fließt, desto mehr Silber bildet sich, bis schließlich ein Metallfaden die Elektroden verbindet.

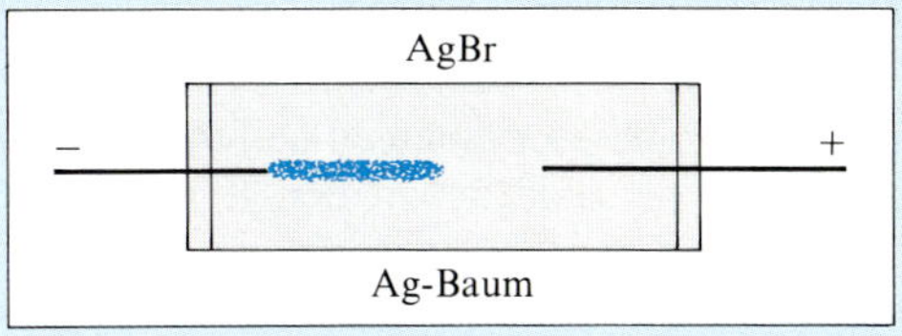

Die Lernmatrix besteht aus kreuzweise übereinanderliegenden, voneinander isolierten Zeilen- und Spaltendrähten, die an ihren Kreuzungspunkten durch die Küvetten verbunden sind.

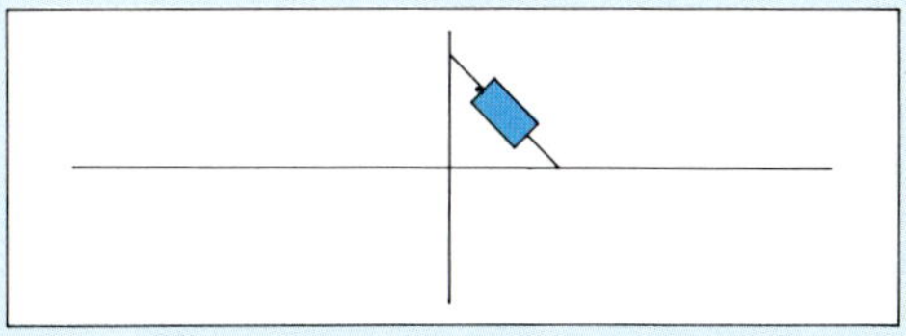

Die Spaltendrähte unserer Matrix sollen in Zweiergruppen zusammengefaßt werden, wobei jeweils der linke Draht für 0, der rechte für 1 stehen soll. Die Matrix soll nun lernen, Dualzahlen in Dezimalzahlen zu übersetzen. In der „Lernphase" werden nun für jede Dualzahl die Spaltendrähte entsprechend dem Dualsystem unter Spannung gesetzt. Gleichzeitig wird der Zeilendraht der dazugehörigen Dezimalzahl mit dem entgegengesetzten Pol der Spannungsquelle verbunden. In den Küvetten bilden sich – je nach Häufigkeit des „Lernvorgangs" – leitende Silberfäden (dunkle Dreiecke in der Abbildung).

In der „Kannphase" – die Matrix soll jetzt übersetzen – wird über die Spaltendrähte der Code einer Dualzahl eingegeben. Gleichzeitig werden alle Zeilendrähte mit dem anderen Spannungspol verbunden. Der Zeilendraht, der jetzt den stärksten Strom liefert, ist der Draht der zugehörigen Dezimalzahl. Eine Extremwertschaltung bestimmt den Strom, und ein Lämpchen zeigt die Dezimalzahl an.

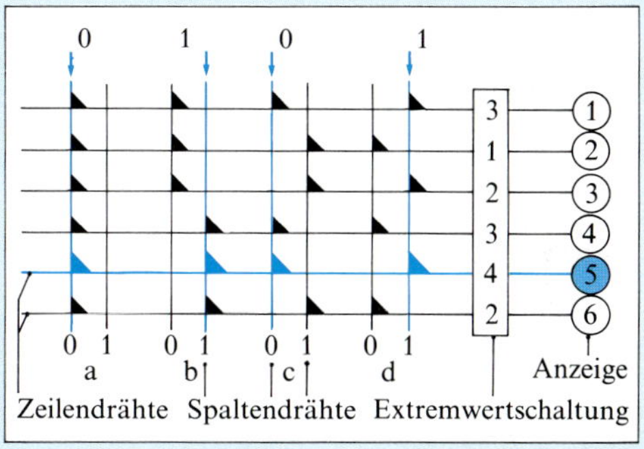

Die untenstehende Abbildung zeigt eine Lernmatrix, in der ein Code von vier Buchstaben in Fünfergruppen verschlüsselt ist. Aktiviert man bestimmte Spaltendrähte, so wird ein bestimmter Begriff an der rechten Seite ausgegeben.

A 123.1. Konstruktion von Lernmatrizen. Konstruieren Sie andere Lernmatrizen, die z. B. als Übersetzungsmaschinen, Diagnoseautomaten oder Steuerungsanlagen für automatische Maschinen dienen könnten.

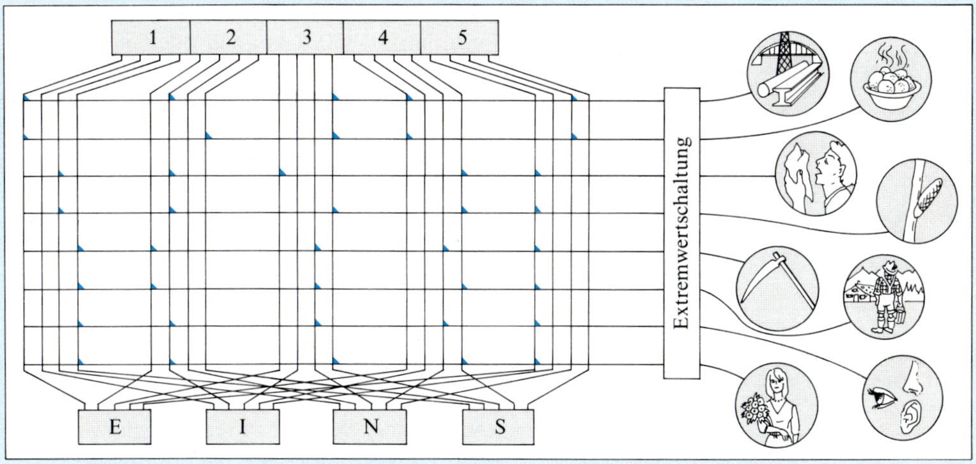

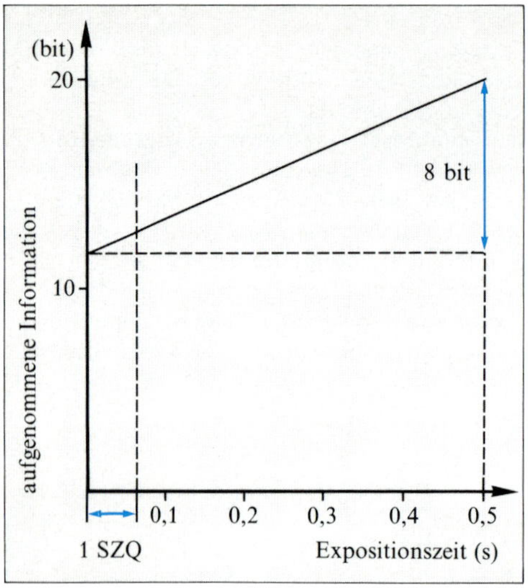

124.1. Informationszuwachs im Bewußtsein in Abhängigkeit von der Zeit. SZQ bedeutet „Subjektives Zeitquant“ und beschreibt die Zeit, die für die Aufnahme von 1 bit Information nötig ist. 1 SZQ beträgt im Durchschnitt $^1/_{16}$ Sekunde, der Betrag kann in Abhängigkeit von Alter und persönlicher Konstitution schwanken.

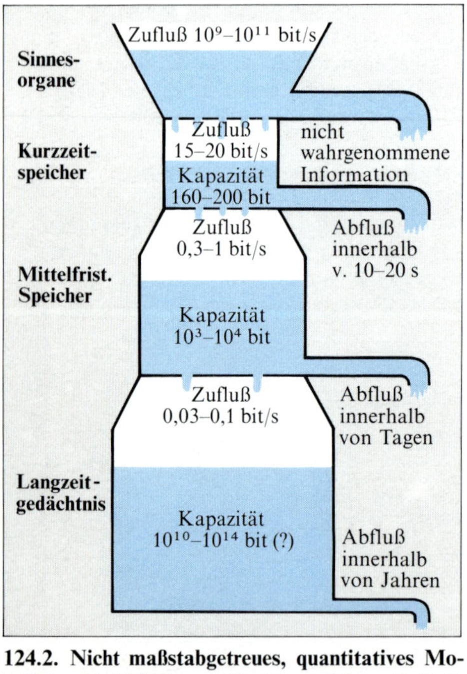

124.2. Nicht maßstabgetreues, quantitatives Modell des Gedächtnisses. Die Kapazitäts-, Zufluß- und Abflußangaben sind Schätzungen. Sie schwanken bei verschiedenen Autoren je nach den Voraussetzungen, die für die Schätzung gemacht wurden.

dagegen bis heute noch keine tragfähigen Modelle. Man muß sich bisher mit Modellen begnügen, die etwas über das Fassungsvermögen des Gedächtnisses aussagen.

Eine pauschale Angabe über die Kapazität „des“ Gedächtnisses kann man nicht machen, da es offensichtlich mehrere Speicher unterschiedlicher Aufnahmefähigkeit und Speicherdauer gibt. Man unterscheidet den **Kurzzeitspeicher,** den **mittelfristigen Speicher** und den **Langzeitspeicher.**

Alle von den Sinnesorganen einlaufenden Informationen gelangen zunächst in den Kurzzeitspeicher und bleiben dort für etwa 10 bis 20 Sekunden erhalten. Danach gehen sie entweder wieder verloren, oder sie werden in den mittelfristigen Speicher übertragen. Der Kurzzeitspeicher enthält also unsere unmittelbare Vergangenheit der letzten 10 bis 20 Sekunden. Er repräsentiert unser **Bewußtsein.** Man kann die Kapazität des Bewußtseins angenähert durch folgendes Experiment messen: Einer Gruppe von Versuchspersonen werden sinnlose Zeichengruppen unterschiedlich lange auf einem Projektionsschirm gezeigt. Die Personen notieren, welche Zeichen sie wahrgenommen haben. Anschließend wird der Informationsgehalt der wahrgenommenen Zeichen berechnet. Abb. 124.1. zeigt ein Diagramm, in dem die von den Personen aufgenommenen Informationsmengen in Abhängigkeit von der Projektionszeit aufgetragen sind. Die Kurve läuft nicht durch den Nullpunkt. Das ist darauf zurückzuführen, daß bei extrem kurzen Projektionszeiten ein Nachbild auf der Netzhaut zurückbleibt, das dann noch „gelesen“ werden kann. Wesentlich ist aber der Anstieg der Kurve. Er zeigt, daß in einer halben Sekunde ein Informationszuwachs von 8 bit erfolgt. Das heißt, daß pro Sekunde 16 bit Information ins Bewußtsein fließen können oder daß für die Aufnahme von 1 bit Information $^1/_{16}$ Sekunde erforderlich ist. Da die Informationen aber etwa 10 bis 20 Sekunden im Bewußtsein erhalten bleiben, kann man für das Bewußtsein eine Kapazität von 160 bis 200 bit annehmen. Dieser Wert schwankt in Abhängigkeit von Alter oder gegenwärtiger Konstitution. Der mittelfristige Speicher nimmt nur einen Bruchteil der Informationen des Bewußtseins auf und verliert sie innerhalb von Stunden oder Tagen. Eine Telefonnummer z. B. merken wir uns einige Zeit, dann ist sie vergessen. Das Langzeitgedächtnis dagegen enthält die Informationen, die wir nie vergessen. Die Sprache, die wir in unserer Jugend gelernt haben, oder die Umgebung unseres Elternhauses vergessen wir nie.

7.3.4. Theorien zu den Wirkungsmechanismen der Informationsspeicherung

Vor einigen Jahren gab es einen Film mit dem Titel „Das blaue Palais“. Ein verbrecherisches Genie fing sich die besten Vertreter irgendeines Spezialgebiets – etwa einen besonders guten Maler oder einen überragenden Pianisten. Auf eine im Film nicht geklärte Weise wurden die überragenden Fähigkeiten der Spezialisten ihrem Gehirn entzogen und gelangten auf ebenso ungeklärte Weise in das Gehirn des Schurken. Die Opfer verschwanden spurlos, nur der „Held“ verfügte fortan über eine weitere, unübertreffbare Fähigkeit.

Der Film ging – unausgesprochen – von einer These aus, die in jenen Jahren verbreitet war. Sie nahm an, daß Gedächtnisinhalte in Form bestimmter Moleküle im Gehirn gespeichert seien. Der Amerikaner GEORGE UNGAR hatte nämlich in aufsehenerregenden Experimenten „Gedächtnismoleküle“ übertragen. Er hatte Ratten, die angeborenermaßen eine Abneigung gegen eine sehr helle Umgebung haben, so dressiert, daß sie, entgegen ihrer ererbten Anlage, das Dunkel mieden und die Helligkeit suchten.

Aus den Rattengehirnen isolierte er ein Peptid, das bei undressierten Ratten Dunkelfurcht erzeugte, wenn man es ihnen einspritzte.

Etwa zur gleichen Zeit gelang auch der Nachweis, daß in Gehirnen von Wirbeltieren, die gerade lernen, eine verstärkte RNA- und Proteinsynthese stattfindet. Aus alledem entstand die Vermutung, daß die Informationen auf Proteinmolekülen gespeichert seien, ähnlich wie die DNA in ihrer Struktur die Erbinformation enthält.

Danach wurde es allerdings wieder ruhig um die UNGARschen Experimente. Das lag daran, daß sie in anderen Kombinationen, also für andere Lerninhalte, nicht wiederholbar waren. Die Übertragung der Dunkelfurcht mußte also wohl andere Ursachen haben als das Prinzip des „Gedächtnisproteins für eine bestimmte Information“.

Ein anderes Konzept, an dem heute gearbeitet wird, geht von der Tatsache aus, daß im lernenden Gehirn eine bestimmte Stoffgruppe besonders stark synthetisiert wird, die **Ganglioside.** Diese sind langkettige Großmoleküle, die aus einem Zuckeranteil und einem Lipidanteil bestehen. Sie können mit ihrem Lipidanteil in die Membranstrukturen eingebaut werden und finden sich speziell in den Membranen der Synapsen. Hier sind sie an der Öffnung der Poren für die Transmittervesikel und damit an den Über-

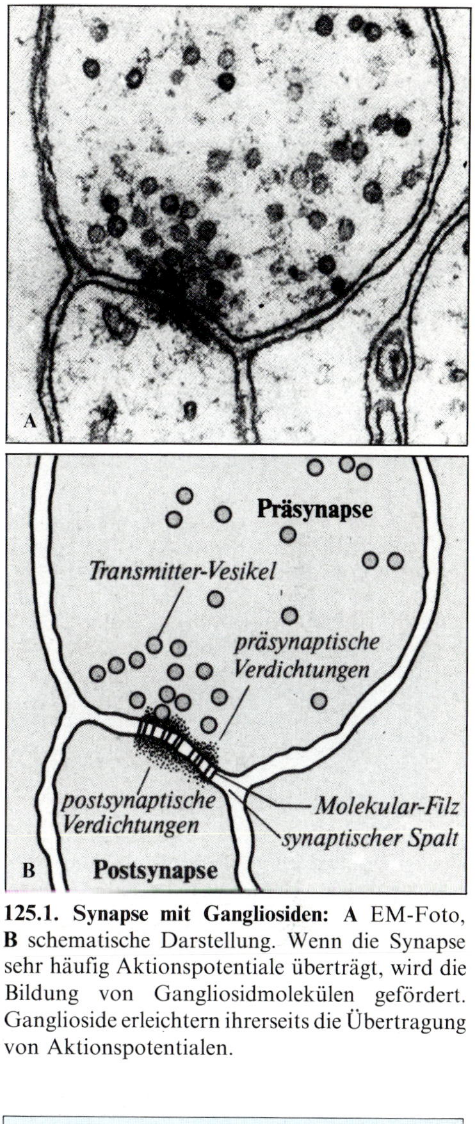

125.1. Synapse mit Gangliosiden: A EM-Foto, **B** schematische Darstellung. Wenn die Synapse sehr häufig Aktionspotentiale überträgt, wird die Bildung von Gangliosidmolekülen gefördert. Ganglioside erleichtern ihrerseits die Übertragung von Aktionspotentialen.

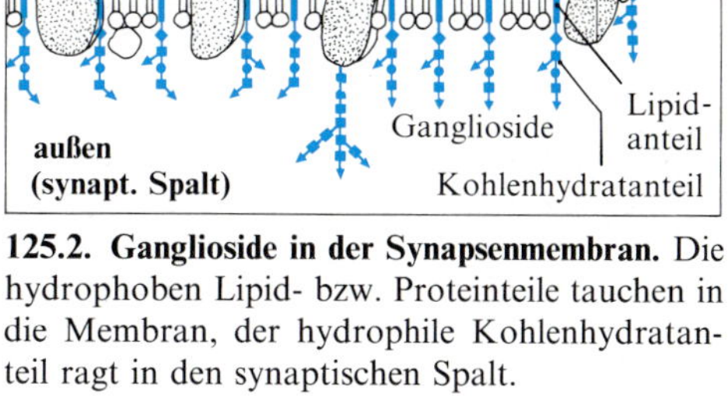

125.2. Ganglioside in der Synapsenmembran. Die hydrophoben Lipid- bzw. Proteinteile tauchen in die Membran, der hydrophile Kohlenhydratanteil ragt in den synaptischen Spalt.

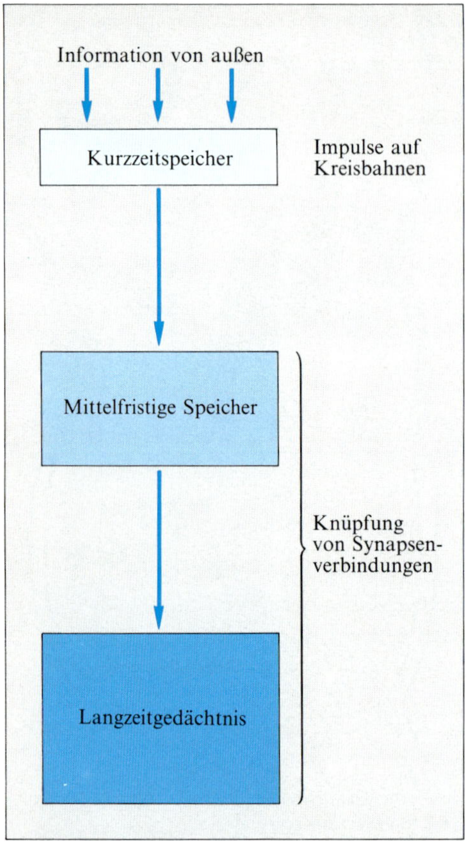

126.1. Hypothetisches Schema der Wirkungsmechanismen der Gedächtnisfixierung

A 126.2. **Länge von Codegruppen.** Bei der Codierung von Informationen ist es zweckmäßig, häufig verwendete Informationen mit kleinen Codegruppen, seltenere mit längeren zu verschlüsseln. Stellen Sie fest, ob das z.B. beim Morsealphabet realisiert ist.

A 126.3. **Kapazität des Gehirns.** Eine Zeile einer Schreibmaschinenseite hat ca. 60 Anschläge. Das Alphabet hat – einschließlich des Zwischenraums – ca. 30 Symbole. Wieviele Schreibmaschinenzeilen lassen sich (mit Wiederholungen) mit dem Alphabet schreiben? Wieviele Seiten sind dies, wenn eine Seite ca. 55 Zeilen enthält?
Vergleichen Sie das Ergebnis mit den Zahlen, die sich aus dem Exkurs auf Seite 127 ergeben.
Die Zahl der im Universum vorkommenden Elementarteilchen beträgt ca. 10^{70}. Vergleichen Sie die Ergebnisse mit dieser Zahl.

A 126.4. Informieren Sie sich über das Prinzip der Holographie (Physikbücher, Lexika, Nachfragen beim Physiklehrer).

tragungsmechanismen für Transmitter beteiligt. Es hat sich herausgestellt, daß Synapsen, die besonders oft betätigt werden, auch besonders viele Gangliosidmoleküle im synaptischen Spalt enthalten. Möglicherweise bilden sie hier eine Struktur aus, die die Freisetzung und Übertragung von Transmittern besonders begünstigt.

Nach dem bis heute Bekannten ergibt sich folgende Vorstellung: Die Informationen des mittelfristigen und des langfristigen Speichers sind möglicherweise in Form von Nervenverknüpfungen codiert, die mehr oder weniger gut durchlässig sind. Die Vorstellung erinnert an die Lernmatrix, der das gleiche Prinzip zugrunde liegt. Häufiger Gebrauch bestimmter Synapsen fördert die Bildung der Gangliosidmoleküle und erleichtert an diesen Stellen die Übertragung von Aktionspotentialen.
Im Kurzzeitspeicher werden diese Verbindungen nicht auf Dauer geknüpft, sondern sie werden nach kurzer Zeit wieder inaktiv. Die Informationen sind hier nur in Form von Aktionspotentialen vorhanden, die auf in sich geschlossenen Neuronenkreisen umlaufen. Daß der Kurzzeitspeicher in dieser Weise arbeiten könnte, wird daran deutlich, daß Tiere, die so weit unterkühlt werden, daß keine Gehirnströme mehr meßbar sind, in diesem Zustand bewußtlos sind, d.h. der Kurzzeitspeicher ist ausgeschaltet. Nach ihrer Wiederbelebung beherrschen sie aber alle bisher gelernten Fähigkeiten. Diese müssen also in einer stabileren Form gespeichert sein. Zudem ist die Speicherung von kurzfristig festzuhaltenden Informationen auf dem Wege der kreisenden elektrischen Impulse schneller und damit effektiver. Andererseits steht die Bildung der Ganglioside beim Lernen in guter Übereinstimmung mit der früheren Erkenntnis, daß beim Lernen verstärkt RNA und Proteine gebildet werden. Ohne diese Stoffe ist auch keine Gangliosidsynthese möglich, denn alle physiologischen Prozesse benötigen Enzyme und Hilfssubstanzen der verschiedensten Art.

Obgleich das Konzept der Informationsspeicherung durch Neuronenverknüpfungen einen Ansatz zur Lösung des Gedächtnisproblems liefert, bleibt trotzdem offen, wie die Informationen nun tatsächlich im Gehirn verschlüsselt sind. Es ist nämlich bisher trotz intensiver Bemühungen nicht gelungen, den genauen Speicherungsort bestimmter Informationen im Gehirn zu finden. Folgendes Beispiel soll das illustrieren: Bei Gehirnoperationen mußten bei verschiedenen Patienten – um ihre Krankheit zu lindern – Teile des Gehirns entfernt werden. Gehirnoperationen finden bei vollem Bewußtsein statt. So konnten die Patienten berichten, daß bei der elektrischen Reizung bestimmter Hirnpartien bestimmte Erinnerungen aktiviert wurden. Nach der Entfernung dieses Hirnteils war die Erinnerung aber nicht gelöscht! An der Speicherung dieser Information mußten also noch andere Hirnteile beteiligt sein, und zwar so, daß die Information noch vollständig erhalten war.

Eine Möglichkeit zur Lösung dieses Problems bietet die Physik an. Mit Hilfe von Laserstrahlen und einem besonderen Verfahren kann man Fotografien herstellen, die beim Betrachten im Laserlicht echte dreidimensionale Eindrücke vermitteln. Man nennt diese Fotos **Hologramme.** Sie zeichnen sich aber noch durch eine weitere Besonderheit aus: Zerbricht man ein Hologramm, so enthält ein Bruchstück nicht nur einen Ausschnitt des aufgenommenen Bildes, wie etwa eine zerrissene Postkarte, sondern es zeigt das gesamte ursprünglich aufgenommene Bild, nur in schlechterer Qualität und mit weniger Randeinzelheiten. Jeder Bereich der holographischen Fotoplatte enthält also Informationen über das gesamte dargestellte Objekt. – Dieses Modell könnte eine Andeutung liefern, wie Informationen im Gehirn gespeichert sein könnten: In einem Code, den wir nicht kennen, sind einzelne Neuronen des gesamten Gehirns über größere Distanzen miteinander verknüpft, so daß das gesamte Gehirn an der Speicherung einer bestimmten Einzelheit beteiligt ist.

Diese Vorstellungen beantworten aber noch nicht die Frage, wieviel Information das Gehirn speichern kann und wie es möglich ist, daß bis ins hohe Alter neue Informationen aufgenommen werden können. Die Informationstheorie liefert dazu einen Ansatz. In verschiedenen Codesystemen werden kürzere oder längere Codegruppen (Worte) für die Speicherung verwendet. Häufig vorkommende Informationen verschlüsselt man zweckmäßigerweise in kurzen Worten, seltenere in langen. So liegt der Schluß nahe, daß auch im Gehirn für wichtige oder in früher Jugend gelernte Sachverhalte kürzere Codegruppen verwendet werden, im Alter – wenn die kurzen „Worte“ verbraucht sind – längere. Damit könnte in Zusammenhang stehen, daß man im Alter schlechter lernt und auch leichter wieder vergißt. Der Aufwand zur Bildung längerer Codegruppen und die Wahrscheinlichkeit, daß diese auch schneller wieder zerfallen, sind dann größer.

Betrachtungen über die Kapazität des Gehirns

Das Großhirn enthält ungefähr 10^{10} Neuronen. Jedes Neuron kann ca. 10^4 Synapsen aufnehmen. Das bedeutet, daß im Großhirn ca. 10^{14} „Lötstellen“ zwischen Nervenzellen vorhanden sind.
Die gespeicherten Informationen müssen in irgendeinem Code verschlüsselt sein. Der Code besteht möglicherweise darin, daß für eine Information mehrere Neuronen in bestimmter Weise miteinander verknüpft sind. Dabei kann man annehmen, daß ein Neuron an der Speicherung mehrerer Informationen beteiligt ist. Die Lernmatrix im Exkurs auf Seite 123 zeigt Möglichkeiten, wie dies realisiert werden könnte. Es ist auch denkbar, daß ein Neuron in einem geschlossenen Kreis mehrmals angesprochen wird. Für die Zahl der so speicherbaren Informationen gilt dann die Formel, die die Kombinationen von n-Elementen in Gruppen zu k berechnet:

$V = n^k$

Der genetische Code macht davon z. B. Gebrauch: Vier Elemente (Basen) in Dreiergruppen (Tripletts) ergeben $4^3 = 64$ Codons. Oder: aus den zehn Ziffern 1, 2, 3, ... 0 lassen sich 10^3 Dreiergruppen bilden: Die Zahlen 000 bis 999.
Auf das Gehirn bezogen bedeutet das: 10^{10} Neuronen stehen zur Verfügung. Der Code, in dem sie verknüpft sind, ist nicht bekannt. Wenn man annimmt, daß 10^{10} Elemente in Dreiergruppen verschachtelt sind, so ergibt das 10^{30} Möglichkeiten. Diese Form ist aber sehr unwahrscheinlich. Tatsächlich werden die Codegruppen wohl wesentlich länger sein. Rechnet man dann aus, wie groß die Möglichkeiten z. B. bei Codeworten von etwa 20 Verknüpfungen sind, übersteigt die Zahl der möglicherweise speicherbaren Informationen unser Vorstellungsvermögen bei weitem.
Andererseits sollten wir auch berücksichtigen, welche Informationsmengen das Gehirn tatsächlich enthält: Unsere Muttersprache, die Einzelheiten unserer geographischen Umgebung, unsere beruflichen Kenntnisse, eine oder mehrere Fremdsprachen, die Erinnerung an Erlebnisse – alles dies ist in den Zahlen enthalten, die wir oben andeutungsweise betrachtet haben.

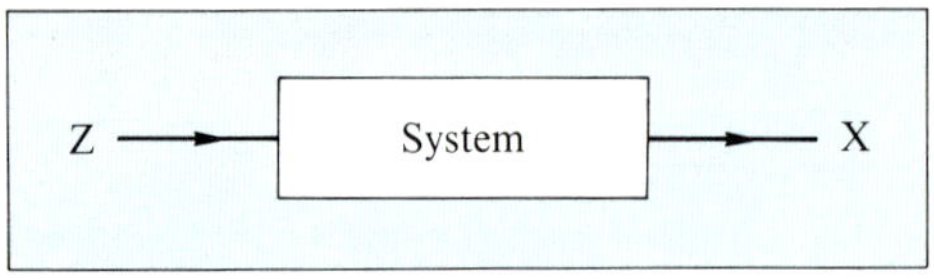

128.1. Prinzip der Steuerung

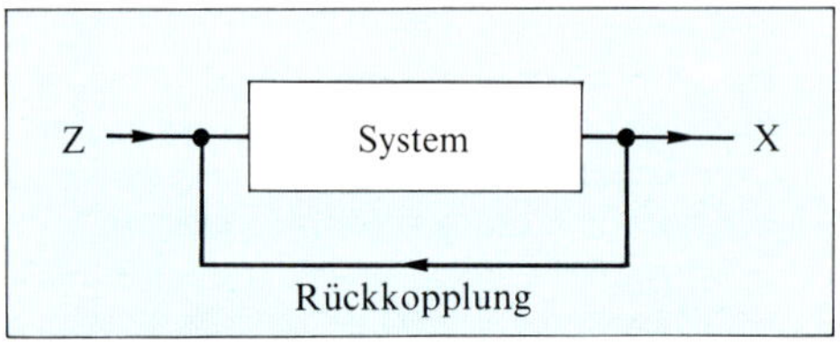

128.2. Einfaches Schema der Regelung

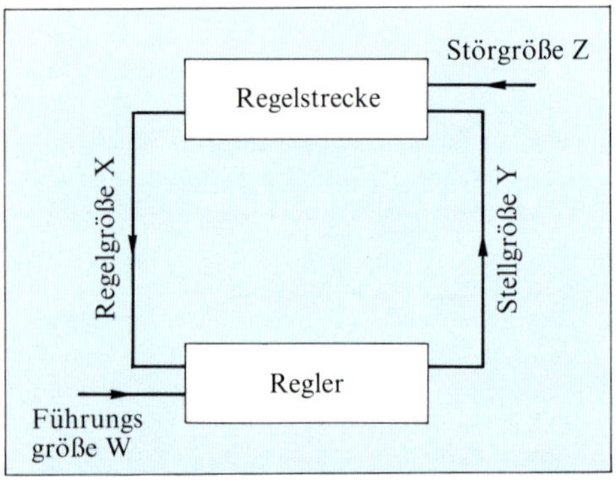

128.3. Regelkreis für die Technik nach dem DIN-Normblatt „Regelungstechnik“

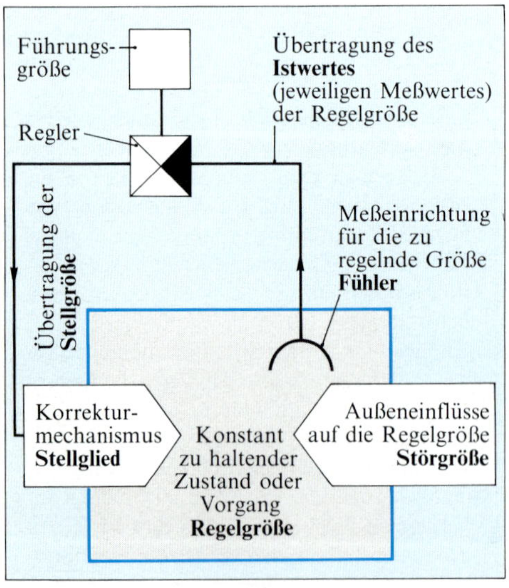

128.4. Für biologische Systeme geeignetes Regelkreisschema. Der schwarze Quadrant im Regler bedeutet Vorzeichenwechsel des Istwerts.

7.4. Wirkungsgefüge der Informationsverarbeitung

7.4.1. Regelung und Steuerung

Ein Schlag auf die Kniescheibensehne löst der Kniescheibensehnenreflex aus. Nach dem Schlag wippt der Unterschenkel des Beines nach vorn. Der Prozeß läuft beim gesunden Menschen immer in der gleichen, unbeeinflußbaren Weise ab. – Nach dem Genuß einer Süßspeise steigt der Blutzuckerspiege an. Es ist aber von der jeweiligen Situation de Menschen abhängig, wie sich die Blutzuckerkonzentration weiter verhält. War der Mensch nämlich seh hungrig, steigt die Konzentration bis zu einen bestimmten Wert und bleibt dann konstant. War de Mensch satt, steigt der Blutzuckerspiegel nur leich an, um danach alsbald abzusinken und auf de Ausgangswert zurückzukehren.

In beiden Fällen beobachten wir einen Einfluß, de auf den Menschen einwirkt. In beiden Fällen hat de Einfluß Folgen. Beim Kniescheibensehnenreflex is die Wirkung aber immer konstant, bei der Kohlenhydratzufuhr dagegen kann die Wirkung unterschiedlich sein. Wodurch werden diese Unterschiede hervorgerufen?

In beiden Fällen werden von dem System Mensch Informationen verarbeitet. Beim Kniescheibensehnenreflex ist es die Information „Muskeldehnung“ beim Essen „Zuckerzufuhr“. Für den Reflex wird di Information vom Rückenmark direkt in den Befeh „Muskelkontraktion“ umgesetzt. Der Einfluß Z ha die Wirkung X direkt zur Folge. Das System folg einem geraden Ursache-Wirkung-Mechanismus. Einen Vorgang, dem dieses Prinzip zugrunde liegt nennt man **Steuerung.**

Der Blutzuckerspiegel dagegen muß, damit all Körperfunktionen geordnet ablaufen können, immer einen bestimmten Wert haben. Sinkt er ab signalisiert das Gehirn das Gefühl „Hunger“. Wen dann Zucker ins Blut gelangt, steigt der Blutzucker spiegel wieder an. So weit folgt das System noch de Prinzip Steuerung. Werden aber bei normalem Blutzuckerspiegel Kohlenhydrate zugeführt, steigt di Zuckerkonzentration über das Normalmaß an Dann wird Zucker in Glycogen umgewandelt und i der Leber gespeichert. Dadurch sinkt der Zucker spiegel im Blut. Der Prozeß folgt dem Prinzip de **Regelung,** das dafür sorgt, daß immer eine bestimmt Blutzuckerkonzentration eingehalten wird. Steue

rung ist also eine einfache Ursache-Wirkung-Beziehung. Bei der Regelung dagegen erfährt der Einfluß Z durch die Wirkung X über eine **Rückkopplung** Veränderungen, die das gesamte System anders reagieren lassen als bei der Steuerung.
Einfache Verkaufsautomaten oder programmgesteuerte Waschmaschinen arbeiten nach dem Prinzip der Steuerung. Auch eine Eisenbahn wird mit Hilfe der Schienen durch die Kurve gesteuert. Ein Autofahrer dagegen „regelt" sein Fahrzeug durch die Kurve. Das Drehen des Lenkrades ist zwar ein Steuervorgang, dieser aber wird durch einen Rückkopplungsprozeß beeinflußt, denn zu starkes Einschlagen wird sofort vom Menschen kompensiert, der ja sieht, daß der Wagen dem Kantstein zu nahe kommt.

Systeme, die sich selbst durch Rückkopplung beeinflussen, nennt man **Regelkreise.** Ihre Funktion wird durch folgende Elemente bestimmt: Der Vorgang oder Zustand, der geregelt werden soll, ist die Regelstrecke oder **Regelgröße.** Sie wird durch einen Umwelteinfluß, die **Störgröße,** verändert. Über ein Meßinstrument oder Sinnesorgan, den **Fühler,** wird die veränderte Regelgröße, der **Istwert,** an den **Regler** gemeldet. Der Regler ist ein Mechanismus, der den Istwert mit einer vorgegebenen Größe, der Führungsgröße oder dem **Sollwert** vergleicht. Der Sollwert ist die Größe, auf der der Zustand des Systems gehalten werden soll. Die Differenz zwischen Sollwert und Istwert ist die **Stellgröße.** Sie hat ein dem Istwert entgegengesetztes Vorzeichen. Die Stellgröße wird vom Regler an das **Stellglied** gemeldet, das die Regelgröße nach Maßgabe der Stellgröße solange beeinflußt, bis der Sollwert erreicht ist.
Weitere wesentliche Eigenschaften von Regelkreisen sind die **Totzeit** und die **Verstärkung.** Die Totzeit ist die Zeit, die von der Feststellung des Istwerts bis zum Eintritt der Stellgliedwirkung verstreicht. Je nach Eigenschaften des Systems kann sie kürzer oder länger sein. Die Verstärkung charakterisiert die Intensität der Wirkung des Stellglieds. Ist die Verstärkung V = 2, so heißt das, daß im Verlauf der Totzeit T das Zweifache der Sollwertabweichung kompensiert wird. Bei V = ½ wird in der Totzeit die Hälfte der Sollwertabweichung beseitigt.
Das Experiment in Abb. 129.2. zeigt die Wirkungen von Totzeit und Verstärkung sehr deutlich. Die meisten Versuchspersonen haben nämlich große Schwierigkeiten, den Wasserspiegel in dem Standzylinder auf einer bestimmten Marke zu halten, da sie Totzeit und Verstärkung nur schwer abschätzen

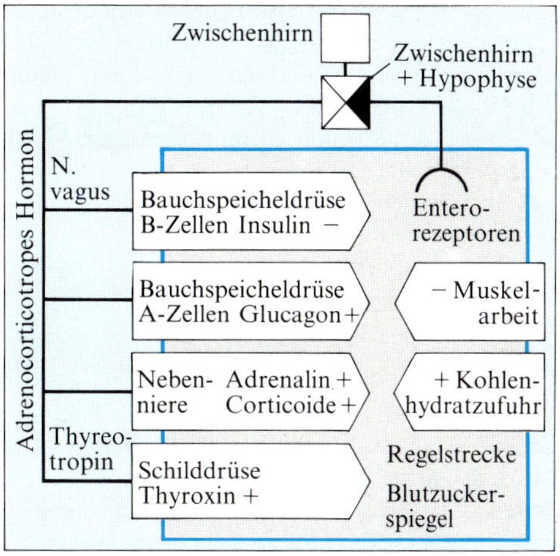

129.1. Schema der Blutzuckerregelung

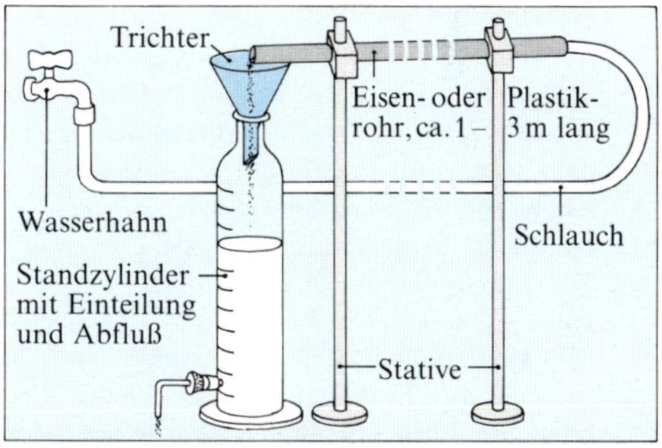

129.2. Versuchsaufbau zur Demonstration der Totzeitwirkung

V 129.3. Bauen Sie eine Apparatur entsprechend der obenstehenden Abbildung. Versuchen Sie, durch Öffnen und Schließen des Wasserhahns den Wasserspiegel auf eine bestimmte Marke einzustellen und dort festzuhalten.

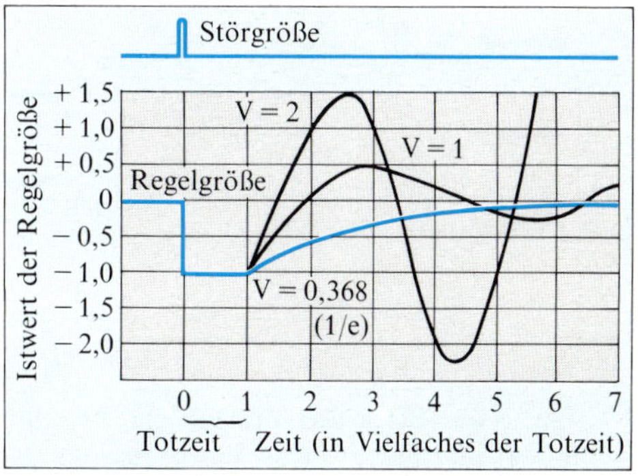

129.4. Verhalten eines schwingenden Regelkreises beim Einsatz verschiedener Verstärkungen

A 130.1. Wenn Sie mit einem Computer umgehen können, schreiben Sie ein Programm, das die Eigenschaften eines Regelkreises simuliert. Schreiben Sie das Programm so, daß Störgröße, Totzeit und Verstärkung variabel eingebbar sind. Das Programm sollte die jeweiligen Istwerte in Abhängigkeit von der Zeit möglichst als Kurve ausdrucken können. Untersuchen Sie den Einfluß verschiedener Störgrößen, Totzeiten und Verstärkungen (s. Anhang).

A 130.2 Suchen Sie nach Beispielen für Regelsysteme in Natur und Technik. Stellen Sie fest, wo in diesen Systemen die Elemente des Regelkreises zu finden sind. Untersuchen Sie, unter welchen Bedingungen diese Systeme zu schwingen beginnen.

können. Simuliert man die hier beschriebenen Regelkreiseigenschaften mit Hilfe eines Computerprogramms, so kann man verschiedene Totzeiten und Verstärkungen testen. Dann stellt man fest, daß sich eine allmähliche Annäherung an den Sollwert nur ergibt, wenn die Verstärkung besonders klein ist. Übersteigt V in einem Einheitssystem (Störgröße = 1, Totzeit = 1) den Betrag von $^1/_e$ (0,368), so beginnt der Regelkreis zu schwingen, d.h., der Istwert pendelt um den Sollwert, bis er ihn erreicht. Mit steigendem V wird die Schwingung immer stärker, bis sie schließlich einen Zustand erreicht, der nicht mehr zum Sollwert hin, sondern immer weiter von ihm weg führt. In diesem Fall wird das System in der Realität an die Grenzen seiner Leistungsfähigkeit kommen oder sich selbst zerstören.

Der schwarze Kasten

Die Wissenschaft, die sich mit dynamischen Systemen befaßt, d. h. Systemen, die sich in irgendeiner Weise „verhalten“, heißt **Kybernetik.** Ihre Prinzipien lassen sich sowohl auf lebende als auch auf technische Systeme anwenden.

Häufig ist es nicht möglich, die Funktion eines Systems sofort durchschauen zu können. Man kann feststellen, welche Einflüsse auf das System einwirken und wie es darauf reagiert. Was sich im Inneren des Systems abspielt, bleibt aber im Dunkeln. Man bezeichnet ein solches undurchschaubares System als **black box.**

Die Entschlüsselung der inneren Beziehungen einer black box erfolgt durch genaues Studium der Beziehungen zwischen Einwirkungen und Auswirkungen. Man entwickelt **Modelle,** die die gleichen Eigenschaften zeigen, und versucht, durch Vergleich dieser Modelle mit den technischen Strukturen der Systeme Klarheit zu gewinnen.

Am leichtesten ist die Aufklärung der Systemfunktionen, wenn man den direkten Zugang zu den inneren Strukturen des Systems findet. Die black box wird dann zur „white box“, deren Funktion offen zutage liegt. In den meisten Wissenschaften liegt der Charakter der betrachteten Systeme zwischen black box und white box. Wenn man will, kann man dann von „grey boxes“ sprechen.

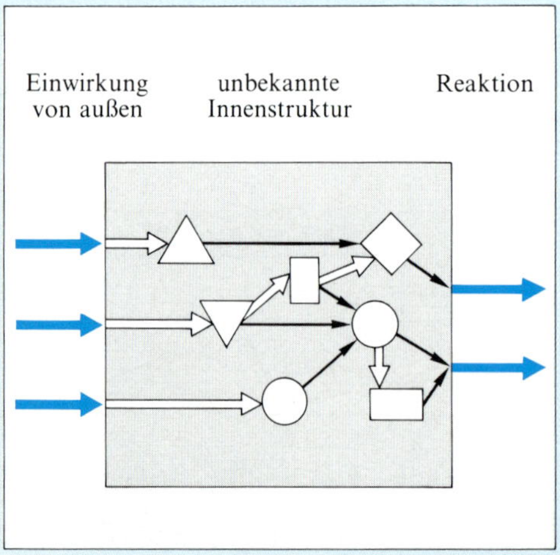

130.3. Das Black-Box-Prinzip. Die Beziehungen im Inneren des Systems lassen sich häufig nur durch langwierige Untersuchungen entwirren.

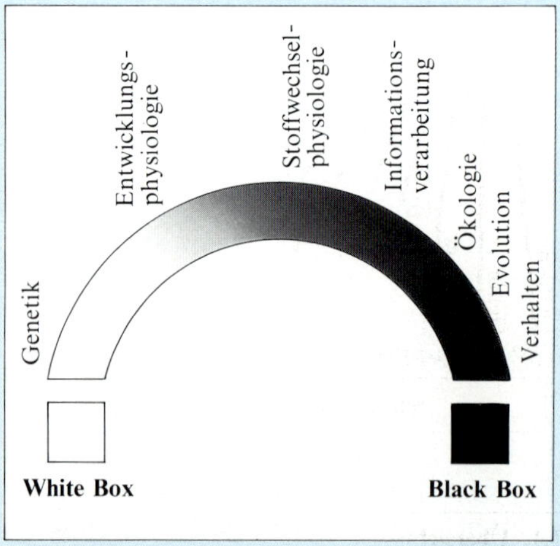

130.4. Black-Box-Charakter der Gegenstände verschiedener Wissenschaften

7.4.2. Der bewußte Informationsfluß

Das folgende Schema soll die in den vorangegangenen Abschnitten behandelten Mechanismen verknüpfen. Die unbewußten Reaktionen und die Beziehungen zum Stammhirn wurden dabei wegen der besseren Übersichtlichkeit nicht aufgenommen.
Die Zentrale des bewußten Erlebens ist der Kurzzeitspeicher, der aus den Sinnesorganen und den Gedächtnisinhalten gespeist wird. Durch die Kombination von Bekanntem und Unbekanntem wird eine neue Information erzeugt, die weniger redundant ist als die Ausgangsinformationen. Bekanntes ist weniger informationsreich als Unbekanntes. Wegen der Verbesserung der Struktur der Information, die dabei eintritt, spricht man hier von Optimalcodierung. Durch Konzentration auf einen bestimmten Gedanken wird die Löschung aus dem Kurzzeitspeicher verhindert.
Die Abgabe von Information erfolgt in diesem Schema ausschließlich über die motorischen Kanäle, wobei ein knapper, informationsarmer Befehl genügt („das Wort „Haus" aussprechen!"), um aus den gespeicherten Programmen eine informationsreiche Signalfolge zu kombinieren.

A 131.2. Welchen Schemablöcken der Abbildung lassen sich bestimmte Gehirnteile zuordnen? Welche Teile des Schemas sind black boxes?

A 131.3. Die Sinnesorgane zeigen beträchtliche Kapazitätsunterschiede. Begründen Sie diese Unterschiede aufgrund der biologischen Bedeutung dieser Organe für den Menschen.

A 131.4. Es ist theoretisch denkbar, einen Code zu entwickeln, dessen Elemente aus Geschmacksqualitäten bestehen, die sich auf einen geschmacksneutralen Träger aufbringen lassen. Überlegen Sie, warum es demnach unmöglich ist, z. B. den Text dieser Seite von einem auf diese Weise beschriebenen eßbaren Streifen zu lernen.

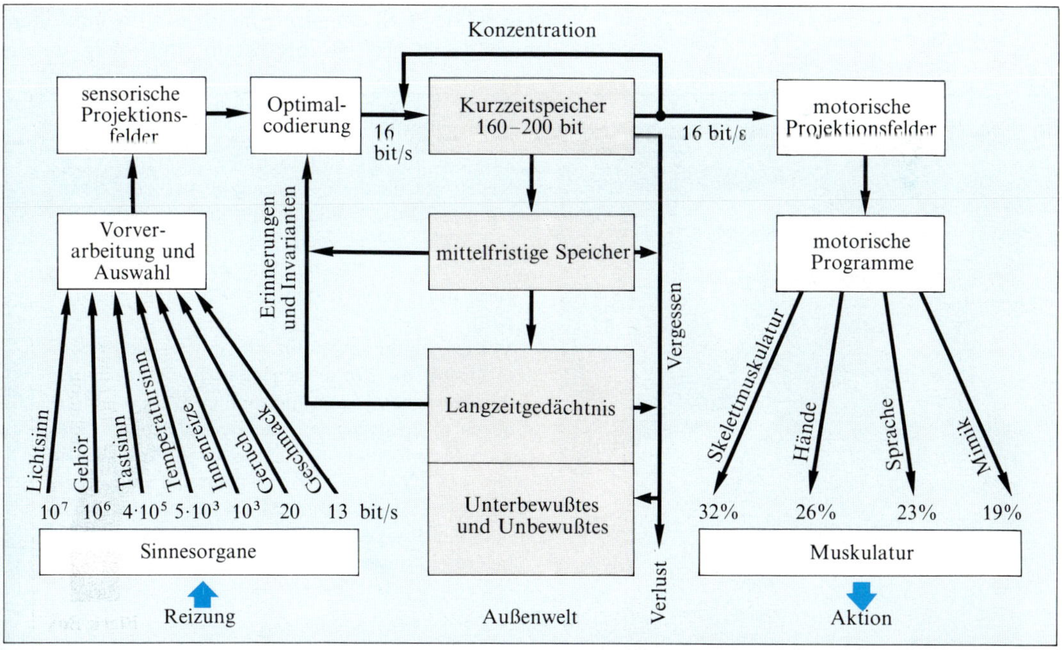

131.1. Übersichtsschema des bewußten Informationsflusses beim Menschen. Die Aufnahme von Information ist im linken Teil des Schemas dargestellt. Der rechte Teil zeigt die Informationsabgabe. In der Mitte des Schemas finden sich die Mechanismen der Verarbeitung. Reines Nachdenken läuft als Kreisprozeß zwischen Kurzzeitspeicher und Gedächtnis ab, wobei die im Kurzzeitspeicher neu verarbeiteten Informationen in veränderter Form wieder abgespeichert werden. Dabei erfolgt eine Redundanzverminderung.

A 132.1. Welche Muskeln werden beim Sprechen bewegt?

A 132.2. Welche Mechanismen laufen bei der Kontrolle von Muskelbewegungen ab? Wiederholen Sie dazu das Kapitel 7.2.2.!

A 132.3. Stellen Sie mimische und gestische Ausdrucksbewegungen zusammen und besprechen Sie ihre Bedeutung. Welche dieser Bewegungen treten nur in bestimmten Gegenden oder bei bestimmten Völkern auf, und welche sind international üblich? Welche könnten angeboren sein?

A 132.4. Suchen Sie nach Informationsabgabesystemen im Tier- und Pflanzenreich, bei denen keine Muskeln eingesetzt werden. Notieren Sie zu jedem Beispiel die biologische Bedeutung.

7.4.3. Informationsabgabe

Blütenpflanzen zeigen leuchtende Farben und senden Duftstoffe aus. Hunde markieren ihr Revier durch Duftmarken. Der Stichling zeigt in der Balz ein farbenprächtiges Hochzeitskleid. Wenn Lebewesen miteinander in Beziehung treten, geben sie Informationen ab, die für den Beziehungspartner, z. B. die bestäubenden Bienen, andere Hunde oder das Stichlingsweibchen, eine bestimmte Bedeutung haben.

Für Menschen scheint dies alles nicht zuzutreffen. Wir zeigen angeborenermaßen keine bunten Farben, und Duftmarkierung von Revieren ist unüblich.

Die Informationsabgabe des Menschen erfolgt fast ausschließlich über Muskeln. Wenn wir sprechen, geschieht dies durch abgestimmte Aktionen der Muskulatur des Brustkorbs, des Kehlkopfes und des Mundes. Mimik und Gestik sind Muskelbewegungen, die bestimmten Programmen folgen. Informationsabgabe beim Menschen ist also in erster Linie Bewegungskontrolle.

Ein Organ allerdings nimmt eine Sonderstellung ein, und dies ist ausgerechnet ein Sinnesorgan. Sinnesorgane sind Einbahnstraßen, die nur zur Aufnahme von Informationen geschaffen sind. Allein beim Auge ist der Fall eingetreten, daß es Informationen senden kann. Es ist interessant, den Weg dieser

132.5. Sprache ohne Worte (aus Samy Molcho, Körpersprache, Mosaik-Verlag GmbH, München 1983)

Körpersprache

„Sie hat mir die kalte Schulter gezeigt!“ – Eine Redensart, die die Bedeutung körperlicher Bewegungen für die Kommunikation charakterisiert. „Er ist eine aufgeblasene Type“ deutet an, daß das Vorwölben des Brustkorbs richtig als ursprüngliches Imponierverhalten der Primaten gedeutet wird.

Vordergründig sind natürlich Sprache und bewußte Gestik die vorherrschenden Ausdrucksmittel des Menschen. Aber auch unbewußt senden wir durch die Haltung und die Bewegungen unseres Körpers Informationen an unsere Umgebung. Die Art, wie wir gehen, wie wir sitzen und wo wir uns hinsetzen, ob wir einem Menschen unser Gesicht oder den Rücken zuwenden – all das kann unsere innere Haltung zur Umwelt widerspiegeln.

A 132.6. Beschreiben Sie, was Haltung und Gestik in Abb. 132.5. zum Ausdruck bringen.

Entwicklung in der Evolution zu verfolgen. Ausgangspunkt der Betrachtung ist die Tatsache, daß beidäugiges Sehen räumliche Eindrücke vermittelt. Diese Fähigkeit ist besonders bei Raubtieren verbreitet, die auf eine genaue Lokalisation der Beute angewiesen sind. Vom Standpunkt der Beute aus betrachtet bedeutet das Fixiertwerden durch zwei Augen also Gefahr. Die Tiere, die das nicht instinktiv auswerten konnten, waren im Nachteil denen gegenüber, die auf die Gefahr reagieren konnten. So wurde der Anblick von zwei nebeneinanderliegenden, offenen Augen zum Gefahrensignal, das allerhöchste Bedeutung erlangte. Dies zeigt sich auch darin, daß das Augensymbol als Attrappe bei zahlreichen Tiergruppen als Abwehr eingesetzt wird. Schmetterlinge besitzen mannigfaltige Variationen von Augenattrappen auf den Flügeln, auch Fische und Vögel verwenden das Symbol zur Abschreckung. Ins Extrem vervielfältigt dient es dem Pfau auf dem aufgespreizten Rad zum Imponieren.
Noch heute ist starres Fixieren bei uns Menschen ein Ausdruck von Aggressivität, der beim Gegenüber Unbehagen und Abwehr hervorruft. Der „böse Blick" des Aberglaubens hat hier seinen Ursprung. Ins Extrem gesteigert finden wir das Fixiertwerden durch Hunderte von Augenpaaren auf der Bühne oder auf dem Rednerpult. Gegen das Gefühl des Lampenfiebers als Reaktion darauf kann sich kaum jemand wehren. Umgekehrt wird die Starrheit des Blicks beim freundlichen Lächeln durch teilweises Schließen der Lider gemildert. Bei freundlicher Zuwendung einem Kind gegenüber legt man den Kopf etwas schief: Die Augen liegen dann nicht mehr waagerecht nebeneinander und verlieren so an Aggressivität.

Aus urtümlichen Signalen entstand also im Verlauf der Evolution eine Vielzahl von Ausdrucksformen, die allein durch die Augen vermittelt werden. Auf das entwicklungsgeschichtliche Alter dieser Ausdrucksmittel weist die Tatsache hin, daß wir sie völlig unbewußt einsetzen und daß sie wirklich international verständlich sind. Irenäus Eibl-Eibesfeldt hat in umfangreichen Untersuchungen gezeigt, daß auch unberührte Naturvölker über diese Ausdrucksformen verfügen. Auch im Volksglauben hat sich die Abwehrfunktion des Auges standhaft gehalten. Es wurde nachgewiesen, daß in Trachten und Bauwerken Augenformen immer wieder als Schutz- und Abwehrsymbole angewendet wurden. Abgewandelt in vielfältiger Gestalt als Kreis, Spirale oder Oval, dient es auch heute als Schmuck oder in der Werbung als bewährter Blickfang.

133.1. Augenattrappen bei Insekten zur Abwehr von Angreifern

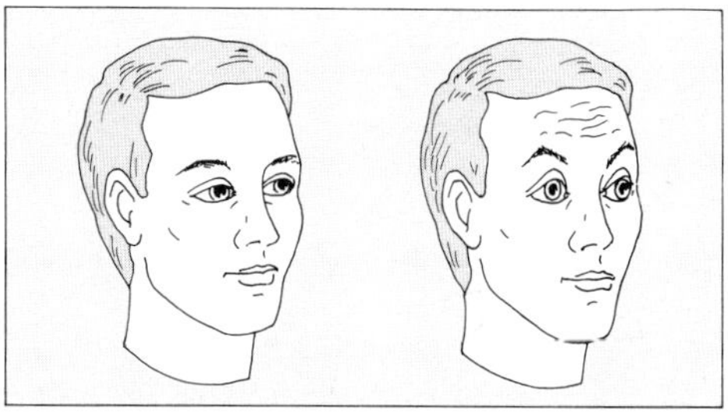

133.2. Ausdrucksveränderung des Gesichts durch Heben der Brauen

133.3. Miribota-Symbole, augenförmige Ornamente auf orientalischen Teppichen

133.4. Abwehrmaske am Bug eines Kriegsboots (Neuguinea)

8. Informationen und Evolution

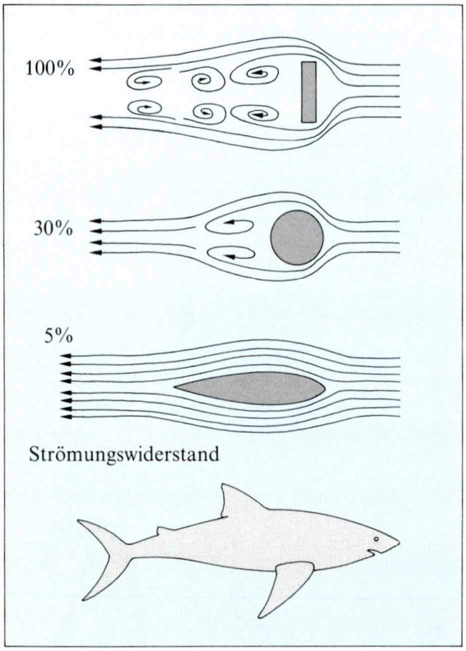

134.1. Verminderung des Strömungswiderstandes bei Annäherung an die Stromlinienform

V 134.2. *Materialien und Geräte:* Hoher Standzylinder mit Maßeinteilung, mehrere Holzkörper von gleichem Gewicht, aber unterschiedlicher Form, die im Querschnitt in den Standzylinder passen.

Ausführung: Füllen Sie den Standzylinder halb voll Wasser. Lassen Sie die Holzkörper aus gleicher Höhe nacheinander in das Wasser fallen. Messen Sie, wieweit die Körper im Wasser untertauchen. Welche Beziehung besteht zwischen der Form der Körper und der Eintauchtiefe?

A 134.3. Suchen Sie nach anderen Beispielen für die Abbildung von Naturgesetzen in biologischen Strukturen.

A 134.4. Wenn Sie in Ihrem Kurs schon über Mechanismen der Evolution gesprochen haben, verknüpfen Sie den Begriff „Konvergenz" mit dem Inhalt dieses Kapitels.

8.1. Evolution ist Sammlung von Informationen

Wenn wir heute einen Fisch im Wasser schwimmen sehen, erscheint es uns selbstverständlich, daß er eine „Fischform" hat, d.h., sein Körper ist stromlinienförmig gestaltet. Quaderförmige oder sternförmige Fische sind höchst selten oder kommen gar nicht vor. Vom Standpunkt der Evolutionstheorie her betrachtet ist es nicht schwer, ein Modell der Entstehung der Stromlinienform zu rekonstruieren. Wie auch immer der Vorfahr der Fische gestaltet gewesen sein mag – er war darauf angewiesen, sich vorwärts zu bewegen. Vielleicht kroch er auf dem Boden dahin. Wenn aber einer seiner Artgenossen sich schwimmend vom Boden erheben konnte, so war dies bestimmt ein Vorteil den anderen Bodenbewohnern gegenüber. Die ersten Schwimmbewegungen werden vielleicht unbeholfen und plump gewesen sein. Es ist aber auch möglich, daß diese Art Fortbewegung von anderen Tieren ausgeführt wurde, so daß dem neuen „Schwimmer" schnell Konkurrenz in seinem Lebensraum erwuchs.

Wir wissen heute, daß neue Eigenschaften im Laufe der Evolution durch das Auftreten von Mutationen entstehen. Einige Erbanlagen unterscheiden sich geringfügig von den Erbanlagen der Vorfahren, und die dadurch bedingten Eigenschaften sind dementsprechend auch abgewandelt. Vielleicht bewirken die neuen Eigenschaften, daß ihr Träger der Umwelt besser begegnen kann. Dann hat er – wie die Biologen sagen – einen Selektionsvorteil.

Unser „Schwimmer" war also der Konkurrenz anderer Schwimmtiere ausgesetzt. Wenn unter seinen Nachkommen eine Mutationskombination auftrat, die den Körper streckte und strömungshemmende Anhänge verkürzte, so konnten die Tiere natürlicherweise schneller schwimmen und so Feinden entkommen oder Beute besser erjagen. „Natürlicherweise" bedeutet hier: Der Körper ist der schnellen

Bewegung im Wasser **angepaßt.** Diese Anpassung aber bedeutet, daß die Körperform den Gesetzen der Strömungslehre entspricht: Die Flüssigkeit umströmt den Körper so, daß sich keine Wirbel bilden. Wirbel hemmen den Körper auf seinem Weg durch das Wasser, sie halten ihn zurück. Durch das Wechselspiel von Mutation und Selektion wird der Körper des Fischs so gestaltet, daß er genau nach den Grundsätzen der Strömungslehre geformt ist. Die Informationen über den Körperbau sind in den Genen gespeichert. Das bedeutet aber, daß die Gene die Informationen darüber enthalten, wie sich ein Körper schnellstmöglich im Wasser bewegen kann. Durch „Versuch und Irrtum" sind also die Gesetze der Strömungslehre in den Zellkernen der Fische gespeichert worden.

Auch andere Informationen waren in der Natur schon vorher „bekannt". Wenn man z.B. eine Aufschwemmung von Sand oder Kohlenstaub in Wasser durch Röhren transportieren will, muß man das Gemisch aus Wasser und Feststoff so einstellen, daß bei möglichst geringer Flüssigkeitsmenge eine möglichst große Menge Feststoff transportiert wird. Verwendet man zu wenig Wasser, verstopft die Leitung, ist das Gemisch zu stark verdünnt, sinkt der Wirkungsgrad. Ingenieure fanden heraus, daß das ideale Gemisch ca. 44% Feststoffe und ca. 56% Flüssigkeit enthalten soll. Genau diese Prozentsätze finden wir aber bei der Zusammensetzung des Blutes: 44% Blutkörperchen, 56% Blutplasma. Durch Mutation und Selektion ist die Information über den Transport von Flüssig-Feststoff-Gemischen bereits gespeichert worden, die Ingenieure nach vielen Versuchsreihen erst mühsam finden mußten.
Evolution ist Sammeln von Informationen. Die Informationen werden in den Zellkernen gesammelt und bilden gleichsam einen „Erfahrungsschatz", der die für das Überleben wichtigen Eigenschaften der Umwelt abbildet. Durch den Mutations-Selektions-Prozeß wird diese Informationssammlung immer wieder aktualisiert, so daß als „Endstadium" die optimale Information über die Umwelt gespeichert ist. Die Zusammensetzung des Blutes ist ein Beispiel dafür. Aber auch andere Erscheinungsformen der Lebewesen zeigen dieses Prinzip: Der Bau des Auges folgt den Gesetzen der Optik. Vögel sind nach den Gesetzen der Aerodynamik konstruiert. Der Bau des Ohres richtet sich nach den Gesetzen der Akustik.
Man kann also sogar sagen: Evolution ist ein Optimierungsprozeß auf der Basis der Sammlung von Informationen.

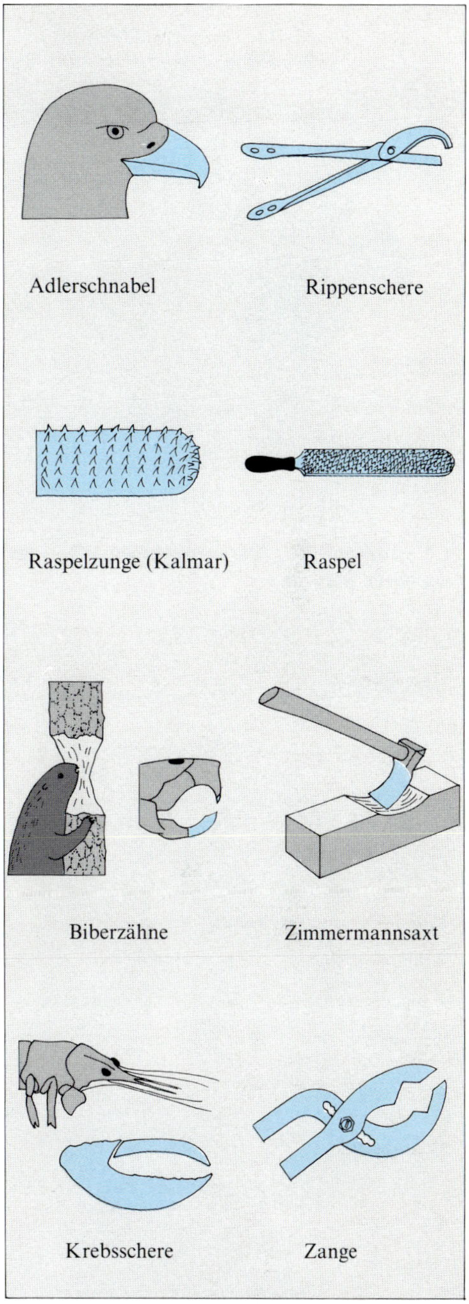

135.1. Einfache Beispiele für Parallelen zwischen biologischen und technischen Systemen

A 135.2. Stellen Sie eine Liste weiterer Parallelen zwischen biologischen und technischen Systemen zusammen. Berücksichtigen Sie dabei z.B. Probleme der Statik, der Aerodynamik, des Stofftransports, des Energiehaushalts, der Informationsverarbeitung.

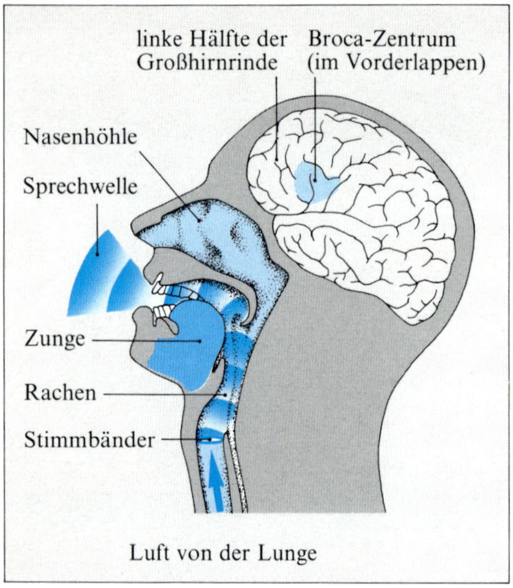

136.1. Anatomische Voraussetzungen für die menschliche Sprache

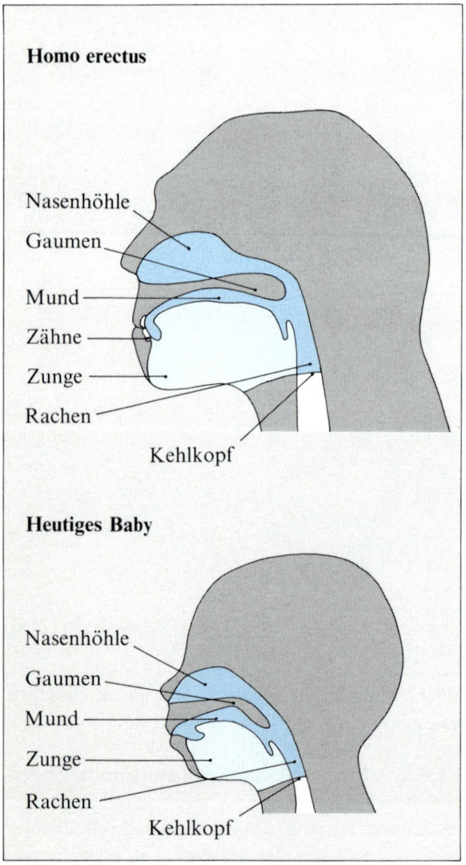

136.2. Vergleich des Nasen-Rachenraums beim Homo erectus und beim menschlichen Kleinkind

8.2. Die Entwicklung der Kultur

Die biologische Evolution beruht auf der Sammlung von Informationen, die mit Hilfe des genetischen Codes verschlüsselt auf DNA-Molekülen in den Zellkernen gespeichert sind. Neue Informationen entstehen durch „Versuch und Irrtum", d.h. durch Mutation und Selektion. Dieser Prozeß ist langwierig und aufwendig, aber sicher. Die Lebewesen haben sich auf diesem Wege im Laufe von viereinhalb Milliarden Jahren zu einem höchst informationsreichen, komplexen und leistungsfähigen ökologischen System auf der Erde entwickelt.

Vor einigen Millionen Jahren trat in dieser Entwicklung der Mensch auf. Physiologisch gleicht er den anderen Lebewesen. Die Abstammung von tierischen Vorfahren ist eine gesicherte biologische Tatsache. Aber in einem Punkt unterscheidet er sich von den Tieren: Er besitzt eine hochentwickelte Sprache, mit deren Hilfe er komplizierte Sachverhalte in abstrakten Symbolen akustisch ausdrücken kann. Zwar gibt es bei Tieren Kommunikationssysteme, aber sie sind nicht so komplex wie die Sprache des Menschen.

Wir wissen nicht genau, wann und wie die menschliche Sprache entstand. Es gibt bestimmte Voraussetzungen, ohne die menschliche Sprache nicht denkbar ist: Der Nasen-Rachenraum muß so beschaffen sein, daß Laute durch die Gesichtsmuskulatur differenziert verändert werden können. Der Schädel des Urmenschen Homo erectus zeigt eine ähnliche Gestaltung des Nasen-Rachenraums wie der heutiger Kleinkinder. Vielleicht hat der Homo erectus deshalb nur schwer artikulieren können. Der heutige Mensch jedenfalls kann mit seinem Mund so deutliche Lautunterscheidungen vornehmen, daß auch feinste emotionale Unterschiede sprachlich ausdrückbar sind.

Eine weitere Voraussetzung ist der Gehirnteil, der die Sprachmuskulatur steuert. Er liegt im vorderen Drittel der linken Großhirnhemisphäre und wird „BROCAsches Sprachzentrum" genannt. Wenn dieser Gehirnteil bei Menschen gestört ist, sind sie nicht in der Lage, zu sprechen. Tiere, auch hochentwickelte Affen, haben diesen Gehirnteil nicht. Es ist deshalb sinnlos, Affen das Sprechen beibringen zu wollen. Die Intelligenz der Tiere würde vielleicht ausreichen, aber die Steuerung der Artikulation ist ihnen nicht möglich. So ist wegen dieser beiden Eigenschaften – Sprachzentrum im Gehirn und Artikulationsfähigkeit des Mundes – nur der Mensch in der Lage zu sprechen.

Diese Fähigkeit des Menschen aber hatte eine so große Bedeutung, daß die Evolution in eine ganz neue Richtung gelenkt wurde. Durch die Möglichkeit, komplizierte Sachverhalte von einem Individuum an das andere weiterzugeben, wurde der Mensch in die Lage versetzt, Erfahrungen anderer zu nutzen, ohne sie selbst machen zu müssen. Bei Tieren gibt es natürlich auch Erfahrungsweitergabe durch Nachahmung, Lernen oder Traditionsbildung, aber hier handelt es sich um einfache, unkomplizierte Sachverhalte, die sich nicht mit den Informationen vergleichen lassen, die durch Sprache vermittelt werden können. Wenn also in einer Gruppe von Menschen erfahrene Mitglieder den jüngeren wichtige Kenntnisse sprachlich weitergeben konnten, so hatte diese Gruppe einen beträchtlichen Selektionsvorteil allen anderen Lebewesen gegenüber. Jedes lernfähige Tier muß seine persönlichen Erfahrungen selbst machen, und es muß jedesmal ganz von vorn anfangen. Ein Mensch kann auf den Erfahrungen seiner Vorfahren aufbauen. Wer heute einen Rennwagenmotor bauen will, muß nicht erst die Dampfmaschine erfinden, um hinter das Prinzip von Kolben und Pleuelstange zu kommen. Er kann die entsprechenden Lehrbücher lesen und auf den Erfahrungen anderer aufbauen.

Durch die Weitergabe von Informationen in Wort und Schrift entstand so innerhalb der einzelnen Populationen von Menschen ein Erfahrungsschatz, der von Generation zu Generation weitergereicht wurde. Durch diese Informationsweitergabe entsteht etwas, was bei Tieren nicht vorkommt: Wir nennen es „Kultur“. Der Informationsschatz einer Population von Menschen ist ihr „Kulturgut“.

Vergleichen wir die biologische Evolution mit der Entstehung des Kulturguts, so stellen wir fest, daß beide Prozesse prinzipiell gleich sind: Durch Mutation und Selektion bzw. Versuch und Irrtum werden neue Informationen gesammelt. Sie werden gespeichert und bilden in biologischen Systemen das **Erbgut,** beim Menschen zusätzlich das **Kulturgut.** In Analogie zur biologischen Evolution spricht man jetzt von **kultureller Evolution.**

Zeit (v. Chr.)	Kulturelement
ca. 2 Mill.	einfache Steinwerkzeuge
750000	Feuer
500000	Feuersteinwerkzeuge
150000	Jagd mit Fallgruben
40000	Höhlenmalereien
30000	Pfeil und Bogen
	Elfenbeinschnitzereien
14000	Domestikation des Hundes
7000	Getreide, Haustiere
	Häuser mit Steinfundamenten
5000	Leinen, Baumwolle, Töpferei
4000	Töpferscheibe, Pflug, Rad
3000	Glas
2550	Pyramiden
1475	Blasebalg
532	Drehbank
250	Hebelgesetze, Flaschenzug
100	Wassermühlen
0	
(nach Chr.)	
600	Porzellan
700	Papier
1000	Kompaß
1300	Brille
1445	Buchdruck
1510	Taschenuhr
1765	Dampfmaschine
1767	Spinnmaschine
1830	Eisenbahn
1861	Telefon
1866	Dynamomaschine
1885	Auto
1913	Ammoniaksynthese
1938	Synthetische Kunstfasern
1946	Elektronische Rechenmaschinen

137.1. Ausgewählte Daten zur kulturellen Evolution

A 137.2. Sammeln Sie weitere Daten zur kulturellen Evolution, insbesondere über die Entwicklung der elektronischen Datenverarbeitung. Welche Bedeutung hat die elektronische Datenverarbeitung für die kulturelle Evolution?

A 137.3. Wenn Sie schon einen Kurs über Evolution absolviert haben: Begründen Sie die Behauptung: „Im Gegensatz zur biologischen Evolution gibt es in der kulturellen Evolution die Vererbung erworbener Eigenschaften.“

Zeitraum	Steigerung in Mill.	Verdoppelung (in Jahren)
7000–4500 v. Chr.	von 10 auf 20	2500
4500–2500 v. Chr.	von 20 auf 40	2000
2500–1000 v. Chr.	von 40 auf 80	1500
1000 v. Chr. bis 0	von 80 auf 160	1000
Chr. Geburt bis 900 n. Chr.	von 160 auf 320	900
900–1700	von 320 auf 600	800
1700–1850	von 600 auf 1200	150
1850–1950	von 1200 auf 2500	100
1950–1980	von 2500 auf 5000	30

138.1. Entwicklung der Erdbevölkerung

A 138.2. Zeichnen Sie eine Kurve der Entwicklung der Erdbevölkerung. Interpretieren Sie den Verlauf der Kurve. Welche geschichtlichen und technischen Tatsachen begleiten die einzelnen Teile der Kurve?

Gebiet	1975	2000	% (2000)	Zuwachs in % bis 2000
Westeuropa (pol.)	344	378	6	0,4
Osteuropa (pol.) u. UdSSR (gesamt)	384	460	7	0,7
Afrika	399	814	13	2,9
Asien + Ozeanien (ohne AUS, J, NZ)	2274	3690	57	1,9
USA	214	248	4	0,6
Lateinamerika	325	637	10	2,7
übrige Industriestaaten (AUS, CDN, J, NZ)	151	183	3	ca. 0,6
Erde insgesamt	4090	6351	100	1,8

138.3. Hochrechnung der Erdbevölkerung auf das Jahr 2000 (Angaben in Millionen, Quelle: Fischer Weltalmanach 1983)

A 138.4. Begründen Sie die unterschiedlichen Zuwachsraten in den verschiedenen Gebieten der Erde in Tabelle 138.3.

A 138.5. Welche Bedeutung hat utopische Literatur für die Lösung der Zukunftsaufgaben? Vergleichen Sie Werke von Jules Verne, Aldous Huxley und George Orwell mit den Gegebenheiten der Gegenwart.

8.3. Auswirkungen der kulturellen Evolution

Wenn eine Gruppe von Lebewesen in der Evolution einen Selektionsvorteil erhält, nimmt ihre Individuenzahl zu. Bei keinem Lebewesen ist das so deutlich zu sehen wie beim Menschen. Durch den Erwerb der Sprache war der Mensch allen anderen Lebewesen so überlegen, daß es ihm gelang, alle Lebensräume der Erde zu erobern. Solange die Erde noch genügend Raum bot, war das Bevölkerungswachstum kein Problem. Heute aber ist die Erde so stark mit Menschen besiedelt, daß ein weiterer Zuwachs Schwierigkeiten mit sich bringen wird.
Die Übervölkerung der Erde ist aber nicht das einzige Problem, das die Entstehung des Menschen auf der Erde ausgelöst hat. Durch seine große Individuenzahl und durch die Entwicklung der Technik wirkt der Mensch so stark auf seine Umgebung ein, daß er selbst zum Evolutionsfaktor für die ihn umgebende Natur wird. Die Zusammenstellung auf Seite 139 zeigt einen Ausschnitt aus der „Roten Liste der gefährdeten Tiere und Pflanzen in der Bundesrepublik Deutschland". Es sind nur die Säugetiere aufgeführt, aber schon diese kurze Liste zeigt, wie katastrophal die Eingriffe des Menschen in die Natur sind.
Wenn man nach der Begründung für diese Katastrophe sucht, muß man am Unterschied zwischen biologischer und kultureller Evolution ansetzen: Die biologische Evolution verläuft langsam. Die Mutations-Selektions-Mechanismen benötigen große Zeitspannen. Wenn sich in einem Lebensraum z. B. ein neues Raubtier entwickelt, so geschieht dies so langsam, daß bei anderen Lebewesen im Verlauf der Evolution möglicherweise Abwehr- oder Anpassungseinrichtungen entstehen. Im Gegensatz dazu verläuft die kulturelle Evolution viel schneller. Tabelle 137.1. zeigt diese Geschwindigkeit andeutungsweise. Viele der Maßnahmen, die der Mensch einleitet, bedeuten aber eine Gefährdung für andere Lebewesen, d. h. der Selektionsdruck, den der Mensch auf andere Lebewesen ausübt, wird größer. In der biologischen Evolution halten sich Selektionsdruck und Mutationsdruck ungefähr die Waage. Durch die kulturelle Evolution wird der Selektionsdruck so groß, daß er durch gegenläufige Mutationen der betroffenen Lebewesen nicht mehr aufgefangen werden kann. Die Lebewesen sterben aus.
Das Phänomen des Ungleichgewichts zwischen biologischer und kultureller Evolution betrifft aber

auch den Menschen selbst. In der biologischen Evolution sind ihm Eigenschaften mitgegeben worden, die ihn befähigen, in einer Savannenlandschaft als Jäger und Sammler zu überleben. Für diese Entwicklung standen mehrere Millionen Jahre zur Verfügung, und das Ergebnis war der Steinzeitmensch. Seit der Steinzeit sind einige zehntausend Jahre vergangen – ein verschwindend kleiner Zeitraum im Vergleich zu entwicklungsbiologisch bedeutsamen Zeiträumen. Biologisch unterscheiden wir uns vom Steinzeitmenschen in keiner einzigen Eigenschaft. Aber welcher Unterschied besteht zwischen der Umwelt jener Tage und unserer Zeit! Der Steinzeitmensch war daran angepaßt, auf direkte Gefahren seiner Umgebung zu reagieren: Wilde Tiere bedrohten ihn, klimatischen Einflüssen war er nahezu schutzlos ausgesetzt. Aufgrund seiner Anpassungen konnte er diesen Gefahren widerstehen. Der moderne Mensch unserer Tage muß keinen Überfall hungriger Wölfe oder Bären mehr befürchten. Die Gefahren, die ihn bedrohen, sind anderer Art. Wir müssen befürchten, unseren Arbeitsplatz zu verlieren. Wir sind im Straßenverkehr Situationen ausgesetzt, die nicht mehr durch körperlichen Angriff oder Weglaufen zu bewältigen sind. Wir sind in eine Gesellschaft eingefügt, deren Größe die steinzeitliche Familiengruppe weit übersteigt. Wir bezeichnen all diese Belastungen, die uns daraus erwachsen, als „Streß“. Wären wir daran biologisch angepaßt, würden uns diese Schwierigkeiten nicht belasten. Es stand aber in den letzten zehntausend Jahren nicht genug Zeit zur Verfügung, eine solche Anpassung eintreten zu lassen. Deshalb stehen wir den Erfordernissen der modernen Zeit mit der biologischen Ausrüstung eines Steinzeitmenschen gegenüber: Wir reagieren heute wie damals mit Blutdruckerhöhung und Pulsfrequenzsteigerung auf eine Ermahnung des Vorgesetzten, obgleich Angriff oder Flucht, für die diese Reaktionen geeignet wären, unzweckmäßig sind. Dauerstreß führt zu Daueralarmzustand im Körper. Krankheiten der Organe sind die Folge. Die Informationen, die in den Zellen der Lebewesen – der Tiere, der Pflanzen, aber auch des Menschen – über die Auseinandersetzung mit der Umwelt gespeichert sind, reichen für diese Auseinandersetzung nicht mehr aus. Die Informationen, die der Mensch inzwischen zur Veränderung der Umwelt angesammelt hat, haben das Maß der biologisch gesammelten Informationen längst überstiegen. Aus dieser Diskrepanz wieder zu entfliehen wird die Aufgabe unserer und der kommenden Generationen sein.

0. Ausgestorben oder verschollen
Elch
Wisent
Auerochse
Wolf
Wildpferd
Europäischer Nerz
Braunbär

1. Vom Aussterben bedroht
Mopsfledermaus
Biber
Otter
Luchs
Bayrische Kleinwühlmaus
Sumpfmaus
Wimperfledermaus
Schweinswal
Große Hufeisennase
Kleine Hufeisennase

2. Stark gefährdet
Nordfledermaus
Breitflügelfledermaus
Wildkatze
Große Bartfledermaus
Mausohr
Kleine Bartfledermaus
Fransenfledermaus
Kleinabendsegler
Seehund
Rauhhautfledermaus
Alpenfledermaus
Braunes Langohr
Graues Langohr
Hausratte
Großtümmler
Zweifarbfledermaus

3. Gefährdet
Hamster
Feldspitzmaus
Dachs
Bechsteinfledermaus
Wasserfledermaus
Sumpfspitzmaus
Wasserspitzmaus
Abendsegler
Zwergfledermaus
Iltis
Birkenmaus

139.1. Auszug „Säugetiere“ aus der „Roten Liste der gefährdeten Tiere und Pflanzen in der Bundesrepublik Deutschland“

Anhang

Computer-Modell eines bedingten Reflexes

Abbildung 141.1. zeigt das Flußdiagramm des Modells. Zu Beginn wird ein Zahlenfeld (S) für 99 Zahlen angelegt, es ist ein Modell des Gedächtnisses. Der Schwellenwert (W) soll die Anzahl der Reizkombinationen bezeichnen, die nötig sind, um den bedingten Reflex zu speichern.

Nach der Eingabe der Reizkombination (I), die in Form zweier durch einen Dezimalpunkt getrennter Zahlen 1 und 99 erfolgt, werden diese „Reize" getrennt und ausgedruckt. Der Rhombus enthält die Abfrage, ob einer der beiden Reize ein Nahrungsreiz ist. Für dieses Programm wurde festgelegt, daß Zahlen zwischen 10 und 20 Nahrungsreize sein sollen.

Die Bahnen, die den Rhombus verlassen, tragen Plus- und Minuszeichen. Das bedeutet, daß hier entsprechend der positiven oder negativen Antwort auf die Frage weitergegangen wird.

Ist die Antwort positiv (Pfeil nach rechts), wird entschieden, welcher der beiden Reize der Nahrungsreiz und welcher der Zusatzreiz ist (Zuordnung zu F bzw. R). Die nächste Abfrage entscheidet, ob der Zusatzreiz ein adäquater Reiz ist, d. h., ob er von diesem System verarbeitet werden kann. Dies ist nämlich nicht der Fall, wenn die „Reizzahl" nicht zwischen 1 und 99 liegt. Ist der Zusatzreiz adäquat, wird unter seiner Nummer im Gedächtnis (S(R)) eine Eins aufaddiert. Dies ist die Speicherung einer bedingten Verknüpfung zwischen Nahrungsreiz und diesem Zusatzreiz (R). Außerdem erfolgt die normale Reaktion „Speichelfluß" über den Drucker.

War die obige Entscheidung über die Frage, ob die Reizkombination einen Nahrungsreiz enthalte, negativ, so führt der Pfeil nach unten aus dem ersten Rhombus weiter.

Nun wird entschieden, ob einer der beiden Reize ein adäquater Reiz ist. Ist dies der Fall, wird überprüft, ob der Reiz im Gedächtnis mit einem Futterreiz verknüpft ist und ob der Schwellenwert (W) für die Bildung eines bedingten Reflexes überschritten ist. Ist dies der Fall, erfolgt die Reaktion in Form des Ausdrucks „Speichelfluß".

Abbildung 142.1. zeigt einen Ausdruck des Programms in BASIC. Die Bemerkungen am Rand entsprechen denen des Flußdiagramms. Die einzelnen Schritte lassen sich parallel leicht verfolgen.

Abbildung 143.1. enthält die Darstellung des Programmablaufs, wie sie auf dem Bildschirm oder auf dem Drucker sichtbar wird. Zuerst werden zwei beliebige Reize eingegeben, die beide nicht Futterreize sind. Nichts geschieht. Dann folgt fünfmal die Kombination 15.69. Da 15 ein Futterreiz ist (liegt zwischen 10 und 20), reagiert der Hund mit Speichelfluß. Der nächste Reiz (78.00) ist neutral, keine Reaktion. Darauf folgt der Reiz 69.00, der Speichelfluß zur Folge hat. 69 liegt zwar nicht zwischen 10 und 20, wurde aber oben fünfmal in Kombination mit 15 aufgenommen. Dadurch wurde der Schwellenwert 4 (oben eingegeben) überschritten, und die bedingte Reaktion für Reiz 69 geknüpft.

Die weiteren Zeilen zeigen andere Zahlenkombinationen und die Einprägung der bedingten Reaktionen für die Reize 78, 18 und 1, die am Schluß alle Speichelfluß hervorrufen.

Das Programm behält die bedingten Verknüpfungen, solange der Rechner eingeschaltet ist. Es wurde bewußt darauf verzichtet, auch das „Vergessen" der Verknüpfungen einzubeziehen, da die Durchschaubarkeit des Programms dadurch gelitten hätte. Es werden sich aber gewiß Schüler finden, die der Aufgabe gewachsen sind, diesen Aspekt in das vorliegende oder ein anderes Programm einzuarbeiten.

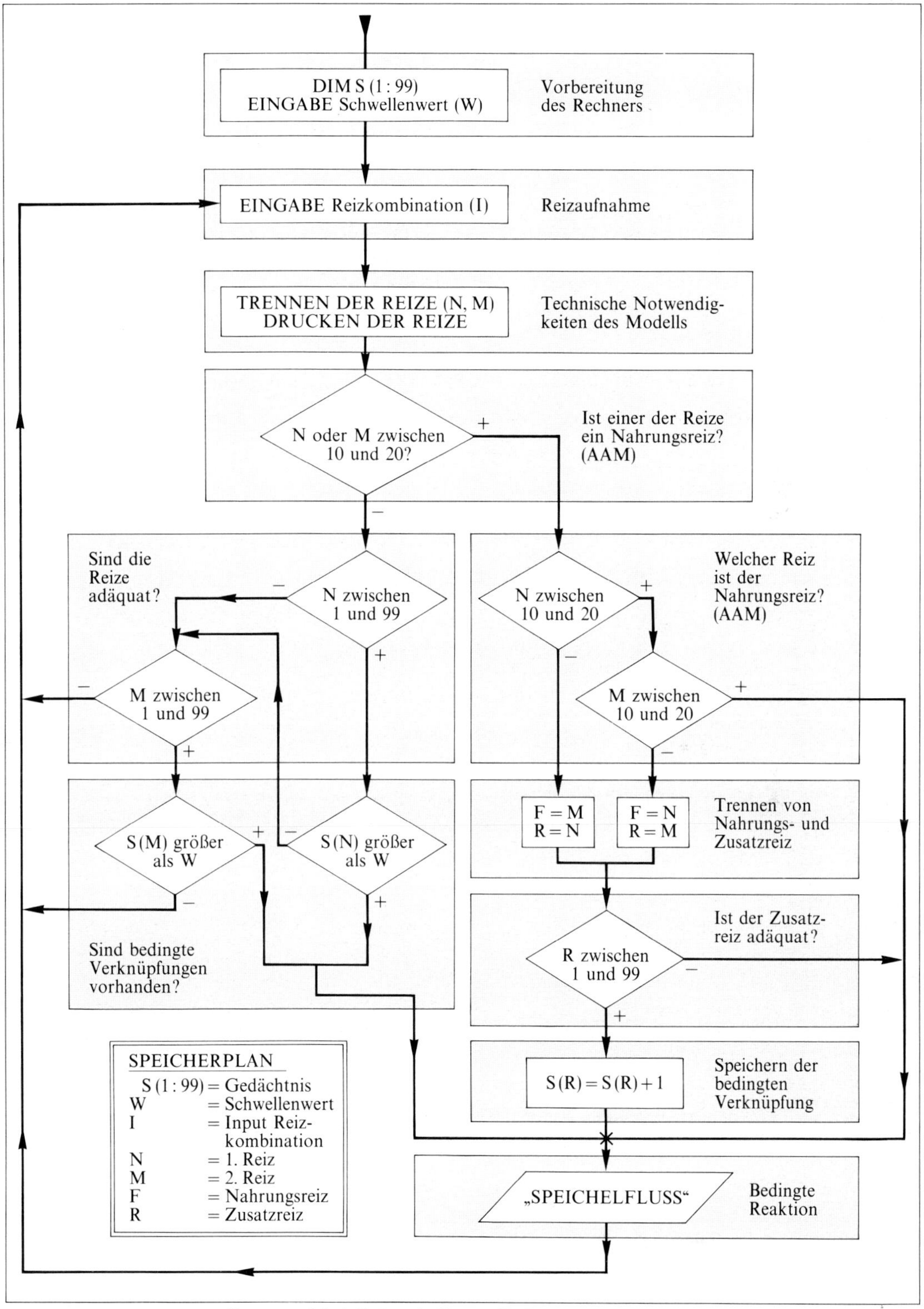

141.1. Flußdiagramm zum Computer-Modell eines bedingten Reflexes

```
10    PRINT "
20    PRINT
30    PRINT "Reizeingabe in Form zweiziffriger Zahlen, getrennt durch Dezimal-"
40    PRINT "punkt (z.B. 15.34). Zahlen zwischen 10 und 20 sind Nahrungsreize."
50    PRINT
60    REM
70    REM ........................................
80    REM
90    DIM S(1:99)                                       ! Vorbereitung des
100   INPUT "SCHWELLENWERT ?",W                         ! Rechners
110   PRINT "SCHWELLENWERT = ";W
120   PRINT
130   REM
140   REM ........................................
150   REM
160   INPUT "REIZKOMBINATION ? (NN.MM) ",I              ! Reizaufnahme
170   LET N=INT(I)                                      ! Trennen der Reize
180   LET M=INT(100*(I-INT(I)))
190   PRINT "REIZ 1 = ";N;", REIZ 2 = ";M;              ! Ausdruck der Reize
200   REM
210   REM ........................................
220   REM                                               ! Prüfung, ob einer der
230   IF (N>9) AND (N<21) OR (M>9) AND (M<21) THEN 400  ! Reize ein Nahrungsreiz
240   REM                                               ! ist.
250   REM ........................................
260   REM
270   IF (N<1) OR (N>99) THEN 300                       ! Reiz 1 = adäquat ?
280   IF S(N)>=W THEN 580                               ! Reiz 1 gespeichert ?
290   REM
300   REM ........................................
310   REM
320   IF (M<1) OR (M>99) THEN 350                       ! Reiz 2 = adäquat ?
330   IF S(M)>=W THEN 580                               ! Reiz 2 gespeichert ?
340   REM
350   REM ........................................
360   REM
370   PRINT
380   GOTO 160                                          ! Zur neuen Reizaufnahme
390   REM
400   REM ........................................
410   REM                                               ! Ist Reiz 1 ein Nah-
420   IF (N>9) AND (N<21) THEN 470                      ! rungsreiz ?
430   LET F=M                                           ! Trennen von Nahrungs-
440   LET R=N                                           ! und Zusatzreiz
450   GOTO 530
460   REM
470   REM ........................................
480   REM                                               ! Ist Reiz 2 ein Nah-
490   IF (M>9) AND (M<21) THEN 580                      ! rungsreiz ?
500   LET F=N                                           ! Trennen von Nahrungs-
510   LET R=M                                           ! und Zusatzreiz
520   REM
530   REM ........................................
540   REM                                               ! Ist der Zusatzreiz
550   IF (R<1) OR (R>99) THEN 580                       ! ein adäquater Reiz ?
560   LET S(R)=S(R)+1                                   ! Speichern der Reizkom-
570   REM                                               ! bination
580   REM ........................................
590   REM
600   PRINT "  SPEICHELFLUSS"                           ! Bedingte Reaktion
610   GOTO 160                                          ! Zurück zur Reizauf-
620   END                                               ! nahme
```

142.1. Ausdruck des Programms eines bedingten Reflexes in BASIC am Beispiel „Pawlowscher Hund“

```
Reizeingabe in Form zweiziffriger Zahlen, getrennt durch Dezimal-
punkt (z.B. 15.34). Zahlen zwischen 10 und 20 sind Nahrungsreize.

SCHWELLENWERT =  4

REIZ 1 =  45 , REIZ 2 =  78
REIZ 1 =  41 , REIZ 2 =  60
REIZ 1 =  15 , REIZ 2 =  69   SPEICHELFLUSS
REIZ 1 =  15 , REIZ 2 =  69   SPEICHELFLUSS
REIZ 1 =  15 , REIZ 2 =  69   SPEICHELFLUSS
REIZ 1 =  15 , REIZ 2 =  69   SPEICHELFLUSS
REIZ 1 =  78 , REIZ 2 =  69   SPEICHELFLUSS
REIZ 1 =  78 , REIZ 2 =  0
REIZ 1 =  69 , REIZ 2 =  0   SPEICHELFLUSS
REIZ 1 =  1 , REIZ 2 =  0
REIZ 1 =  2 , REIZ 2 =  0
REIZ 1 =  3 , REIZ 2 =  0
REIZ 1 =  69 , REIZ 2 =  0   SPEICHELFLUSS
REIZ 1 =  4 ; REIZ 2 =  0
REIZ 1 =  5 , REIZ 2 =  0
REIZ 1 =  6 , REIZ 2 =  0
REIZ 1 =  11 , REIZ 2 =  78   SPEICHELFLUSS
REIZ 1 =  12 , REIZ 2 =  78   SPEICHELFLUSS
REIZ 1 =  13 , REIZ 2 =  78   SPEICHELFLUSS
REIZ 1 =  14 , REIZ 2 =  78   SPEICHELFLUSS
REIZ 1 =  7 , REIZ 2 =  0
REIZ 1 =  8 , REIZ 2 =  0
REIZ 1 =  9 , REIZ 2 =  0
REIZ 1 =  69 , REIZ 2 =  0   SPEICHELFLUSS
REIZ 1 =  78 , REIZ 2 =  0   SPEICHELFLUSS
REIZ 1 =  9 , REIZ 2 =  60
REIZ 1 =  3 , REIZ 2 =  80
REIZ 1 =  14 , REIZ 2 =  19   SPEICHELFLUSS
REIZ 1 = -16 , REIZ 2 =  31
REIZ 1 =  1 , REIZ 2 =  18   SPEICHELFLUSS
REIZ 1 =  18 , REIZ 2 =  1   SPEICHELFLUSS
REIZ 1 =  1 , REIZ 2 =  18   SPEICHELFLUSS
REIZ 1 =  18 , REIZ 2 =  1   SPEICHELFLUSS
REIZ 1 =  5 , REIZ 2 =  0
REIZ 1 =  6 , REIZ 2 =  0
REIZ 1 =  69 , REIZ 2 =  0   SPEICHELFLUSS
REIZ 1 =  78 , REIZ 2 =  0   SPEICHELFLUSS
REIZ 1 =  1 , REIZ 2 =  0   SPEICHELFLUSS
REIZ 1 =  0 , REIZ 2 =  69   SPEICHELFLUSS
REIZ 1 =  0 , REIZ 2 =  78   SPEICHELFLUSS
REIZ 1 =  0 , REIZ 2 =  1   SPEICHELFLUSS
REIZ 1 =  69 , REIZ 2 =  45   SPEICHELFLUSS
REIZ 1 =  56 , REIZ 2 =  78   SPEICHELFLUSS
REIZ 1 =  96 , REIZ 2 =  1   SPEICHELFLUSS
REIZ 1 =  1 , REIZ 2 =  96   SPEICHELFLUSS
```

143.1. Laufbeispiel zum Programm „Pawlowscher Hund“

Programm zum Studium des Verhaltens von Regelkreisen

Das Programm „Verhalten von Regelkreisen" ist in einem einfachen BASIC geschrieben. Es sollte auf jedem Computer, der in BASIC programmierbar ist, zu realisieren sein. Lediglich die Zeilen 190 und 540 bis 560 müßten möglicherweise umgeschrieben werden, da die Tabulatorfunktion bei verschiedenen Computersystemen unterschiedlich verwendet wird.

Das Programm fragt am Anfang nach den Variablen „Störgröße, Verknüpfung und Totzeit" (s. Abb. 145.1.). Sollwert ist automatisch immer Null. Danach wird nach der „Ausdruckbreite in Anschlägen" gefragt. Diese Frage wird gestellt, da an Schulcomputern Drucker unterschiedlicher Druckbreite angeschlossen sein können. Für einen Drucker mit einer Druckbreite von 80 Zeichen wird man zweckmäßigerweise also eine Zahl kleiner als 80 eingeben, damit die Kopfzeile einwandfrei gedruckt werden kann. Hat der Drucker eine Breite von z. B. 130 Zeichen, so lassen sich natürlich breitere Ausdrucke anfertigen, die auch ein genaueres Bild des erzeugten Graphen liefern. – Für eine Ausgabe auf dem Bildschirm sollte eine Zahl kleiner als die Bildschirmbreite gewählt werden.

Für die Totzeit sollte immer ein Wert größer als 1 gewählt werden, da das Programm die Totzeit in so vielen Schritten abarbeitet, wie eingegeben wurden. Wird also für die Totzeit der Wert 10 eingegeben, so teilt das Programm die Totzeit in zehn Einzelschritte auf. Je höher die Totzeit gewählt wird, desto genauer werden die ausgegebenen Werte.
Die Regelstrecke ist das Zahlenfeld A. Es enthält zwei Spalten: A(Q, 1) und A(Q, 2). A(Q, 1) ist der Zustand des Systems vor einer Totzeit, A(Q, 2) ist der gegenwärtige Zustand.
Nach dem Drucken der Kopfzeile wird das System in den Zeilen 300 bis 340 in den Zustand der Störgröße gebracht und eine Totzeit lang dort festgehalten. Im Druckbild erscheint dieser Zustand als Linie parallel zur Zeitachse. Das System reagiert ja während der Totzeit noch nicht auf die Störgröße.
In den Zeilen 390 bis 430 findet nun die eigentliche Regelung statt: Jeder Istwert, der eine Totzeit vor der Gegenwart liegt, wird um soviel vermindert, wie der Totzeitanteil der Verstärkung (V/T) vom alten Istwert kompensiert:

$$A(Q, 2) = A(Q - 1{,}2) - A(Q, 1) \times V/T$$

Die jeweiligen Gegenwartsistwerte werden nur der Einfachheit der Schreibweise wegen als D an die Druckroutine übergeben.
Nach Ablauf der Totzeit werden die neuen Istwerte zu alten Istwerten erklärt: Die Zeilen 470 bis 500 setzen A(Q, 1) auf A(Q, 2). Wenn das Programm dann in Zeile 390 mit dem Regelprozeß für die nächste Totzeit beginnt, findet es die eben erzeugten Werte als alte Istwerte vor.

Abbildung 146.1. zeigt ein Beispiel des Programmlaufs, bei dem der Regelkreis den Sollwert 0 erreicht. Das Beispiel ist natürlich auch auf dem Bildschirm realisierbar. Dabei wird die Bewegung des Schwingens des Regelsystems besonders deutlich. Durch Variation der Störgrößen, der Totzeiten und der Verstärkungen ist es nun möglich, das Verhalten von Regelsystemen auf dem Bildschirm zu simulieren und zu studieren.

Sollte das Computersystem in der Lage sein, Graphik zu erzeugen, läßt sich das vorliegende Programm natürlich auf diese Fähigkeit umschreiben. Da die Computersysteme Graphik aber unterschiedlich behandeln, wurde hier darauf verzichtet, eine solche Version zu bringen. Die Abbildung 147.1. soll aber zeigen, wie die Graphik aussehen kann, wenn das Programm die Variation der jeweiligen Variablen selbst vornimmt, so daß in einem Bild das Verhalten bei z. B. verschiedenen Verstärkungen enthalten ist. Abbildung 148.1. zeigt beispielsweise, daß das Regelsystem bei sehr kleinen Verstärkungen (es beginnt bei V = 0.2) stetig dem Sollwert zustrebt, ohne zu schwingen. Es ist interessant, experimentell herauszufinden, bei welcher Verstärkung das System zu schwingen beginnt. Die Schwingungen führen in einem bestimmten Bereich ebenfalls zum Sollwert zurück. Von einem bestimmten Wert an werden die Schwingungen aber größer, so daß der Sollwert nie mehr erreicht wird. Auch dieser Wert kann experimentell bestimmt werden. In gleicher Weise kann – wie auch ohne Graphik – der Einfluß der Veränderung von Störgröße oder Totzeit untersucht werden.

```
10    PRINT "***************************************************************
************"
20    PRINT
30    PRINT "                          VERHALTEN VON REGELKREISEN"
40    PRINT
50    PRINT "***************************************************************
************"
60    PRINT
70    REM                             Regelstrecke A (vorher,nachher):
80    DIM A(100,2)
90    REM                             Eingabe der Variablen:
100   INPUT "STÖRGRÖSSE ?",L
110   INPUT "VERSTÄRKUNG ?",V
120   INPUT "TOTZEIT ?",T
130   INPUT "AUSDRUCKBREITE (IN ANSCHLÄGEN) ?",B
140   REM
150   REM                             Drucken der Kopfzeile
160   PRINT
170   PRINT "STÖRGRÖSSE = ";L;"     VERSTÄRKUNG =";V;"          TOTZEIT = ";T
180   PRINT
190   PRINT -(B/2);TAB(B/2);"0";TAB(B);B/2
200   FOR Q=2 TO B/2
210       PRINT "-";
220   NEXT Q
230   PRINT "I";
240       FOR Q=1 TO B/2
250   PRINT "-";
260   NEXT Q
270   PRINT
280   REM                             Störgröße wird für eine Totzeit konstant
290   REM                             gehalten
300   FOR Q=0 TO T
310       LET A(Q,1)=A(Q,2)=-L
320       LET D=A(Q,2)
330       GOSUB 520
340   NEXT Q
350   REM                             Messung des alten Istwerts A(Q,1) und
360   REM                             Berechnung des neuen Istwerts A(Q,2):
370   REM                             ( = Totzeitschleife)
380   REM
390   FOR Q=1 TO T
400       LET A(Q,2)=A(Q-1,2)-A(Q,1)*V/T
410       LET D=A(Q,2)
420       GOSUB 520
430   NEXT Q
440   REM
450   REM                             Anschluß an die nächste Totzeitschleife:
460   REM
470   LET A(0,2)=A(T,2)
480   FOR Q=0 TO T
490       LET A(Q,1)=A(Q,2)
500   NEXT Q
510   GOTO 390
520   REM                              Druckroutine
530   REM
540   IF INT(D)<0 THEN PRINT TAB(B/2+D);"*";TAB(B/2);"I"
550   IF INT(D)>0 THEN PRINT TAB(B/2);"I";TAB(B/2+D);"*"
560   IF INT(D)=0 THEN PRINT TAB(B/2);"*"
570   RETURN
580   END
```

145.1. Ausdruck des Programms „Verhalten von Regelkreisen“ in BASIC

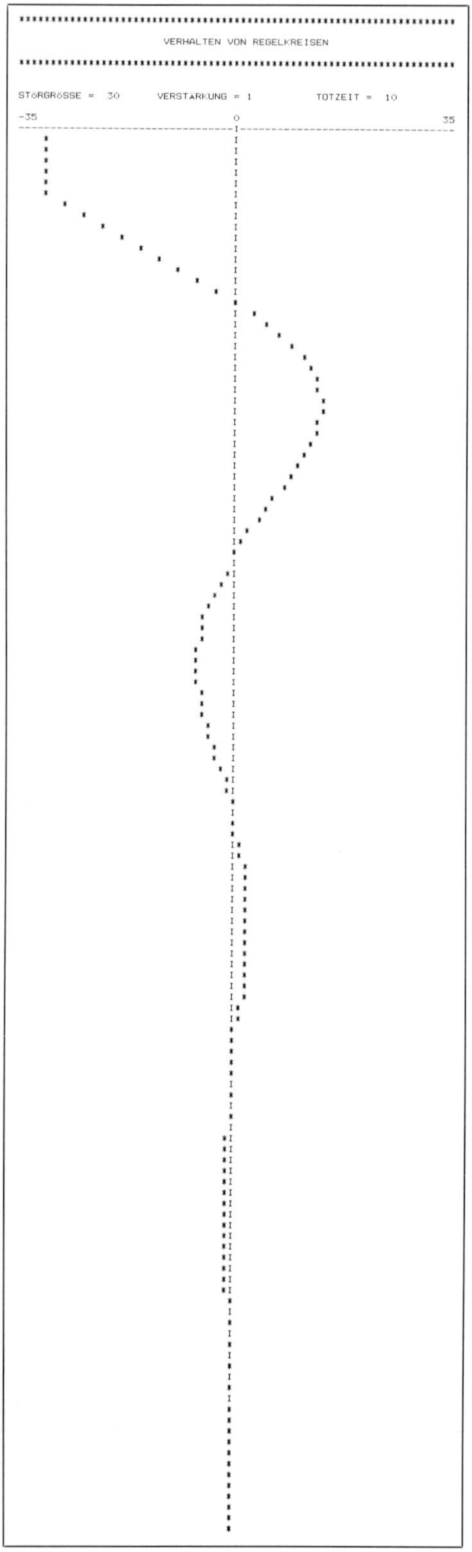

146.1. Laufbeispiel zum Programm „Verhalten von Regelkreisen“

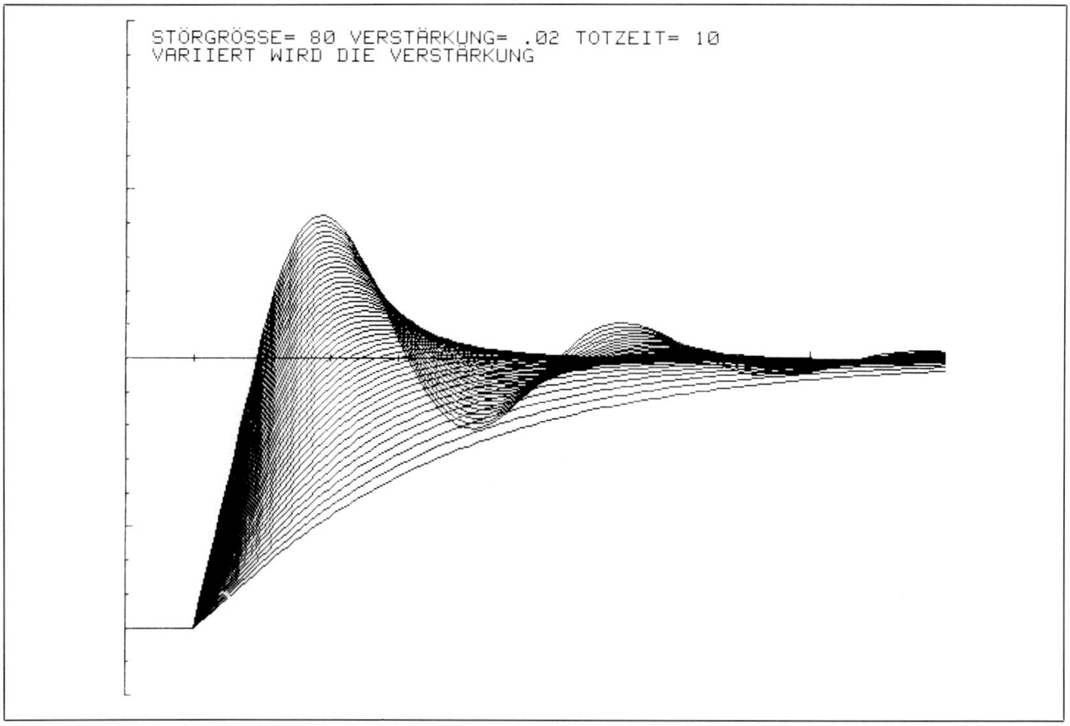

147.1. Variation der Verstärkung beim Programm „Verhalten von Regelkreisen"

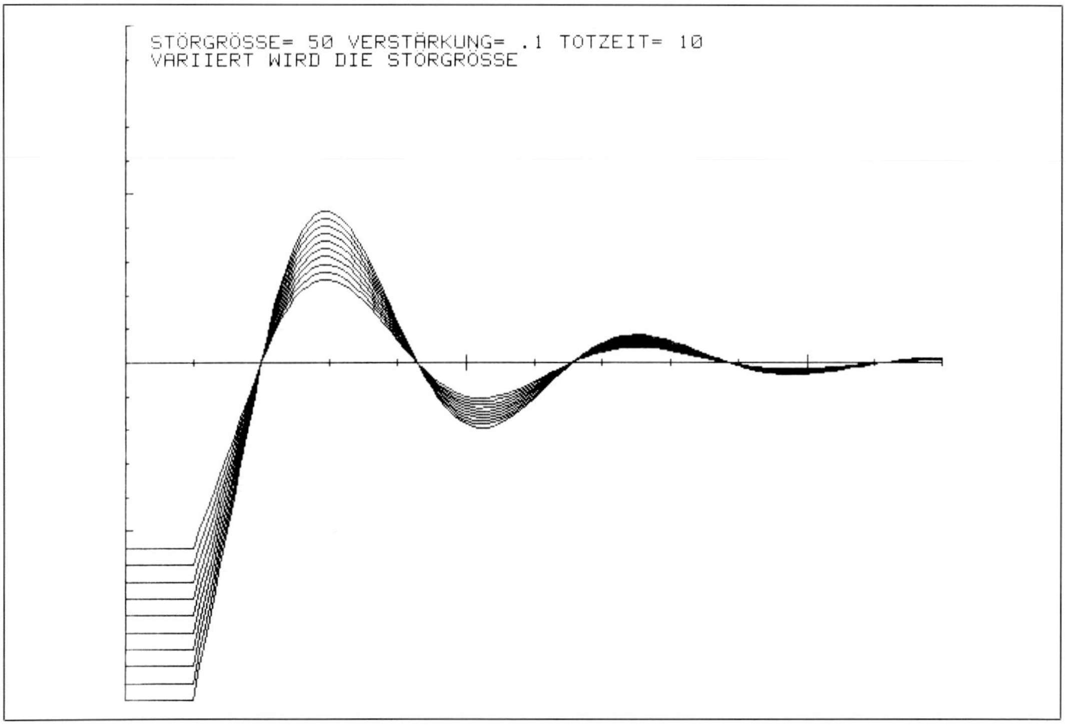

147.2. Variation der Störgröße beim Programm „Verhalten von Regelkreisen"

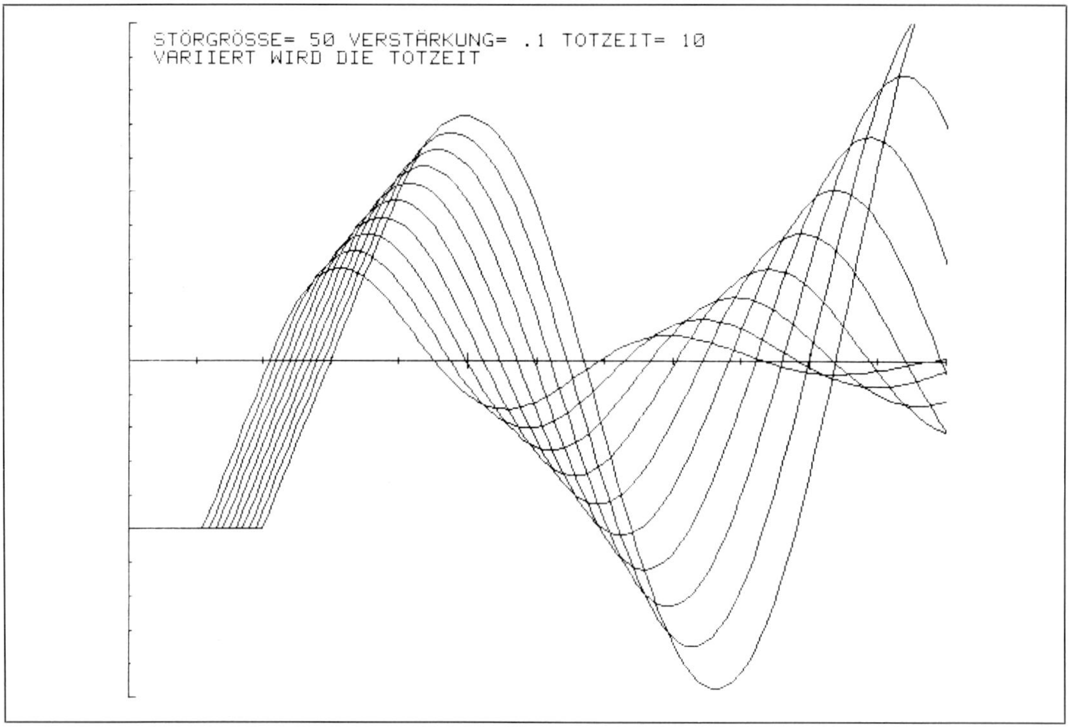

148.1. Variation der Totzeit beim Programm „Verhalten von Regelkreisen"

Register

*Fette Seitenzahlen weisen auf ausführliche Behandlung im Text hin; ein * hinter den Seitenzahlen verweist außerdem auf Abbildungen; f. = die folgende Seite; ff. = die folgenden Seiten.*